U0906824

大气气溶胶单颗粒分析
——电子探针微区分析技术应用

耿　红　编著

科学出版社
北　京

内 容 简 介

本书在详细阐述电子探针微区分析技术原理和测量过程的基础上，重点介绍它在大气气溶胶形貌观察和化学成分分析中的应用，尤其对基于能量色散X射线谱仪的电子探针微区分析技术的定量化过程，在测量特殊天气状况(沙尘、灰霾)和不同地域(如城市、地铁站、地下商场、南北极、亚洲海岛等)大气颗粒物成分，以及它们与衰减全反射-傅里叶变换红外光谱法、拉曼光谱法等联用情况下的优势做了较为详细的论述，图文并茂，对大气气溶胶单颗粒物分析和源解析有很好的借鉴作用。

本书既可作为从事地球科学和环境化学研究、生产的科技人员及分析化学领域科研工作者的参考书，也可作为高等院校相关专业的教材。

图书在版编目(CIP)数据

大气气溶胶单颗粒分析：电子探针微区分析技术应用/耿红编著. —北京：科学出版社，2018.6

ISBN 978-7-03-057950-8

Ⅰ. ①大… Ⅱ. ①耿… Ⅲ. ①电子探针-应用-大气-气溶胶-粒状污染物-分析 Ⅳ. ①X513

中国版本图书馆CIP数据核字(2018)第131194号

责任编辑：刘 冉 李丽娇/责任校对：王萌萌

责任印制：张 伟/封面设计：北京图阅盛世

科学出版社出版

北京东黄城根北街16号

邮政编码：100717

http://www.sciencep.com

北京教图印刷有限公司印刷

科学出版社发行 各地新华书店经销

*

2018年6月第 一 版 开本：720×1000 B5

2018年6月第一次印刷 印张：14 1/2

字数：290 000

定价：98.00元

(如有印装质量问题，我社负责调换)

前 言

大气颗粒物种类很多，化学组成各异。按形成机制，可分为一次颗粒物和二次颗粒物；按存在范围，可分为室内颗粒物和室外颗粒物；按组成成分，可分为无机颗粒物和有机颗粒物；按空气动力学直径D_p大小，可分为总悬浮颗粒物（TSP，D_p≤100 μm）、可吸入颗粒物（PM_{10}，D_p≤10 μm）、细颗粒物（$PM_{2.5}$）和超细颗粒物（$PM_{0.1}$）等。但是，以上分类不是绝对的，颗粒物处在不断变化中，一次颗粒中可以混合二次颗粒，二次颗粒中可以包含一次颗粒；在无机颗粒物上通常吸附一些重金属和有机物质，而有机颗粒物中也可能包含少量的无机成分；细颗粒可以通过吸湿增长转变为粗颗粒等，运用科学有效的分析手段掌握大气颗粒物成分及来源、探索它们的转化机制、减少灰霾产生，对于保护环境、提高人民生活质量、保障人体健康有非常重要的作用。

作者于 2002 年开始接触大气 $PM_{2.5}$ 的研究，正值亚洲沙尘暴多发之时，春夏交替之际，多地通常黄沙漫天，大气颗粒物浓度急剧上升。在开展沙尘暴 $PM_{2.5}$ 的采样、流行病调查、毒性效应和毒理机制研究过程中，熟悉了大气 $PM_{2.5}$ 采样仪器的安装、调试过程，学会了颗粒物不溶成分、水溶成分、有机成分及总颗粒的分离、提取、制备方法，系统掌握了颗粒物中离子成分、重金属、有机化合物等分析测试技术，了解了颗粒物成分变化与肺泡巨噬细胞（AM）氧化损伤以及人群呼吸系统、心血管系统疾病危险度之间的关系，深深感到大气颗粒物成分复杂、形态多样、变化迅速，颗粒物大小、形状、混合状态、元素构成等理化性质对其环境效应和健康效应影响巨大，仅依靠全样分析（bulk analysis）技术无法满足分析测试要求，也难以全面了解某一区域大气颗粒物的迁移转化过程和致病因素，需要结合大气气溶胶的单颗粒分析（single-particle analysis）进一步开展研究。2007～2009 年，在韩国仁荷大学化学系卢铁彦（Chul-Un Ro）教授的气溶胶微量分析国家重点实验室进行了为期两年的博士后研究，专攻气溶胶的单颗粒分析工作。运用基于蒙特卡罗模拟的“低原子序数颗粒物电子探针微区分析技术”（low-*Z* particle EPMA），借助带超薄窗口能谱仪的扫描电镜（SEM-EDX）、透射电镜（TEM-EDX）、衰减全反射-傅里叶变换红外光谱仪（ATR-FTIR）、拉曼光谱仪（RMS）等分析了城市、海岛、海洋大气边界层、室内等多种环境和特殊天气（沙尘、灰霾）的大气气溶胶单颗粒样品，成果陆续发表在 *Atmospheric Chemistry and Physics*、*Environmental Science & Technology*、*Journal of Geophysical Research — Atmospheres*、*Atmospheric Environment*、*Atmospheric Research*、*Journal of the Air & Waste Management Association*、《中国环境科学》、《环境科学》、《环境科学与技术》、《环境保护》等期刊上，并将该技术应用在主持的国家自然科学基金面上项目“城市灰霾天气发生过程大气细颗粒物($PM_{2.5}$)化学成分转化规律与毒性效应研究”(21177078)、国家自然科学基金中韩国际合作交流项目“用单颗粒分析技术研究城市灰霾和沙尘暴期间大气细颗粒物化学成分转化规律与毒性效应”(41211140241)等项目中，取得了较好效果，目前均已顺利结题。其中“不同粒径大气气溶胶单颗粒成分分析与健康效应研究”获 2013 年山西省高等学校科学研究优秀成果奖自然科学奖一等奖、2014 年山西省科学技术奖科技进步类三等奖，拍摄的电子显微组照“大气 $PM_{2.5}$ 及硫酸铵微观形貌”获第三届中国科普摄影大赛优秀奖。

本书是作者十年来研究成果的总结，在当前我国灰霾天气频发、大气 $PM_{2.5}$ 源解析和污染控制日益受到重视的大背景下，希望对相关领域科研工作者有所帮助，也希望对我国大气科学、环境科学、分析化学等学科的发展有所裨益。

书中介绍的方法创新之处在于：①大气颗粒物样品的采样膜使用平整光滑的铝箔、银箔、铜网或镍网支持的方华膜(TEM grid)等，由于它们具有导电性，因此在用电镜和能谱测量时不需喷金或镀碳，反映的是颗粒物样品自身的形态特征，对 X 射线能谱的干扰少；②通过基于蒙特卡罗模拟的 CASINO 程序可以将低原子序数颗粒物(如碳质颗粒，含硫酸盐、硝酸盐、铵盐的颗粒)中碳(C)、氮(N)、氧(O)、硫(S)、磷(P)等轻元素的 X 射线能谱对应的原子浓度较准确地计算出来，不仅对方形、圆形颗粒适用，而且对不规则颗粒也适用，有利于判断这些颗粒在空气中的反应或老化程度；③通过实例讲解如何将颗粒物的扫描电镜二次电子像或透射电镜图像与元素浓度定量计算结果相结合，用以鉴别颗粒物是否与其他物质发生混合或反应，为探索颗粒物在大气中的来源和转化机理奠定良好基础；④将 EPMA 与 ATR-FTIR 和 RMS 相结合，对同一颗粒的形貌、元素构成和分子基团进行全面测试和观察。

感谢国家自然科学基金面上项目(21177078)、大气重污染成因与治理攻关项目(DQGG0208)和山西省自然科学基金面上项目(201601D102055)给予的资助。

感谢韩国仁荷大学化学系卢铁彦(Chul-Un Ro)教授、李雪博士、武力博士提供的技术支持。感谢国家海洋局海底科学重点实验室朱继浩副研究员提供电子探针微区分析仪、场发射扫描电镜、Dekati PM_{10} 分级采样器的使用。

山西大学环境与资源学院智建辉老师、博士研究生周欢参与了第 1 章与第 3 章的编写，本科生朱熠鑫、卓思棋、彭妍、李金磊参与了第 2 章、第 4～6 章的编写和校对，在此一并表示感谢。

由于作者水平有限，书中难免存在疏漏，敬请读者指正。

耿 红

2018 年 4 月

目　　录

第 1 章　电子探针微区分析的原理与相关设备

1.1　电子探针微区分析的起源与发展历程

1.1.1　电子探针微区分析的基本概念

电子探针微区分析(EPMA)也称电子探针 X 射线微区分析(electron probe X-ray microanalysis)，它是用聚焦很细、直径小于 1 μm 的电子束轰击待分析试样上的微小区域(图 1-1)，对激发出的特征 X 射线、二次电子、二次离子、背散射电子、俄歇电子、透射电子、吸收电子、阴极荧光等进行探测和信息处理的现代仪器分析方法，是电子光学技术与 X 射线光谱分析技术交汇的产物[1]。扫描电子显微镜(SEM)(以下简称扫描电镜)和透射电子显微镜(TEM)(以下简称透射电镜)等仪器的并入，使该技术能更准确、快捷地对样品待分析区域的化学组成、表面形貌、晶体结构特征等进行研究[2]。

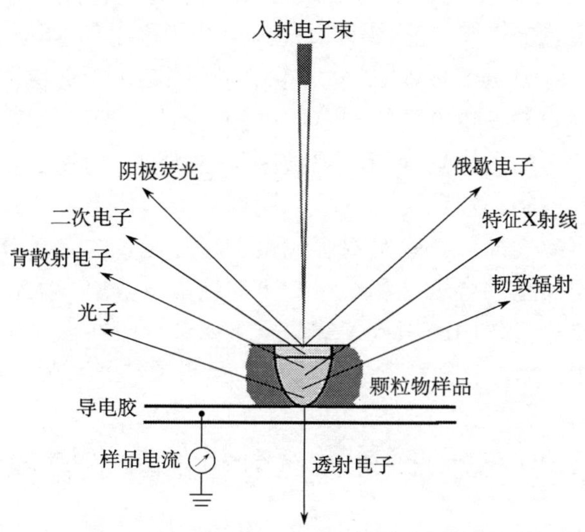

图 1-1　试样在电子束轰击下产生的主要信息示意图

1.1.2　电子探针微区分析的产生与发展

特征 X 射线用于化学分析的设想可以追溯到 1913 年英国物理学家亨利 · 莫

塞莱(H. Moseley)提出的X射线谱与原子构造有关的理论，此后，瑞典人卡尔·西格巴恩(K. Siegbahn)系统总结了X射线特征谱的产生规律，完成了改进X射线谱仪的工作。1920～1930年，匈牙利科学家冯·赫维西(G. Hevesy)创立了用X射线谱进行化学分析的技术，用此技术发现了稀有元素铪，德国物理学家沃尔特·诺达克(W. Noddak)等用此技术发现了元素铼。1949年，法国人卡斯坦(R. Castaing)在纪尼叶(A. Guinier)教授指导下发表了第一篇关于电子探针的论文，并将一架静电型电子显微镜与X射线光谱仪改造为电子探针仪，制出了能实际应用的第一台X射线显微分析仪。1951年，他在其博士论文中较完整地介绍了对电子探针分析仪得到的测量结果进行吸收效应、原子序数、特征谱和连续谱荧光修正的方法，奠定了电子探针定量计算的基础[3]。继英国剑桥大学的卡斯列特(Cosslett)和邓克姆(Duncumt)设计和制造了扫描电子探针仪之后，法国CAMECA公司于1958年推出了第一台商品电子探针分析仪[4]。从1970年开始，电子探针开始与扫描电镜组合，数据处理和分析也广泛使用电子计算机进行控制，随着彩色图像的引入、计算机容量的扩大和数据处理时间的缩短，仪器的利用率大大提高。至1990年年初，能谱仪(EDX)和波谱仪(WDS)已实现接口的标准化，可以方便地与任何一家厂商的电子探针、扫描电镜进行连接，也实现了用一台计算机同时控制WDS和EDX的功能。1997年，德国的RONTEC公司研制出全球第一款使用硅漂移探测器(SDD)的能谱仪。2006年，英国牛津(Oxford)公司推出与SEM配套使用的SDD能谱仪。2007年，德国Bruker AXS公司推出了与TEM配套使用的SDD能谱仪，极大地提高了探测效率，也方便了仪器的维护[4]。

今后电子探针将向操作更简捷、更微区、更微量、功能更多的方向发展，甚至可以用手机进行控制。彩色图像处理和图像分析功能会进一步完善，定量分析结果的准确度将得到提高，特别是对轻元素和超轻元素的定量分析也会上一个台阶，其修正的物理模型的合理性和结果的可靠性都将给出令人信服的答案。随着人们对电子与物质相互作用的深入了解，电子探针分析在微区定量分析中将发挥越来越重要的作用。

1.2 电子探针微区分析的基本原理

电子探针微区分析过程包括四部分：一是电子探针的形成；二是电子探针轰击样品；三是对轰击产生的各种信号进行探测；四是对探测到的信号进行分析，得到样品的形貌和元素组成信息。它的基本原理就包含在这四部分中。

1.2.1　电子探针的形成

1. 电子枪

电子探针的产生与加速是通过电子枪来实现的[1, 5]，电子枪提供了一个稳定的电子源以形成电子束，目前有热发射电子枪与场发射电子枪两种。

热发射电子枪是依靠热发射过程从电子源获得电子。在该过程中，升高温度(利用电源直接或间接加热)使部分电子具有充分的能量以克服阴极材料的功函数(E_W)而从电子源逸出(钨丝或六硼化镧灯丝 E_W 较低)；在达到工作温度后，电子向阳极加速运动，灯丝周围是栅极帽或称威耐耳特(Wehnelt)圆筒，在它的中间有一圆孔，与灯丝尖对准，电场使灯丝发射的电子会聚成尺寸为 d_0 的交叉斑，即形成的电子探针，电子束必须在电磁透镜作用下聚焦使交叉斑的像缩小。

场发射电子枪的阴极呈杆状，在它的一端有个直径小于 100 nm 的尖点，当阴极相对阳极是负电位时，该尖端强大的电场(>10^7 V/cm)使电子能够不需要热能而离开阴极，获得 10^3～10^6 A/cm^2 的阴极电流密度。因此，在相同工作电压下，即使场发射体处于室温时也能够提供比热电子源高几百倍的有效亮度。场发射枪的有效电子源尺寸或交叉斑直径 d_0 仅有 10 nm，而六硼化镧为 10 μm，钨灯丝为 50 μm，因此，场发射枪不需要另外的缩小透镜便可得到适用于高分辨扫描电镜用的电子探针。

2. 电磁透镜和信号探测器

电磁透镜使电子发生聚焦作用。靠近电子枪的透镜为聚光镜，主要功能是设置束流和控制束径，把电子枪形成的交叉点缩小，使之进入试样上方的物镜。物镜将电子束再缩小并聚焦到试样表面。为了挡掉大散射角的杂散电子，使入射试样的电子束直径尽可能小，聚光镜和物镜都有光阑(aperture)。

在物镜和试样之间安放信号探测器，探测器的尺寸受物镜和试样之间工作距离(working distance, WD)的制约，WD 增大可以放置更多的探测器，获得更多的样品信息，但 WD 加长会使球差系数增大，从而使电子束直径变大，影响观测效果[5]。

1.2.2　电子与固体样品碰撞后产生的信号

当聚焦的电子束入射固体样品时，电子束与样品原子或核外价电子会相互作用，引起电子束的路径或能量发生变化，产生弹性散射(elastic scattering)和非弹性散射(inelastic scattering)。一部分壳层电子受激发电离，使原子处于激发状态，在去激过程中发射 X 射线或信号电子(图 1-1)，主要有以下几种[6]。

1. 背散射电子

背散射电子(back scattered electron, BSE)是由样品反射出来的初次电子，主要特点是：能量高(有相当一部分接近入射电子能量)，在试样中产生的范围大，像的分辨率低，它与样品的组成、电子束初始能量和入射角密切相关，这些特征提供了有关样品的化学组成及其分布状态。BSE 由弹性和非弹性背散射电子两部分组成，EPMA 中使用的主要是弹性背散射电子及能量接近于入射电子能量的那部分非弹性背散射电子。轻元素以发射低能量的 BSE 为主，BSE 一半以上是由多次散射作用引发的；重元素以发射高能量的 BSE 为主，由多次散射作用引发的量低于 50%。

2. 特征 X 射线和俄歇电子

原子核在不同轨道上的电子具有不同的能级。如果作为激发源电子束的能量大于受激原子 K 壳层电子的临界激发能量，电子会将一个 K 层电子击出，从而使原子处于激发态；这种不稳定的激发态将促使外层较高能级的电子跃迁到 K 层所留下的空位，在此能级跃迁以填充空位的过程中，一种释放能量的形式是以辐射方式产生特征 X 射线，另一种是通过俄歇效应发射俄歇电子(图 1-2)。特征 X 射线的频率与产生 X 射线元素的原子序数平方成正比(莫塞莱定律)，反映了元素的种类和特征，探测特征 X 射线的频率或波长可以判别样品中存在哪种元素。俄歇电子的能量为 50～1000 eV，逸出深度约 10 Å，反映了不同元素原子的本质特征，因此俄歇电子谱可用于样品表面定性分析。由于特征 X 射线的产生概率随原子序数的增加而增加，而俄歇电子的产生概率则随着原子序数的增加而减小，因此俄歇电子谱更适用于进行轻元素和超轻元素的分析。

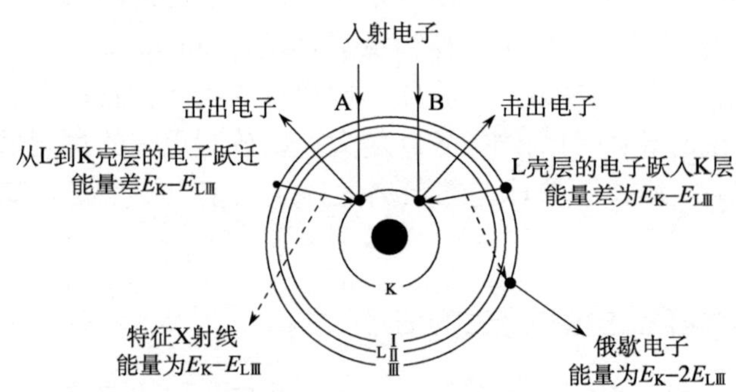

图 1-2 特征 X 射线和俄歇电子的发射过程示意图

3. 韧致辐射(连续 X 射线产生)

高能入射电子运动到原子核附近时，可受库仑势垒的作用发生大角度弹性散射，也可以受原子核电势的制动而减速，形成非弹性散射。电子速度的急剧变化导致电子周围的电磁场也发生急剧变化，产生电磁脉冲。由于每个电子的运动轨迹离原子核的距离不同，则能量损失也不相同，因此释放的电磁脉冲波长不一样，于是形成了具有各种波长的连续 X 射线，称为韧致辐射或连续辐射，这是 X 射线背景值的主要来源[3]。

初级电子进入样品后，会在样品内扩散，在扩散过程中逐渐失去能量，直至耗尽，其扩散的径迹呈梨形(图 1-3)，为初级电子在样品中的激发体积。在该激发体积内，入射电子会与组成样品的各种元素的原子相互作用，它们都会产生连续 X 射线，因此连续辐射强度是样品中 X 射线激发体积内各种元素总原子数目的函数，而不像特征 X 射线那样，仅是某一特定元素原子数目的函数。这些特征 X 射线和连续 X 射线被固体探测器收集后，转变为电脉冲，再经脉冲高度分析器处理，就可得到特征 X 射线峰叠加在连续 X 射线谱上的完整 X 射线谱，见图 1-4。

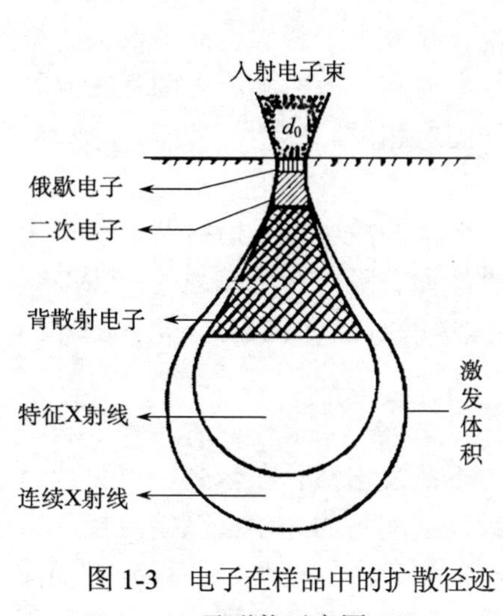

图 1-3　电子在样品中的扩散径迹及形状示意图

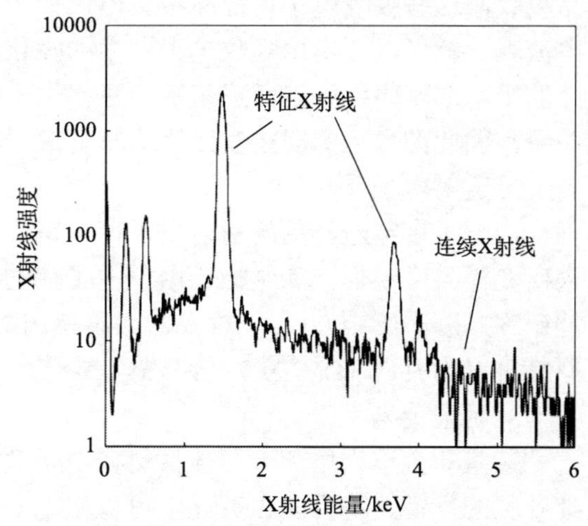

图 1-4　X 射线完整能量谱示意图

4. 二次电子

当入射电子与试样原子相互作用时，入射电子与原子的核外电子(主要是价电子)发生能量传递，当原子核外电子所获得的能量大于其电离能时，该电子可脱离原子而成为自由电子，如果这些自由电子很靠近样品表面，且其能量大于相应的逸出功，则有可能从样品表面逸出而成为二次电子(secondary electron, SE)。

SE的能量低于50 eV，能量分布曲线峰值在3 eV左右，只要在探测器收集极上施加适当的正电压，从样品表面向不同方向发出的SE就都能沿着曲线路径进入探测器，其检测探头需要满足以下条件：噪声低、计数效率高、频宽50 MHz以上、动态响应范围较广等。探头分前后两部分，前面部分起收集电子并将电子转换为光子的作用，后面部分把光子转换为电信号，完成电子→光子→电子的转换。如果使用小孔径圆柱形探头，并放在紧靠样品的位置，几乎能收集全部二次电子[5]。

只有表面 100 Å 以内的 SE 才有可能逸出而被检测到，因此二次电子图像(SEI)有很高的空间分辨率。由于电子束与各微观面的相对角度不同，扫描成像时各个面的亮度就不同，从而得到层次很丰富的样品表面二次电子像[1]。另外，电子束的张角小，导致SEI的景深大，所以图像的立体感很强。

5. 吸收电子、透射电子和阴极荧光

1) 吸收电子

入射电子与样品中的原子相互作用的结果是使一部分电子耗尽能量而被样品吸收，这些吸收电子使样品带负电，如果将试样用导线与地相连，中间接一个电流表，就可以测出由吸收电子产生的吸收电流。吸收电子图像也能提供关于样品的平均原子序数和表面形貌等信息，由于吸收电流和背散射电流之间存在互补关系，因此图像上的明暗对比恰恰与背散射电子图像相反。

2) 透射电子

用电子束穿透样品的透射电子可以得到试样微区的放大图或衍射图，可以用来研究样品微观形貌和结构。由于电子束的穿透能力有限，使用普通的TEM只能研究厚度小于1000 Å的样品。如果使用扫描式透射电镜(STEM)，允许的样品厚度可以为普通TEM的3倍左右。

3) 阴极荧光

某些非金属物质和半导体材料在电子束轰击下能发出波长在紫外、可见或近红外区的光谱，称为阴极荧光。可以用电子探针仪上配备的光学显微镜直接观察样品的阴极荧光并进行照相记录，也可以用光电倍增管进行检测，并得到扫描图像。阴极荧光可用来鉴定某些材料和矿物中杂质的种类及其分布情况，也可用于研究晶体生长过程、晶体缺陷、位错等特征。

1.2.3 图像信号的检测

电子束与样品的碰撞过程会产生各种信号，这些信号有的是反映样品成分的，有的是反映样品形貌的。在EPMA分析技术中，SEM和TEM着重取用反映成像的电子信号，特别是二次电子和透射电子信号；EDX 和 WDS 则是利用 X 射线得到分析点的成分信息。

对 X 射线的检测通常用的三类探测器是：流气正比计数器、闪烁计数器和固态半导体计数器。探测器最重要的四个特性是有效波长范围、最大有效计数率、死时间和分辨率[6]。

1.2.4　图像信号的处理

常见的图像信号处理技术有黑电平抑制、非线性放大、信号微分后再与原信号相加的混合处理、Y 调制及从混合信号中分离特征信号等[7]。采用模数-数模转换信号可以在不改变信号固有频率的情况下减少噪声，并保持图像细节和灰度等级。其他方法还有活时间处理变换、减少噪声的统计滤波和同态过滤技术等，随着信号处理技术的深化，图像性能也在不断改善和提高。

1.3　电子探针微区分析仪的基本构造

1.3.1　主要组成

常用的电子探针微区分析仪由六部分组成：①电子光学系统(产生电子束的装置，主要部件为电子枪、聚焦镜、物镜)；②样品室(盛放样品，装有二次电子探头、能谱探头等)；③样品观察室(由光学显微镜及扫描电子显微镜组成)；④谱仪系统(由能谱仪、波谱仪等构成)；⑤接收记录系统(显示试样成分分布、经谱仪系统展谱后的 X 射线强度信息、图像信息等)；⑥辅助系统(包括高压直流电源、真空系统等)，见图 1-5。

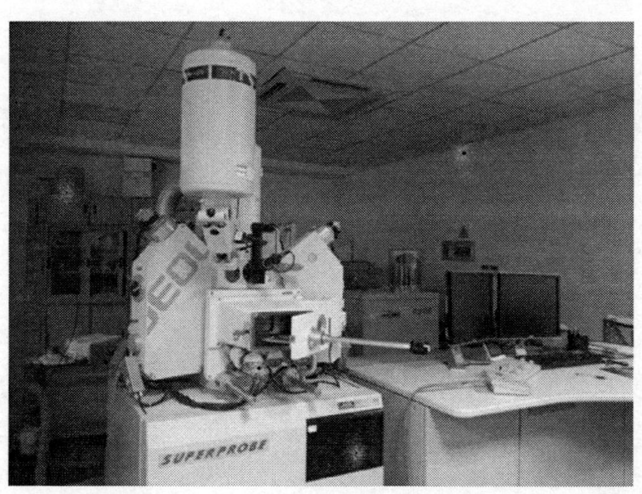

(a) 实物照片

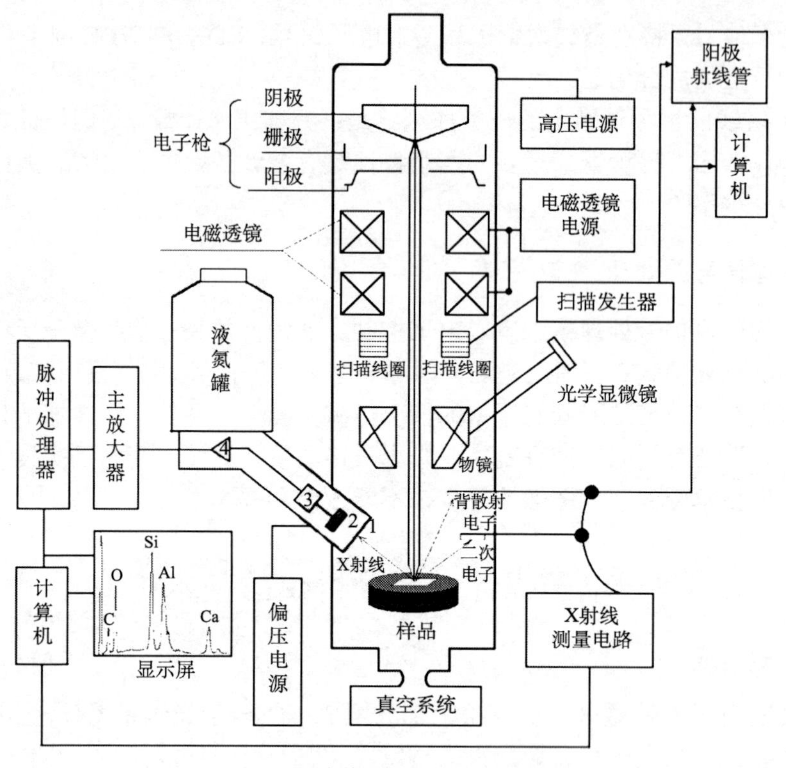

(b) 主体剖面图

图 1-5 电子探针分析仪的外观和基本构造示意图

图(a)摄于国家海洋局海底科学重点实验室；图(b)中：1. 超薄窗口；2. Si(Li)晶体；3. 场效应管；4. 前置放大器

1.3.2 能谱仪

1. 能谱仪的结构

X射线能谱仪(EDX)主要由探测器、放大器、脉冲处理器、显示系统和计算机构成(图 1-5)。从样品出射的 X 射线进入探测器，转变为电脉冲，经过前置和主放大器放大，由脉冲处理器分类和累积计数，通过显示器展现 X 射线能谱图，利用计算机配备的专用软件对能谱进行定性和定量分析，打印或保存结果。

能谱仪的主要部件和工作原理分述如下：

1)锂漂移硅探测器

锂漂移硅探测器简称硅锂探测器[Si(Li)]，是能谱仪的关键部件，由超薄窗口、锂漂移硅[Si(Li)]晶体、场效应管、液氮罐构成，因在制备过程中利用锂离子漂移技术而得名。锂离子室温下即可电离，且锂离子半径(0.066 nm)相对硅晶格常数(0.52 nm)小得多，在外电场作用下，锂离子以很高的迁移率穿过硅晶格扩散，然后逐渐提高温度(400℃以下)，再加几百伏电压，经过几周时间，锂离子通过硅晶格与全部杂质硼离子结合，形成中性复合物，这样就制备出硅的高纯度本征区，其厚度约为 3 mm，为 X 射线能量耗散区，在此将入射 X 射线光子的能量全部吸收，转化为电子-空穴对。在硅片的两面镀有厚度约为 20 nm 的金层，形成电极，与偏压电源连通。为了防止锂离子反向漂移或沉积，也为了减少噪声，晶体需始终在液氮温度下工作，它和场效应管通过传导率极高的金属与液氮相连，并装在一个金属圆筒中，用超薄窗口密封，保持高真空，以保护晶体表面不被污染。入射 X 射线通过超薄窗口进入 Si(Li)晶体本征区，经过一系列随机过程，电离 Si 的 K 层电子产生大量的电子-空穴对，把 X 射线能量全部消耗在晶体中。电子-空穴对寿命极短，在晶体两端的镀金电极上加几百伏的负偏压，电子与空穴迅速以饱和迁移率拉开到晶体两侧，收集到总的电荷量，送入前置放大器(图 1-6)。

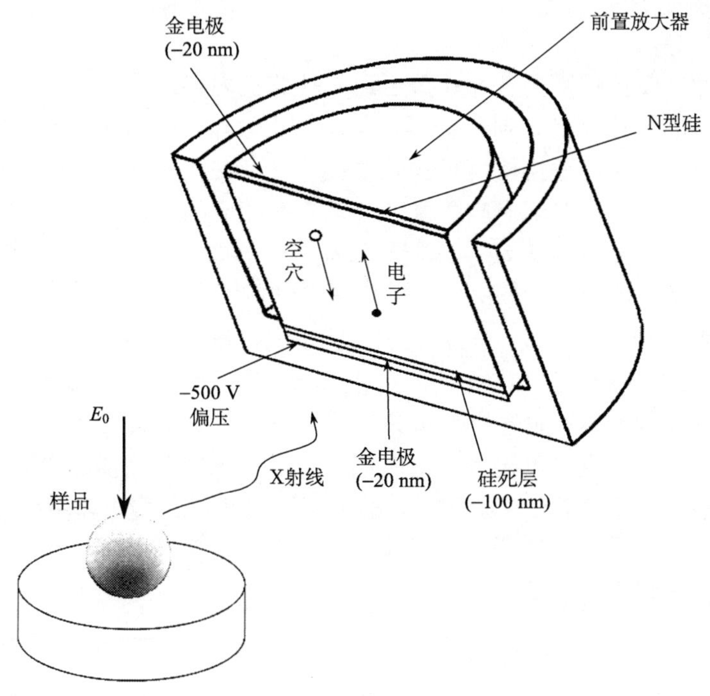

图 1-6　Si(Li)晶体结构示意图

X 射线穿过窗口，首先经过金电极和硅死层到达硅晶体，电离 Si 原子形成电子-空穴对，电荷在偏压下运动到两极，电子送入前置放大器

观察探测器窗口是否受到污染可通过以下方法检测：如果是 Be 窗探测器，则采集一个纯 Cu 谱，利用游标分别读出 CuK_α 和 CuL_α 的峰高计数值，记录

$CuK_α/CuL_α$ 峰高比值。如果是超薄窗口探测器，则采集氧化硅谱，同样记录 $SiK_α/OK_α$ 比值，均要存盘。工作一段时间后，重复上面检测，如果窗口黏附了样品室内的残余油气分子，窗口变厚，则 $CuL_α$、$SiK_α$ 和 $OK_α$ 峰高会降低，导致 $CuK_α/CuL_α$ 或 $SiK_α/OK_α$ 比值发生变化，所以窗口必须清洗，否则直接影响低能段谱峰的检测与计算。

2) 前置放大器与主放大器

前置放大器接收的电压信号很弱，变为电压脉冲后逐步放大，一般选用低噪声场效应管(FET)作为前级，紧靠晶体放置，也保持在液氮温度下工作。前置放大器的增益选择要保证输出电压脉冲幅度与电子-空穴对的数目成正比，即输出脉冲的幅度正比于入射 X 射线的能量值。

主放大器将前置放大器输出的电压脉冲幅度进一步放大到 1～10 V，并利用脉冲处理器将脉冲整形、降低噪声，便于后期处理。它的输出脉冲幅度值仍然保持与入射 X 射线的能量成正比。

3) 脉冲处理器

电压脉冲经模数转换为脉冲计数后送入计算机内存。通常选 1024 个通道储存脉冲计数，每个通道按 X 射线能量值从小到大编排，每道覆盖 0～20 keV 的能量。不同能量的脉冲计数将按自身的能量值分别存在相应的通道中。每收集一个 X 射线光子，它的特征能量对应的脉冲计数将在相应的通道中积累一个计数，使样品各元素产生的特征 X 射线按其能量值展开。例如，由 20%Al 和 80%Fe 组成的某样品在电子束激发下产生 Al $K_α$ 和 Fe $K_α$ 射线，其特征能量分别为 1.5 keV 和 6.4 keV，经探测器收集和放大器放大后，输出为电压幅度不同的两类脉冲，低脉冲为 Al，高脉冲为 Fe，然后被转化为脉冲计数，分别在 1.5 和 6.4 通道中进行累加操作。由于 Al 和 Fe 物质的量为 1∶4，它们各自的计数在对应通道中的累加操作也按该比例进行，直到设定的采谱时间结束。把脉冲存储器的内容用显示器展现出来，就是样品元素成分的能谱图，横坐标为 X 射线能量，纵坐标为 X 射线计数，即强度值，与元素含量有关。Al $K_α$ 谱峰和 Fe $K_α$ 谱峰分别在 1.5 和 6.4 位置，前者峰低，后者峰高(图 1-7)。

2. 能谱仪校准和分辨率检测

能谱仪启动前必须校准，使采集的峰谱位置与 X 射线能量标尺准确对正。某能量的 X 射线光子进入探测器后，经处理成为计数脉冲显示在能谱图上，理论上是一条谱线，但实际上是有一定宽度的高斯形谱峰。不同能量的谱峰宽度不同，因此，常以 Mn $K_α$ 谱峰半高宽(full width half maximum, FWHM)作为能谱分辨率的标尺，目前使用硅锂探测器的能谱仪分辨率一般优于 130 eV。

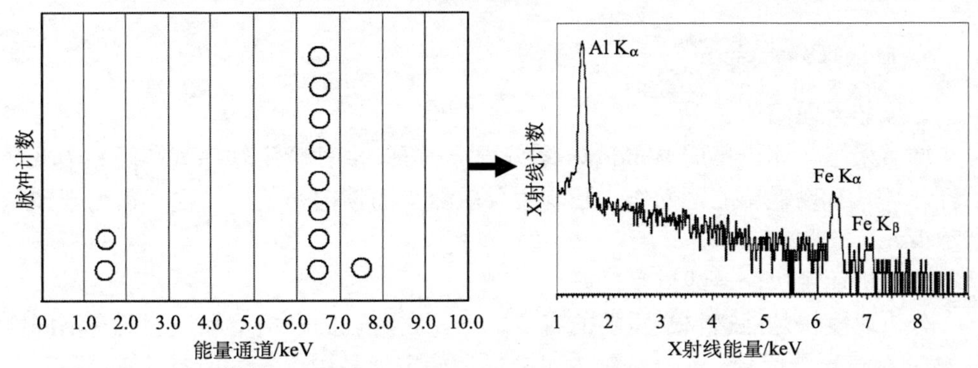

图 1-7　脉冲计数存储和能谱图显示过程示意图

图中圆圈代表单位数量的脉冲计数，竖线代表假想中的通道边界，右图为实际的测量结果，图中显示 Fe 的 K_α 和 K_β 谱峰

任何一个探测器都存在电荷不完全收集效应(ICC)，因为晶体内总有缺陷和杂质，使部分电子-空穴对在到达晶体两侧电极前被它们复合掉，这样前置放大器检测出的电荷量就低于 X 射线的预期值，这部分计数呈现在谱峰的低能端，造成谱峰左侧拖尾，使谱峰变宽和不对称，尤其对低能量谱峰影响严重。因此，只用 Mn K_α 的分辨率不能准确反映探测器低能端的性能，要全面检测探测器的分辨率，还应该增加 C 和 F 的谱峰半高宽，两者对电荷不完全收集效应最敏感，其宽度应分别小于 50 eV 和 70 eV。

C 谱峰分辨率高意味着探测器在整个能量范围内分辨率都好[4]。

3. 杂散辐射的识别和消除

杂散辐射是指能谱中不是来自样品所含成分的那些谱峰，它们的出现会引起成分的误识别。当电子束激发样品特征 X 射线的同时，还产生大量的背散射电子，它们出射样品后会激发样品台和物镜下表面的 X 射线，这些部位的 X 射线可能也进入探测器，在能谱中出现谱峰。由于样品台和物镜多是由铝、铜或钢制成，这类杂散峰谱多为 Al、Cu、Fe、Cr。如果出现杂散谱峰，应设法予以消除，通常在探测器窗口前安装一个准直器，如同一个视场光阑，使探测器只对准样品部位，消除杂散辐射。

超薄窗口探测器因窗口过薄，对杂散辐射有更高的限制，通常在准直器中安装一对磁铁，用于俘获进入探测器的背散射电子，以防止谱峰和背底畸变。这在透射电镜中尤为需要，因为高压电子束打到铜网或镍网网格上时，会激发出高能背散射电子，如果连续进入探测器，会造成探测器瞬间瘫痪，计数率为零，死时间 100%，此时，必须拉出探测器，过一段时间再推入才可使探测器恢复工作。因此，在使用能谱时应尽量避免视场中出现网格。

4. 能谱仪分析特点

1）操作界面简单

通常采用一体化集成 Windows 系统用户界面，多种应用软件可在同一个平台上打开，具有设置功能。操作步骤均用导航器界面锁定，使用简便，人为干预越来越少。

2）分析速度快，谱线重复性好

分析速度快是能谱仪最重要的特点之一，它可以同时接受和检测所有不同能量的 X 射线光子信号，在几分钟内可分析和确定样品中含有的所有元素，得到全谱定性分析结果。采谱过程中既可以手动，也可以自动识别和标识元素谱峰，谱峰重构功能可自动去除和峰与逃逸峰的干扰。在离线状态下可从图像上的任何位置创建谱图、线扫描和面分布图。波谱仪只能逐个测定每个元素的特征波长，一次全分析往往需要几小时。

由于能谱仪结构简单、没有机械传动部件、稳定性高，且没有聚焦要求，所以谱线峰值位置的重复性好且不存在失焦问题，对样品表面没有特殊要求，适于比较粗糙表面的分析工作。波谱仪在检测时要求样品表面平整，以满足聚焦条件。

3）定量分析全面，准确度提高

定量分析不仅适用于标样法，也适用于完全无标样法。仪器上自带的分析程序可自动扣除背底，先进的基体修正方法保证了定量结果的准确性和一致性，中等原子序数无重叠峰元素的定量准确度已接近于波谱仪。

以前 Be 窗口探测器元素分析范围为 ${}_{11}Na$～${}_{92}U$，现在的有机膜超薄窗口对低能量 X 射线也可以通过窗口分析，分析元素范围为 ${}_{4}Be$～${}_{92}U$，可有效进行轻元素的分析。

4）强大的图像处理和分析功能

现代能谱仪不仅可以对元素进行定性和定量分析，而且还具有很强的图像处理和分析功能，可将电镜模拟图像转变为数字图像，可通过灰度调整或伪彩、边缘锐化等功能改善图像质量，还可以通过程序对检测的大量颗粒样品成分自动进行化学分类和统计。

5）能量分辨率不断提高，可分析的元素增加

硅漂移探测器能量分辨率已优于 125 eV，峰背比（P/B）已达到 200000 以上，锂漂移硅探测器分辨率已经达到 130 eV 左右。由于能谱仪中锂漂移硅探测器探头可以放在离发射源很近的地方（10 ㎝左右），无需经过晶体衍射，信号强度几乎没有损失，所以灵敏度高（入射电子束单位强度所产生的 X 射线计数率可达 10^4 cps[①]/nA）。能谱仪中锂漂移硅探测器对 X 射线发射源所张的立体角显著大于波谱

① cps, counts per second，每秒计数

仪，可以接收更多的 X 射线，而波谱仪因分光晶体衍射造成部分 X 射线强度损失，因此检测效率不如能谱仪的高。能谱仪因检测效率高，可在较小的电子束流下工作(10～11 A)，使束斑直径减小，空间分析能力提高。目前，在分析电镜中的微束操作方式下能谱仪分析的最小微区已经达到纳米数量级，而波谱仪的空间分辨率仅处于微米数量级。

6)新型硅漂移探测器不断拓展

近年推出的体积小、无需液氮、免维护的新型硅漂移探测器是能谱仪发展的重要标志，其性能及可靠性明显提高。第五代新型硅漂移工作温度为–60～–15℃，无需用–196℃的液氮冷却，用半导体制冷就可以正常工作。新型硅漂移死时间小，可通过提高加速电压、增大束流等方法获得稳定的高计数率，目前计数率大于 100 kcps，比锂漂移探测器高近 10 倍，轻元素分析能力与之相同。

1.3.3 波谱仪

波谱仪(WDS)主要是利用晶体对 X 射线的衍射进行分光(色散)，从而实现对特征 X 射线的分散展谱、鉴别与测量，主要由分光晶体、X 射线探测器、数据处理系统及相应的机械传动装置等组成。

波谱仪用面间距为 d 的分光晶体把波长满足布拉格公式($2d\sin\theta = \lambda$)的 X 射线接收到计数器中。由于波长不同的特征 X 射线有不同的 2θ，通过连续转动分光晶体而连续地改变 θ 就可以把满足布拉格方程条件、与入射方向成不同 2θ 的各种单一波长的特征 X 射线从中分离出来，并在此方向上被探测器接收，从而展示适当波长范围内的全部 X 射线(图 1-8)。

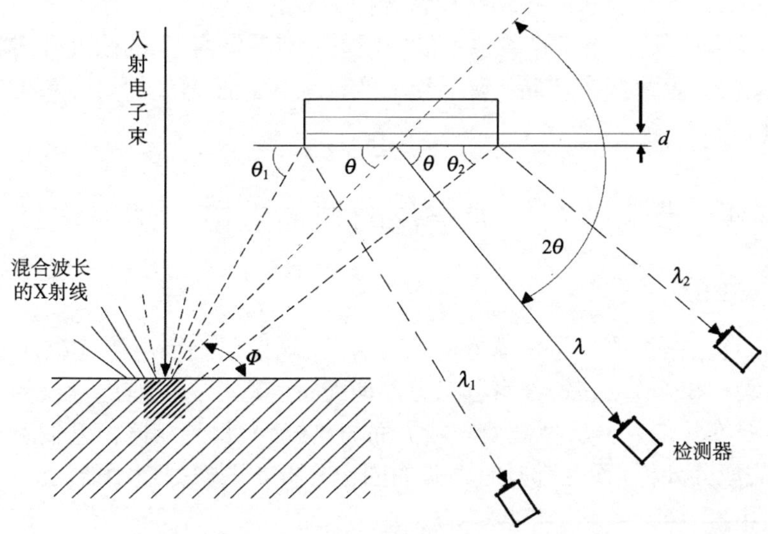

图 1-8 晶体对 X 射线的布拉格衍射

对于不同波长的X射线需要选用与之相适应的不同分光晶体。各种晶体能够分散的波长范围由它们的晶面间距 d 和布拉格角 θ 的可变范围来决定。电子探针用分光晶体，除了要求其反射X射线的能力强、分辨率高之外，还应满足能够弯曲使用、在真空中不发生变化等要求。在很宽的波长范围内(0.07～2.4 nm)，对K系和L系辐射来说，采用天然晶体和人工晶体可以对从氧(O)到铀(U)所有元素的特征X射线进行色散。

相对于能谱仪，波谱仪的分析特点如下[6]：

1)波长分辨率高

由于能谱仪的探头直接对着样品，峰背比低，所以由背散射电子或X射线所激发产生的荧光X射线信号也被同时检测到，从而使锂漂移硅检测器检测到的特征谱线在强度提高的同时，背底也相应提高，谱线的重叠现象严重，所以仪器分辨不同能量特征X射线的能力变差。能谱仪的能量分辨率(130 eV)比波谱仪的能量分辨率(5 eV)低很多，如波谱仪可将波长十分接近的V K(0.228434 nm)、Cr K_{α}(0.228962 nm)和Cr K_{β}(0.229351 nm)3条谱线清晰地分开，而能谱仪却达不到这个精度。

2)分辨本领强，定量分析结果好

波谱仪可以测量铍(Be)～铀(U)的所有元素，能量分辨率为0.5 nm，相当于5～10 eV，而能谱仪的最佳能量分辨率为129～149 eV，可见波谱仪的分辨率比能谱仪高一个数量级。波谱仪的定量分析可达到几十 ppm①的精度，能谱仪的定量分析一般可达到千分之几。波谱仪的定量分析误差为1%～5%，远小于能谱仪的定量分析误差(2%～10%)。

3)仪器安装和工作条件相对宽松

能谱仪工作条件要求严格，锂漂移硅探测器的探头必须始终保持在液氮冷却的低温状态，即使是在不工作时也不能中断，否则晶体内Li的浓度分布状态就会因扩散而变化，导致探头功能下降甚至完全被破坏。波谱仪的安装和工作条件相对比较宽松。

1.4 带超薄窗口能谱仪的扫描电镜和透射电镜

1.4.1 SEM-EDX

目前市场上提供的商品扫描电镜分为两类：场发射扫描电镜(FEG-SEM)和常规扫描电镜(C-SEM)，它们都可以很方便地配备能谱仪。配有能谱仪的扫描电镜(SEM-EDX)在构造、分析原理及功能方面与EPMA日趋相同，它们不但可以进行较准确的成分分析，而且都具有很强的图像分析和图像处理功能。虽然EDX的

① ppm, parts per million, 10^{-6} 量级

定量分析准确度和检测极限均不如 EPMA 的波谱仪高，但完全可以满足一般样品的成分分析要求，因此，越来越多的研究者使用 SEM-EDX 代替 EPMA。然而，由于 EPMA 与 SEM 设计的初衷不同，所以二者还是有一定差别的。例如，SEM 以观察样品形貌特征为主，一般不安装 WDS，电子光学系统的设计注重图像质量，图像的分辨率高、景深大(现在钨灯丝 SEM 的二次电子像分辨率可达 3 nm，场发射 SEM 二次电子像分辨率可达 1 nm)、真空腔体小、腔体保持较高真空度；另外，图像观察所使用的电子束电流小，电子光路及光阑等不易污染，图像质量能较长时间保持良好状态。

以下对 SEM 的结构与功能做简单介绍。

1. 扫描电镜的基本原理

SEM 的基本原理与 EPMA 类似(图 1-9)。由电子枪产生的电子束经过栅极静电聚焦后成为直径约 50 μm 的点光源，在加速电压(1～30 V)作用下，进一步通过聚光镜和物镜缩小电子束斑直径，最后照射到样品表面，此时电子束直径达到几微米至几十埃。位于物镜下方的扫描线圈可以通过改变电流的大小使电子束在样品表面进行扫描。扫描区域一般是方形的，由 1000 条扫描线组成，每行上又扫过 1000 个点，因此产生一幅图像是来自样品 10^6 个点的信息，足以获得显微结构的细节，形成高质量的逼真图像。

在扫描电镜中，用来成像的信号主要是二次电子，其次是背散射电子和吸收电子，用于分析成分的信号主要是 X 射线。信号电子成像系统把电子探针和样品相互作用产生的信号电子进行收集、放大、处理，最后在显像管上显示图像，不同的信号电子要用不同的探测器。在高真空的工作状态下，以二次电子信号的图

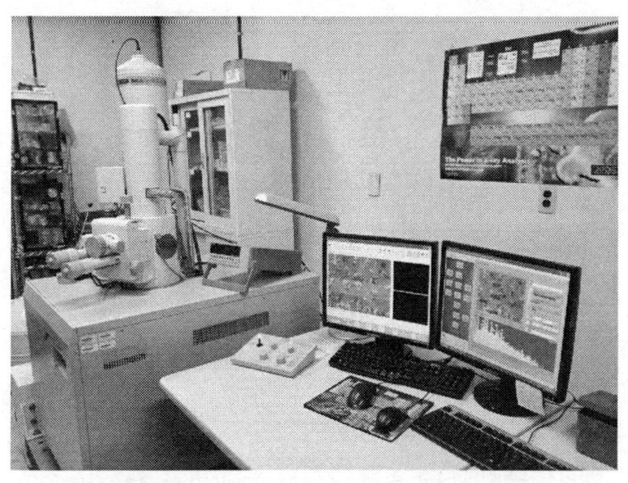

(a) 配备液氮致冷能谱仪的扫描电镜(日本JEOL JSM-6390，摄于韩国仁荷大学化学系气溶胶微量分析研究室)

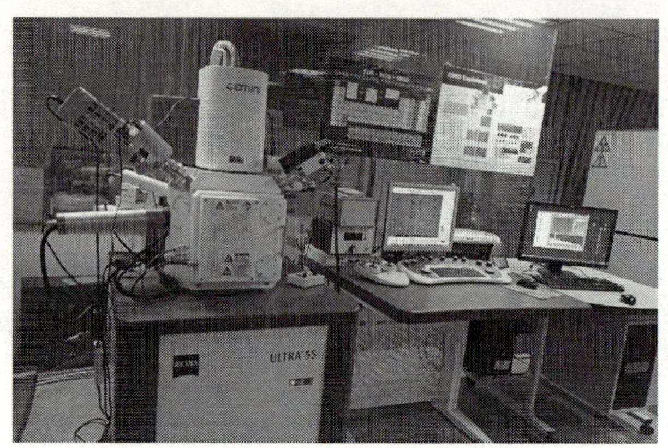

(b) 配备电致冷能谱仪的热场发射扫描电镜(德国蔡司UL TRA 55，摄于国家海洋局海底科学重点实验室)

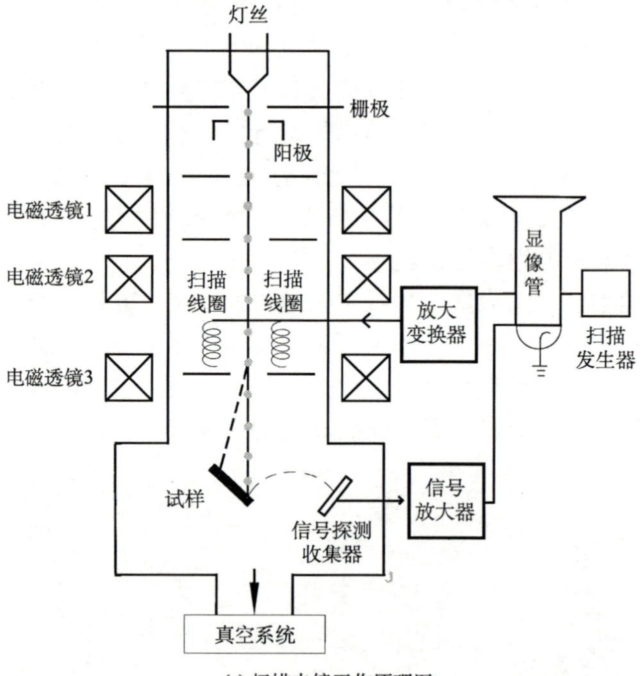

(c) 扫描电镜工作原理图

图 1-9　扫描电镜实物及工作原理图

像质量最好，它能立体、逼真地反映出样品凹凸不平的特点。入射电子很细，对于凹凸不平的样品都能聚焦(焦点深度大)，能够在一幅画面上观察样品的深浅全貌，还可以倾斜样品以获得更完整的微观形貌。

由于扫描电镜的镜体和样品室内部都需要保持 1.33×10^{-4}～1.33×10^{-2}Pa 的真空度，因此必须用机械泵和扩散泵进行抽真空处理。真空系统还有水压、停电和真空自动保护装置，置换样品和灯丝时有气锁装置。

扫描电镜样品室的容积较大，最大的直径为 150 mm。样品用导电胶或双面胶固定在载物台上，装入样品座，把样品座放在与微动装置连在一起的样品架上。样品微动装置能在 *X* 轴、*Y* 轴做 10～30 mm 的上下左右移动，能在 *T* 轴做 0°～90°的倾斜，能在 *R* 轴做 360° 的水平旋转，还能在 *Z* 轴做 6～48 mm 的升降(图 1-10)。

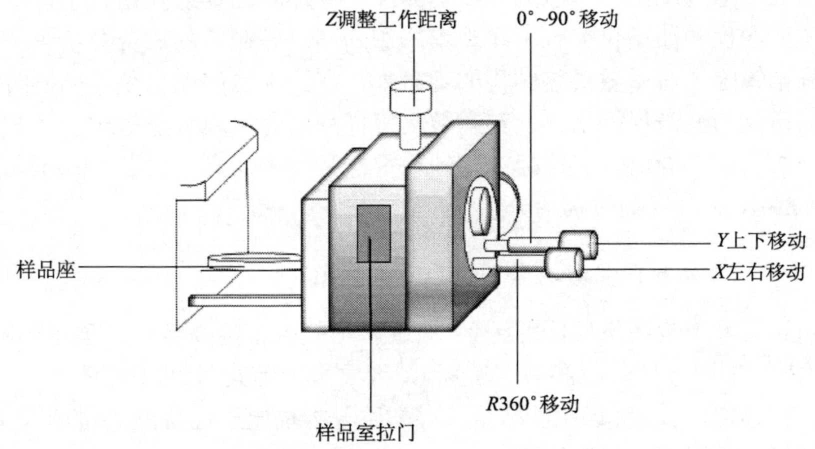

图 1-10　扫描电镜样品室及调整旋钮示意图

2. 扫描电镜的特点

1) 成像立体感强，对观察的样品具有广泛的适应性

扫描电镜的景深约为透射电镜的 10 倍，是光学显微镜的 100 倍，它的二次电子图像富有立体感、真实感，易于识别和解释，适用于观察颗粒物的形貌、混合状态，动植物的器官、表皮及细菌、真菌等的表面。小至几微米，大至 150 mm，厚至 20 mm 的样品均可以用扫描电镜观察，其观察样品的种类广泛，甚至新鲜的含水样品都可以观察。

2) 放大倍数变化范围大，可进行多种功能的分析

扫描电镜放大倍数一般为 15 万～20 万倍，最大可达 100 万倍，同时给出一个比例尺，可方便地测量微结构的尺寸，对于大气颗粒物或多相、多组成的非均匀材料便于低倍下的普查和高倍下的细致观察。

通过调制可改善图像反差的宽容度，使图像各部分亮暗适中。采用双放大倍数装置或图像选择器，可在荧光屏上同时观察不同放大倍数的图像或不同形式的图像。可使用加热、冷却和拉伸等样品台进行动态试验，观察在不同环境条件下的相变及形态变化等。

3) 比光学显微镜的分辨率显著提高

大多数的扫描电镜分辨率为 2～6 nm。普及型的扫描电镜分辨率为 10 nm，中档的为 5～6 nm，高档的为 1 nm，是光镜分辨率的 250 倍左右。

4) 对样品的辐射损伤轻、污染小

扫描电镜的电子束在样品上是动态扫描，其电子束流小，一般控制在 100 μA 以下，而且加速电压低，一般为 0.5～30 kV，对样品的辐射损伤较小。

5) 与能谱仪和波谱仪配合可在观察形貌的同时做微区的成分分析

扫描电镜除了可以做形貌结构的观察外，在给出良好图像效果的同时，还可以配上能谱仪和波谱仪等附件，对颗粒物等样品的化学成分进行定性、定量、定位分析。由于使用能谱仪能快捷方便地获得样品成分信息，目前 SEM-EDX 几乎取代了 EPMA 对大气颗粒物的分析[8]。

3. 影响扫描电镜图像形成和图像质量的因素

控制和调节影响图像形成的因素(如倾斜角效应、边缘效应、原子序数效应、充放电效应、加速电压效应和焦深等)和图像质量的因素(如像元的数目、信噪比、分辨率、宽容度、反差和衬度等)是获得高质量扫描电子图像最关键的技术[6]。

1) 倾斜角效应影响图像反差

二次电子产率主要取决于电子束的入射角，电子束的入射角将影响二次电子图像的反差。当入射电子束和样品表面垂直时(θ=0°)，二次电子逸出区域小，二次电子发生量少，图像发暗；当入射角 θ＞0°，散射区与样品表面接近的区域面积大，逸出可能性就大，二次电子发生量多，样品图像亮度增大。在样品边缘和尖端部位射入一次电子时，由于尖端和边缘的二次电子容易脱离样品，所以产生的二次电子数量多，图像异常明亮，称为边缘效应。边缘效应造成反差不自然，降低图像质量。若降低加速电压、减小二次电子的发生量或减小对比度，可使边缘效应相对减轻。

虽然扫描电镜图像的反差主要是由样品表面凹凸状态决定的：越是凸出的部位，产生二次电子的数量越多，图像越明亮。但是，由二次电子数量所表现出图像的实际亮度有时与样品实际的表面形状有差异，因为二次电子的产率和数量是受多种因素影响的，并非只取决于样品表面的凹凸状态。

2) 原子序数效应

原子序数大的元素被激发的二次电子多，原子序数小的元素则少，因此，在同等条件下，前者图像明亮，这种现象称为原子序数效应。如果在样品表面均匀喷镀一层原子序数大的金属膜，可提高图像质量。

3) 充放电效应

对于高绝缘性的样品，入射电子容易堆积在样品上形成负电荷区，产生放电现象或排斥后续入射电子，严重影响二次电子图像质量。如果采用镀膜、导电胶粘贴样品等导电处理，可减少充放电效应的影响。

4) 焦深

焦深，即焦点深度，是指对高低不平试样各部分聚焦最大限度的能力，它是 SEM 中一个重要的和可控的性能指标，是影响整幅图像各部位清晰度的一个重要因素。随着图像放大倍数的增加，其焦深受束斑尺寸的影响越来越显著。在高倍放大时，要得到较大的焦深，就要选择大孔径的物镜光阑，或者缩小工作距离进行观察。

5) 加速电压效应

电子束射入样品的能量取决于加速电压，用低加速电压高倍率观察表面结构时，须用短的工作距离和细的电子探针，才能获得清晰的图像。一般情况下，加速电压低，SEM 图像的信息越限于表面，图像越显得自然，但是样品表面对污染也会变得更为敏感，且得不到高倍放大的图像。反之，加速电压越高，电子束越容易聚焦变细，越容易得到高分辨率和高倍放大的图像，但是 SEM 图像会显得不自然。因此，要想得到最优质的扫描图像，需要根据所研究的目的，分析有利与不利的因素，选择相应的加速电压(一般为 1～30 kV)。

6) 分辨率衡量 SEM 图像质量

分辨率是指 SEM 能分辨的最小距离，通常作为最重要的衡量 SEM 图像质量的性能指标，它与入射电子束斑的大小、成像信号、试样中所产生成像信息的广度和深度有关。可通过减少周围杂散磁场、避免振动、减小扫描电子束斑直径、增加像元数目(应大于或等于 10)、增大信噪比(信噪比越高，分辨率越高，一般要求信噪比大于或等于 100)、改变图像宽容度和调制信号操作方式等提高仪器分辨率。一般以二次电子像的分辨率作为衡量 SEM 性能的主要指标，目前高性能 SEM 的二次电子像分辨率优于 7 nm(普通电子枪)和 3 nm(场发射电子枪))。

7) 寻找合适的放大倍率

在扫描电镜中，如果把样品空间中长度为 l 的直线成像到显示空间上，其长度放大为 L，则放大倍率 M 定义为：$M=L/l$。

因为荧光屏的宽度 L 是固定值，所以样品上的取样范围是放大倍率的函数。如果减小电子束在样品上的扫描范围，就可以提高放大倍率，反之亦然。在高放大倍率下的图像仅能表征样品上微区部分，不能反映样品的全貌，在仪器操作过程中必须把高低放大倍率结合使用才能满足要求，通常是低倍率观察样品全貌，高倍率观察细节(图 1-11)。

像元(指电子束在样品上获取信息的区域，这个区域产生的信息被传送到荧光屏上某个对应的亮点成像)的面积越小，图像分辨率越高，可提供的信息越丰富。像元大小与放大倍率有关，当束斑直径确定后，提高放大倍率，样品上的像元尺寸减小，对观察细节有利，但在使用过高的放大倍率下，像元尺寸会明显小于束

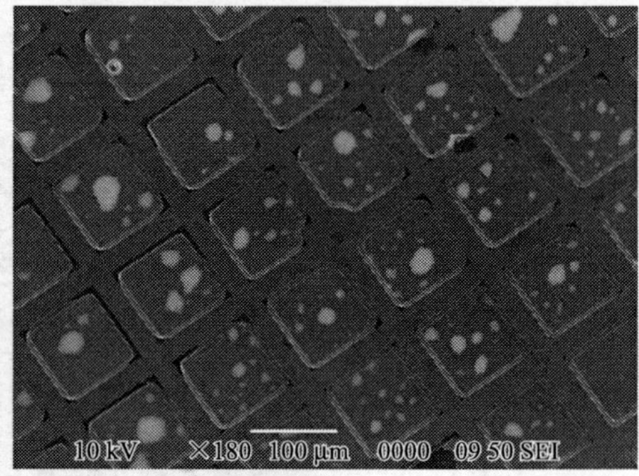

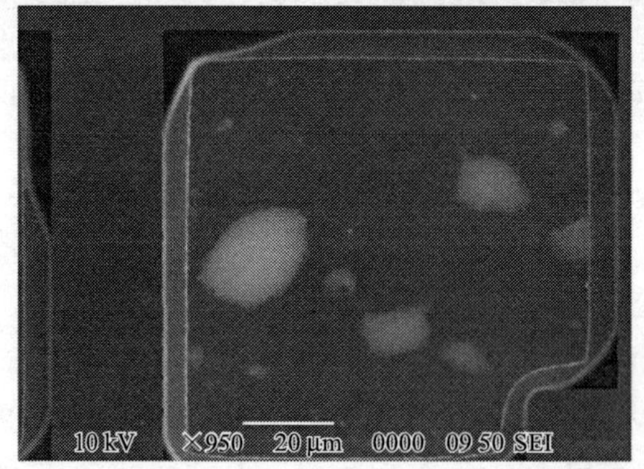

图 1-11　不同放大倍率下的铜网网格(TEM grid 支持的)和方华膜上收集的颗粒物

放大倍率分别为 85、180、950，可以看到样品上的观察范围和细节的变化

斑直径。实际上取样面积是由束斑直径决定的，而不是像元，图像放大了，但模糊不清，没有提供任何新的信息，该放大倍率称为“虚假放大倍率”，没有意义。但是，这时如果减小束斑直径，使其大小与像元尺寸正好相当，图像真正聚焦，信息来自放大倍率对应的像元，这是有效放大倍率。可见束斑直径是确定样品表面取样范围的先决条件，精细聚焦的束斑直径越小越好。当选用 1000 的放大倍率时，像元尺寸为 100 nm；当选用 100000 的放大倍率时，像元尺寸为 1 nm，意味着这时电子束斑直径必须聚焦为 1 nm 才能看清该像元的细节。

1.4.2　TEM-EDX

TEM 具有极高的空间分辨率，结合能谱仪和其他附件(如选区电子衍射)可以同时获取颗粒物样品微观区域的形貌、成分和晶体结构等多种相关信息，实现样品微观结构信息的局域化和一一对应。它的主要结构和工作原理简述如下。

1. 透射电镜的主要结构

TEM 由钨丝阴极在加热状态下发射电子，在阳极加速电压的作用下，经过聚光镜(电磁透镜)会聚为电子束照射样品，穿过样品的电子束携带了样品本身的结构信息，经过物镜后在像平面上形成样品形貌放大像，再经过中间镜和投影镜的两次放大，最终形成三级放大像，以图像或衍射花样的形式显示在计算机屏幕上。

TEM 的主要结构也由电子光学系统、真空系统、电路系统三部分组成，其中电子光学系统是 TEM 的主体，按功能又分为照明系统、成像系统、样品装置系统和图像观察与记录系统。增加的能谱仪等附件可称为分析系统，也称分析型 TEM。

1) 电子光学部分

整个电子光学部分完全置于镜筒之内，自上而下顺序排列着电子枪、聚光镜、样品室、物镜、中间镜、投影镜、观察室、荧光屏、照相机构等装置。

(1) 照明系统：由电子枪(由阴极、栅极和阳极构成)、聚光镜和相应的平移对中及倾斜调节装置组成，它的作用是为成像系统提供一束亮度高、相干性好的照明光源。为满足暗场成像的需要，照明电子束可在 2°～3°内倾斜。一般透射电镜中，加速电压在 50～200 kV，超高压电镜的电压可达 1000 kV 以上。为了确保操作安全，一般使阳极接地，阴极接负高压。这种电子枪实际是一个三级静电透镜，既能发射电子，又能使电子束有聚焦作用。

(2) 成像系统：一般由物镜、中间镜和投影镜组成。物镜的分辨本领决定了电镜的分辨本领，中间镜和投影镜的作用是将来自物镜的图像进一步放大。通过调整中间镜的透镜电流，使中间镜的物平面与物镜的背焦面重合，可在荧光屏上得到衍射花样。若使中间镜的物平面与物镜的像平面重合则得到显微像(图 1-12)。

(3) 样品装置系统：样品室中有样品杆、样品杯及样品台。样品台是进行样品分析的重要部分，位于聚光镜和物镜之间，用来放置待观测样品。现代仪器的样品台上装有倾转台，能够改变试样的角度，还配备了冷却或加热等其他设备，更加有利于全面多角度地分析样品的属性。

(4) 图像观察与记录系统：由荧光屏、照相机、数据显示器等组成，获得样品透射电子明场像、暗场像、选区衍射图像甚至高分辨率像等。

2) 真空系统

真空系统由机械泵、油扩散泵、换向阀门、真空测量仪及真空管道组成。它的作用是排出镜筒内气体，使镜筒真空度至少在 10^{-4} Pa 以上。如果真空度低，电子与气体分子之间的碰撞引起散射而影响衬度，还会使电子栅极与阳极间高压电离导致极间放电，残余的气体会腐蚀灯丝，污染样品。

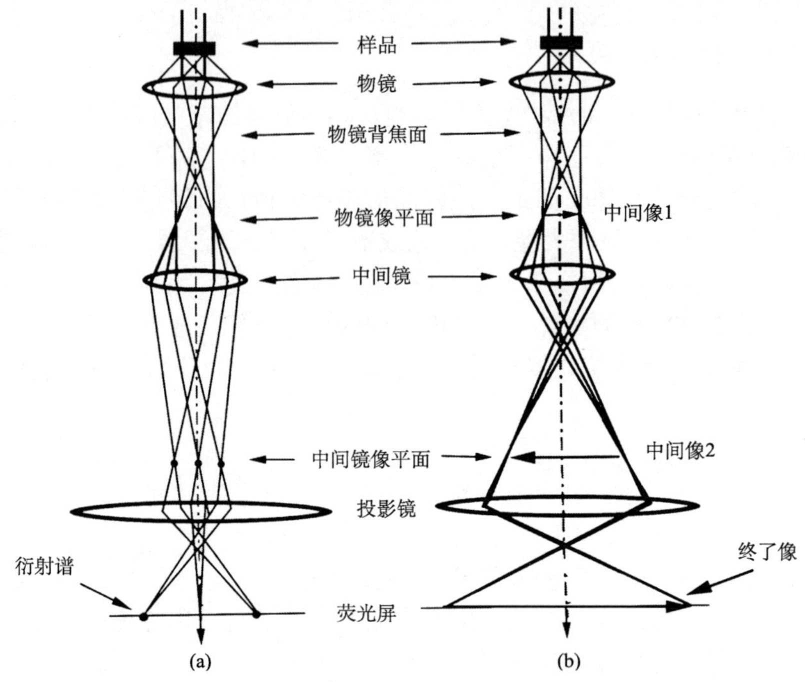

图 1-12　透射电镜两种成像系统原理

3) 供电控制系统

透射电镜的电路主要由高压直流电源、透镜励磁电源、偏转器线圈电源、电子枪灯丝加热电源及真空系统控制电路、真空泵电源等部分组成。加速电压和透镜磁电流不稳定将会产生严重的色差及降低电镜的分辨本领，所以加速电压和透镜电流的稳定度是衡量电镜性能好坏的一个重要标准。

4) 化学分析系统

在分析电镜中，还配有能谱议、电子能量损失谱(EELS)等仪器，用于测量样品的成分特征。TEM 增加附件后，其功能可以从原来的样品内部组织形貌观察、原位的电子衍射分析，发展到还可以进行原位的成分分析(EDX、EELS)、透射扫描等。

2. 透射电镜的优点和局限性

1) TEM 的优势

TEM 最突出的优越性主要表现在具有很高的分辨本领，1939 年制造的第一台商品透射电镜，分辨率优于 10 nm；1954 年，分辨率优于 1 nm；目前的分辨率为 0.1～0.2 nm；经球差矫正的分辨率达 0.07 nm；最高分辨率达 0.01～0.02 nm，已达到原子水平，而且放大倍数高达 100 万倍，放大倍数从几十到几十万可连续变倍，适用于各种研究样品的需要，在生物学和材料学等纳米级的研究领域中是其他仪器所无法取代的。

金相显微镜及扫描电镜均只能观察物质表面的微观形貌，它无法获得物质内部的信息。而 TEM 由于入射电子透射试样后，将与试样内部原子发生相互作用，这样，就可以根据透射电子图像所获得的信息来了解试样内部的结构。由于试样结构和相互作用的复杂性，因此所获得的图像也很复杂，它不像表面形貌那样直观、易懂，有些透射电子图像很难立刻做出正确的解释和判断，必须建立一套相应的理论才能做出正确的解释。

早期的 TEM 功能主要是观察样品形貌，后来发展到可以通过电子衍射原位分析样品的晶体结构，能将形貌和晶体结构原位观察的两个功能是其他结构分析仪器所不具备的。

2) TEM 的局限性

(1) TEM 所用的光源是电子波，波长在非可见光范围内无颜色反应，所形成的图像是黑白图像，要求图像必须具有一定的反差。反差的形成有以下四种方式[9]：

A) 振幅反差

电子散射产生的振幅反差是 TEM 最重要的成像机制。透镜图像的振幅反差是通过光阑吸收散射电子而形成的。振幅反差的大小取决于直接透射电子数量与弹性散射电子数量的比例。当入射电子照射样品，透过样品的散射电子数与样品的厚度成正比，而样品密度越大，电子散射的概率也越大。质量密度与厚度的乘积称为质量厚度，振幅反差主要取决于样品各部分质量厚度的差异。样品各部分质量厚度差异越大，图像的振幅反差越强。当电子射到质量、密度大的样品时，主要的成像作用是散射作用。样品上质量厚度大的地方对电子的散射角大，通过的电子较少，像的亮度较暗。此外，由于物镜存在球差，散射电子轨迹受到很大的影响，它们不会会聚到与物点相对应的同一高斯像点，只能作为图像背景，弥散在各处。因此，在观察厚切片时，即使不加物镜光阑，图像也有一定的反差，但对于非常薄的切片来讲，几乎没有反差。一般来说，对于结构细节大小超过 0.1～0.15 μm、厚度大于 10 μm 的样品，其反差主要是由振幅反差提供。

B) 相位反差

根据样品各部分透射波强弱的不同，图像出现暗亮不同的区域，这种反差称为相位反差。相位反差是在接近于正焦点附近很小的范围内产生的，它与物镜光阑是否存在无关，与加速电压及样品的原子序数关系也不大。相位反差只能在最大的放大倍数和最高分辨率的条件下才能观察到，对于低原子序数样品的细微结构，特别是对于由轻元素构成的细微结构小于 0.15 μm、厚度小于 10 μm 的成像，由于透射电子中弹性散射电子比例很小，而且散射角度也较小，都能通过光阑，因此不能获得振幅反差。图像的反差主要是由相位反差提供，当样品薄至100 nm以下时，电子可以透过样品，波的振幅变化可以忽略，相位反差几乎是反差的唯一来源。

C) 衍射反差

如果物镜光阑把衍射束挡住，只让透射束通过而形成的图像反差称为衍射反差。晶体样品图像反差的形成是由衍射效应产生的，衍射反差虽然可以加强图像的反差，但像的分辨率将下降。衍射反差主要是用来研究晶体样品中的缺陷。

D) 离焦反差

由于离焦产生衍射环引起图像反差的增加，称为离焦反差。其主要由散射电子波和直射电子波相互干涉而形成的，因为在电镜观察样品时，样品质量厚度迅速改变区域所对应的图像上会出现菲涅耳衍射环。当物镜过焦时，菲涅耳条纹呈暗线，欠焦时则呈现亮线，在正焦时，菲涅耳条纹消失。在TEM高倍率观察时，经常利用菲涅耳衍射环来增加反差，选择适当的欠焦量，可以获得最好的图像反差，通常不能用过焦的方式来提高反差。

(2) 透射电镜的图像通常是二维的，立体感不强。而扫描电镜成像要依靠高能电子束激发试样产生的二次电子或背散射电子，这些电子是经过双聚光镜及物镜高度聚焦后才射到试样表面的，由于物镜的焦深长，在试样表面凹凸不平的位置上都能满足聚焦条件而获得清晰的图像。从本质上说，扫描电镜的景深是来源于物镜的焦深。这是因为物镜的焦深长，粗糙不平的试样表面上很宽的深度范围都满足适焦条件，使图像具有明显的立体感。

(3) 对于主要由C、H、O、N等元素组成的样品，由于它们的原子序数较小，电子散射能力弱，相互之间的差别也很小，电镜下的图像反差一般偏低。

(4) 透射电镜是把经过真空通道加速经过聚光镜聚集的电子束变为一束均匀尖细的亮光，照射到很薄的样品上，电子束的穿透力很弱，因此电镜的标本须是超薄切片或细小颗粒。

(5) TEM的观察面小，载网直径为3 mm，超薄切片为0.3～0.8 mm。扫描电镜的结构基本与透射电镜相同，但镜筒内没有中间镜、投影镜和荧光屏。镜筒内有较大空间，可放置较大的样品；有较复杂的机械装置便于对样品移动、旋转、倾斜。

(6) 电子束的强烈照射，易损伤样品，发生变形、升华，甚至被击穿破裂，可能使观察结果产生假象。

(7) 观察时电镜镜筒必须保持真空，为了保证样品在真空下不损伤，对样品要求应无水分。因此，不能观察活体的生物样品。

3) TEM的主要发展方向

(1) 高电压：增加电子穿透试样的能力，可观察较厚、较具代表性的试样，现场观察(*in-situ* observation)辐射损伤；减少波长散布像差(chromatic aberration)；增加分辨率等，目前已有数部 2～3 MeV 的 TEM 在使用中。中等电压 200～300 kV 电镜的穿透能力分别为 100 kV 的 1.6 倍和 2.2 倍，成本较低、效益 / 投入比高，因此得到了很大的发展。

(2) 场发射电子光源：具有高亮度及契合性，电子束可小至 1 nm。除适用于微区成分分析外，更有潜力发展三度空间全像术(holography)。场发射透射电镜已日益成熟。TEM 上常配有锂漂移硅 X 射线能谱仪，有的还配有电子能量选择成像谱仪，可以分析试样的化学成分和结构。高分辨和分析型两类电镜有合并的趋势，用计算机控制甚至完全通过计算机软件操作，采用球差系数更小的物镜和场发射电子枪，既可以获得高分辨像又可进行纳米尺度的微区化学成分和结构分析，发展为多功能高分辨分析电镜。

(3) 多功能分析装置：结合样品台设计为高温台、低温台和拉伸台，TEM 可以在加热状态、低温冷却状态和拉伸状态下观察样品动态的组织结构、成分变化，使 TEM 的功能进一步拓宽，意味着一台仪器在不更换样品的情况下可以进行多种分析，尤其是可以针对同一微区位置进行形貌、晶体结构、成分(价态)的全面分析。

(4) 图像的高分辨率分析：TEM 最佳解像能力为点与点间 0.18 nm、线与线间 0.14 nm。由于样品制备技术的限制，对大多数生物样品来说，一般只能达到 2 nm 的分辨水平。因此，改善样品结构的反差，提高电镜图像的分辨能力是不断努力的方向。

1.5 小　　结

EPMA、SEM、TEM 和 EDX 是分析和观察物质表面化学、物理性质及微观结构的有力工具。这几类仪器都是用聚焦电子束轰击样品，以获取二次电子、背散射电子、透射电子、特征 X 射线、俄歇电子等信号。SEM 和 TEM 着重取用其中的成像电子信号，EPMA 着重取用其中反映成分的信号，利用 X 射线波谱仪或能谱仪取得被分析点的成分信息。近年来，人们在 EPMA 上配置了高分辨率二次电子图像检测器，在 SEM 和 TEM 上安装了带超薄窗口的能谱仪，构成 SEM-EDX、TEM-EDX 等分析仪器，能在更高的空间分辨率下实现微区成分分析。EPMA 与 SEM-EDX(或 TEM-EDX)在经历了各自独立发展的过程后功能逐渐趋于一致，被共同命名为电子探针显微分析方法。

现在的电子探针可以用一台计算机同时控制能谱仪和波谱仪，结构简单、操作方便。随着科学技术的发展，SEM 和 TEM 取得了更高的分辨率；EDX 取得了更高的精确度，SEM-EDX、TEM-EDX 得到了广泛的应用，为研究大气气溶胶的理化性质带来了极大的方便。

参 考 文 献

[1] (英)里德. 电子探针显微分析. 林天辉, 章靖国, 译. 上海: 上海科学技术出版社, 1980.

[2] Goldstein J I, Newbury D E, Joy D C, et al. Scanning Electron Microscopy and X-Ray Microanalysis. 3 rd edition. New York: Kluwer Academic/Plenum Publishers, 2003.

[3] Newbury D E, Joy D C, Echlin P, et al. Advanced Scanning Electron Microscopy and X-Ray Microanalysis. New York: Plenum Press, 1986.

[4] 徐萃章. 电子探针分析原理. 北京: 科学出版社, 1990.

[5] 张铭诚, 袁自强, 万固存, 等. 电子束扫描成像及微区分析. 北京: 原子能出版社, 1987.

[6] 施明哲. 扫描电镜和能谱仪的原理与实用分析技术. 北京: 电子工业出版社, 2015.

[7] 周剑雄. 电子探针分析. 北京: 地质出版社, 1988.

[8] Ault A P, Peters T M, Sawvel E J, et al. Single-particle SEM-EDX analysis of iron-containing coarse particulate matter in an urban environment: sources and distribution of iron within Cleveland, Ohio. Environmental Science and Technology, 2012, 46(8): 4331-4339.

[9] (美)布伦特 F, 詹姆斯 H. 材料的透射电子显微学与衍射学. 吴自勤, 石磊, 何维, 等译. 合肥: 中国科学技术大学出版社, 2017.

第 2 章 电子探针微区分析技术的功能与用途

电子探针微区分析技术可以在微小的区域内对测试样品中的元素进行高准确度、高灵敏度的化学分析，具有样品需要量少、无损、可分析元素多、便于自动化操作等特点，在科学研究和技术应用领域均受到青睐。

2.1 电子探针微区分析技术的功能

EPMA 的基本功能是分析试样中一个很小体积内的成分，之后衍生出测定沿某直线走向的成分分布或某一面积上的元素分布、确定微区内晶体表面晶粒的结晶取向及晶格参数、判断轻元素的化合价态和晶格配位数等。一般新型的电子探针都配有接收二次电子的探头和显示吸收电流大小的装置，用它可以得到二次电子像及吸收电流的扫描图像，经过数据处理和输出装置可以给出等浓度曲线，还能用色彩显示等浓度图等。

目前，SEM-EDX 和 TEM-EDX 与 EPMA 的互相融合与替代，使它们的功能进一步拓展，用途也越来越广，不仅用于生命科学、材料科学、化学、物理学、电子学、地质矿物学、食品科学、大气科学等领域的研究，而且还广泛应用于半导体工业、陶瓷工业、化学工业、钢铁冶金等生产部门。

2.2 电子探针微区分析技术的用途

2.2.1 在生物学中的应用

EPMA 在植物学、动物学、树木学、土壤学和微生物学等领域应用较早，可以用它测定植物生长与土壤的关系，金属和化学保护剂等在植物体内的分布，动物骨中的 Ca、P、Mn、S 和 Zn 的含量，农药毒性，研究植物中特殊元素及其定位，种子中矿物质的储存，植物对真菌侵染的可能保护机制，影响植物污染颗粒的来源及细菌、真菌、藻类和苔藓类与矿物质的关系等。近年来其对木材中晶体的辨别和化学防腐剂的作用机理研究及木材和草类纤维中木质素分布的研究也做出了重要贡献，为木材保护、鉴定和制浆工艺条件的选择提供了有用信息。例如，杨燕和邱坚[1]对柠檬桉木材中晶体的轴向分布、径向分布、形态和含量及硅石的纳米结构进行观察分析发现：该木材中晶体主要分布在木射线细胞，形态多为菱形晶体；钙元素含量高，可达 22%以上；晶体的尺寸在 350～400 nm，大小从树基向树梢呈递减趋势。朱小玲和孟焕新[2]对牙周炎患牙的牙骨质表面形貌和微区成分分析发现，快速进展性牙周炎患牙和慢性牙周炎患牙牙骨质表面的形态基本相似，但在快速进展性牙周炎患牙和慢性牙周炎患牙的牙骨质表面，吸收陷窝不仅数目较多，而且比较大、比较深，修复现象不明显，Ca、P、Mg 含量均无显著差异。

2.2.2 在冶金和材料科学中的应用

由于 X 射线分析技术在微区、微粒和微量成分分析上具有元素范围广、灵敏度高、准确、快速和不损耗试样等特点，因此在检测冶金产物和分析材料成分方面得到广泛的应用。在钢铁冶金领域已被广泛应用于夹杂物、偏析区、涂层、扩散层等的方面分析；在材料科学，用点分析方式对显微区域中感兴趣的相或质点进行定性和定量分析是电子探针最常用的模式；用线扫描或面扫描方式显示材料晶粒、晶界、夹杂物、析出相等的元素分布，再与二次电子像或背散射电子像对照即可获得显微结构和组成的对应关系。将电子探针沿着玻璃、陶瓷和耐火材料等的扩散层逐点进行成分分析或沿扩散方向进行线扫描时，可以得出元素含量与扩散距离的关系曲线，求出扩散系数和扩散激活能。刘运传等[3]采用蒙特卡罗(Monte Carlo)方法模拟加速电子在氮铝镓晶体薄膜中的运动轨迹，研究了加速电压与高能电子到达样品深度之间的数学关系，通过电子探针波谱法准确测量了晶体薄膜组分。李艳梅等[4]用 EPMA 对实验的中厚钢板进行无损探伤，依照探伤图谱选择分层缺陷严重的部位，发现分层部位的缺陷组织主要含条状或片状的硫化物。当钢中的含硫质量分数降低到 0.02%以下、硫化物临界尺寸小于 5 μm 时，可有效防止分层缺陷产生。魏世忠等[5]对高速钢中碳化钒的精细结构和微区成分进行了分析，发现碳化钒中由于碳的有序缺位形成了 V_6C_5 简单六方超点阵结构，且有大量纳米微粒子存在，微粒子处 Cr、Mo 和 Fe 元素含量较高，尤其是 Mo 的质量分数高达 20%以上，提示 Mo 对 V_6C_5 超点阵结构的形成起重要作用。

2.2.3 在考古学和文物保护中的应用

在考古学和文物保护中，利用 EPMA 可以进行定年、判断文物成分和损坏程度、确定保护措施等。葛祥坤 [6]以放射性核素衰变理论为基础，通过电子探针测量了含 U、Th 矿中的 U、Th 含量并计算出矿物形成年龄，对于含铀矿物的化学组成及化学成分之间的相关性、晶体结构稳定性等也进行了深入分析。惠任等[7]应用 EPMA 对陕西旬邑县原底乡百子村砖场内发掘的一座东汉晚期壁画墓的壁画颜料(黑、红、黄、白、紫五种)和土样进行了分析，确定了样品的种类与组成，为判断绘画工艺、进一步推证古代绘画所用颜料的前后继承关系提供了证据。孙淑云等[8]用 EPMA 结合铅同位素测定法对越南出土铜鼓及相关物件进行了成分分析，发现它们与广西、云南出土铜鼓的成分基本相同，提供了中、越古代铜鼓文化交流传播的重要信息。

Hu 等[9]对冬季采集的秦始皇陵兵马俑博物馆中独立采样点 1 号坑、博物馆展厅和室外大气细颗粒物进行了 EPMA 分析，发现多数粒径在 0.5～1 μm，呈单峰分布。颗粒物主要类型包括：不规则矿物尘颗粒、球形飞灰颗粒、烟炱(或炭黑)、含硫酸盐颗粒等(图 2-1)。各样品中含 Si 颗粒数量最多，主要来源于黄土中石英和蒙脱石、伊利石、绿泥石、高岭石、白云母等矿物尘。含 Ca 颗粒(包括碳酸钙、氧化钙、氢氧化钙、硝酸钙)及富 Fe 颗粒、富 K 颗粒、富 Ti 颗粒、富 Mn 颗粒等相对丰度均低于 7%。含硫酸盐颗粒的丰度仅次于含 Si 颗粒，其中“S+C”是最丰富的亚组，然后依次是“S+Ca”颗粒、“S+Na”颗粒和“S+K”颗粒。硫酸钙颗粒的 EDX 谱图中多含有强弱不等的 Si、Al 元素峰，显示硫酸钙与石英或黏土等土壤颗粒有不同程度的混合，土壤颗粒成为含 S 颗粒的载体。少量球形的“S+Fe”和“S+Ca+Si”颗粒应是来源于附近电厂的煤炭燃烧产物。

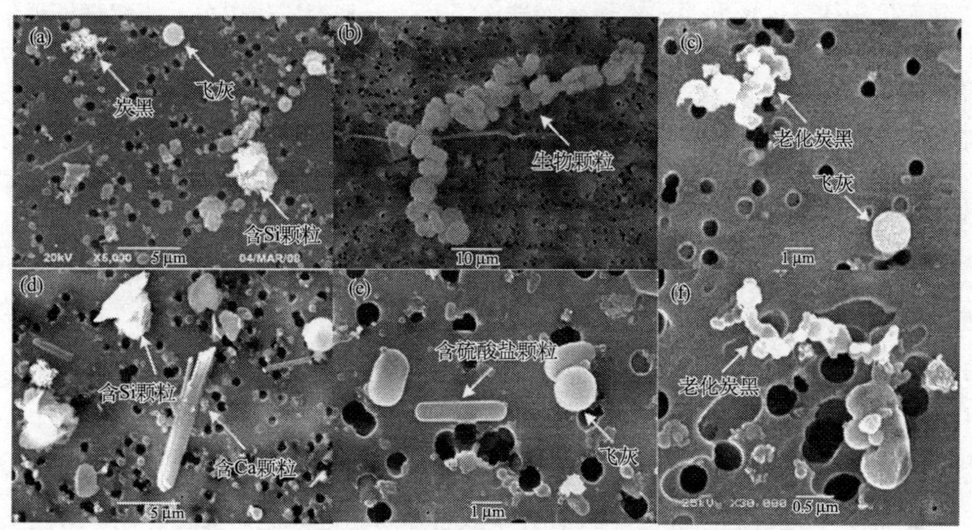

图 2-1　秦始皇兵马俑博物馆内外大气细颗粒物的主要类型

2.2.4　在地学中的应用

电子探针在地学中的应用广泛，许多用途是其他方法难以替代的[10]。

(1) 测地质体年龄：电子探针测定的变质岩、花岗岩、沉积岩等矿物的化学年龄均在传统同位素法测定年龄的范围之内，尤其是较古老的地质体，其测试精度更高。由于电子探针原位分析和高空间分辨率的特点，为区域大地构造和显微构造的形成提供了一种全新的地质年代数据，从而为解释变质、变形作用过程中压力-温度-时间-相变之间的关系奠定了良好的基础。电子探针化学测年技术还可对矿石的来源、不同矿物的不同环带、不同世代的成分演化乃至时间演化进行分析，获得许多岩石结构、矿床成因、变质作用及地质找矿等方面的信息。

(2)矿物鉴定中的应用：电子探针能对光片或光薄片上的矿物一边用显微镜观察一边进行分析，且对样品不造成损害，不仅能分别分析不同矿物颗粒的化学成分，还能检测同一颗粒内不同部位的成分差异，可以准确地测定矿物的化学成分从而获得矿物化学式，已成为一种有效和常用的矿物鉴定手段。电子探针大大提高了微区分析研究的精度与深度，可以观察高清晰的微米级、纳米级的微观地质现象，真正实现原位、可靠的精细微区分析，它在岩石矿物识别方面的意义值得深入挖掘。例如，陈代璋和陈凤贤[11]在研究粤北乐家湾锑矿床、湘西沃溪金锑钨矿床与闽东镜洋叶蜡石矿床过程中，用电子探针对某些岩石定向光薄片直接测量，得到了与化学分析近似的结果，为研究固溶体分离矿物及矿物蚀变晕的成分提供较为可信的依据。

(3)在构造分析中的应用：通过电子探针分析可以了解韧性剪切作用与矿物成分变化规律之间的关系，对地质构造作用及变形与变质作用关系的解释提供依据。范国传等[12]研究了石榴长英片麻岩构造变形与变质作用之间的关系，随着韧性剪切作用强度的不同，岩石呈现由弱变强的均质体-过渡带-暗色条带的分带，经电子探针测定可知，从弱带到强带石榴石矿物中 MnO、CaO 的含量迅速降低，而在弱带及过渡带 MgO 变化不大、FeO 含量略偏低，在变形强带 MgO 含量逐渐升高，符合石榴石矿物成分随温度不断升高的变化规律。

(4)其他：除上述应用之外，电子探针还可进行沉积岩及水系沉积物的岩源、宝石矿物、药用矿物、宇宙矿物及矿产的综合开发与利用等方面的研究。在矿物学方面还可以深入进行矿物固态包裹体、矿物蚀变交代、元素赋存状态等的研究，对某些元素还可进行价态的探索等。

2.2.5 在环境科学领域的应用

EPMA 在地球科学和环境科学等领域也显示出越来越重要的作用。Wagner 等[13]测定和分析了摩天大楼爆破拆除产生的气溶胶颗粒特征，发现存在粒径 2.5～15 nm 的超微微粒。Osán 等[14]检测了某 400 kW 木材燃烧供热厂冬季运行期间的大气颗粒物形貌与成分，发现木材燃烧颗粒钾含量较高，且粒径集中在 $PM_{2.5}$ 以下。Agrawal 等[15]利用 SEM-EDX 发现印度两大节日排灯节(Diwali)和洒红节(Holi)期间大气总悬浮颗粒物的形貌和成分均发生改变，含碳颗粒和含重金属颗粒显著增加，由此导致颗粒物沉降速度和沉降时间均发生了变化。锰铁合金厂附近住宅区内大气 PM_{10} 中含有大量含 Mn 颗粒[16]，60%的含 Mn 颗粒呈球形，且粒径较小，这些细颗粒物对人体健康可能带来不利影响。Jung 等[17]利用 EPMA 技术对韩国首尔地铁隧道、站台、售票处附近收集到的空气颗粒物进行分析，发现大量含铁颗粒，隧道内最多，比例达 75%～91%，随着与隧道距离的增大，含铁颗粒逐渐减少，该技术不仅可细致地观察各种含铁颗粒的形貌和化学成分，还可清楚地显示它们的来源和分布规律，为地铁内有害颗粒的控制和清除提供了依据。

利用 EPMA 技术还可以较好地区分大气 $PM_{2.5}$ 中不同种类的初级生物性有机气溶胶(PBOA)，Coz 等[18]将它们主要分为三类：①来源于活的微生物，如细菌、病毒、原生动物、藻类、花粉、孢子及它们的组成部分；②来源于生物体却无生命的有机物质，包括来源于人、动物、昆虫、植物等的残骸或残渣；③其他有机颗粒，有特殊的形状，且(C+O)质量浓度＞75%，P 质量浓度＞1%，K、Cl 质量浓度＜10%，与生物质燃烧产物有很大区别。Duque 等[19]用电子探针对槭属植物花粉进行分析发现：花粉形成过程中，与控制花粉有关的化学元素 Cl、Na、Mg、K、Si 的含量显著增加；不同花粉类型的花粉壁上元素质量浓度有显著差异。在空气中花粉粒与其他大气气溶胶接触后，可吸附或吸收气溶胶上的物质，可能导致花粉对人体健康的有害影响增加。

Hwang 和 Ro[20]对亚洲沙尘暴发生期间在韩国春川市采集的大气颗粒物样品研究发现，与空气污染物反应的矿物尘和海盐颗粒占了一半以上，反应的碳酸钙和反应的海盐主要产物是 $Ca(NO_3)_2$ 和 $NaNO_3$，单独的 $CaSO_4$ 和 Na_2SO_4 很少，即使有含硫酸盐的颗粒，也是与硝酸盐混杂在一起，说明沙尘暴期间 $CaCO_3$ 和海盐的老化过程中氮氧化物起重要作用。Worobiec 等[21]分别使用带铍窗和超薄窗口能谱仪的 EPMA 测定了亚马孙盆地巴尔比纳镇(1°59′S，59°12′ W)大气 PM_{10} 的化学成分。结果表明，虽然这两种技术可以相互印证和补充，但带超薄窗口能谱仪的 EPMA 能更全面地辨别颗粒物类型；几乎所有颗粒中均含有碳；大量有机气溶胶和其他各类颗粒发生混合、团聚，空气中氮氧化物和有机质对海盐颗粒的老化过程起重要作用，这些结果有助于解释撒哈拉沙漠的矿物尘颗粒对亚马孙河流域上空大气颗粒物的构成产生的影响，也有助于阐明海盐颗粒在空气中的化学转化及在生物质燃烧和生物气溶胶颗粒存在下的老化过程。

Li 等[22]对天山乌鲁木齐河源 1 号冰川收集到的气溶胶进行分析，检测到富硅颗粒、富钙颗粒、富铁颗粒、富钾颗粒和富硫颗粒，大部分是尺寸小于 2.5 μm、呈不规则形状的矿物尘颗粒(如铝硅酸盐、石英、方解石等)，说明自然过程是这些 $PM_{2.5}$ 的主要来源。赵淑惠等[23]对该气溶胶微观形貌及元素组成做进一步研究发现，粒径小于 2.5 μm 的颗粒占总颗粒数目的 75%以上，大于 5 μm 的颗粒所占比例很小，而大于 10 μm 的颗粒几乎没有，推测 1 号冰川地区的大气气溶胶主要来自远距离源区的输入。颗粒形貌，整体呈现出不规则形态，富含 Si 的颗粒所占比例最大。少量颗粒以聚合态的形式存在，一些链状颗粒可能为烟尘聚集体或有机颗粒物，一些颗粒中空且呈蜂窝状，可能为 SO_2 和矿物颗粒的反应物。董志文等[24]在祁连山老虎沟 12 号冰川积累区挖取 2 个雪坑并沿冰川主流线在不同海拔带采集 20 多个冰川表雪样品，全面分析了不同深度层位所代表的不同季节雪样中颗粒物的形貌与成分。结果表明，自然来源的矿物粉尘占的比例较大，它们的形状不规则，所含元素主要为 Si、Al、Ca、K、Fe 等地壳元素(图 2-2)。另外，还有大量的球形颗粒，它们表面光滑、明亮，与矿物尘颗粒有明显区别，与飞灰颗粒成分类似。图 2-3 为不同表面形貌和成分组成的球形飞灰颗粒的典型代表，主要由元素 Si、Al、Fe、K、Ca 等组成，部分颗粒还含有 Zn 和 Ni 等重金属元素，反映出明显的人为活动来源。

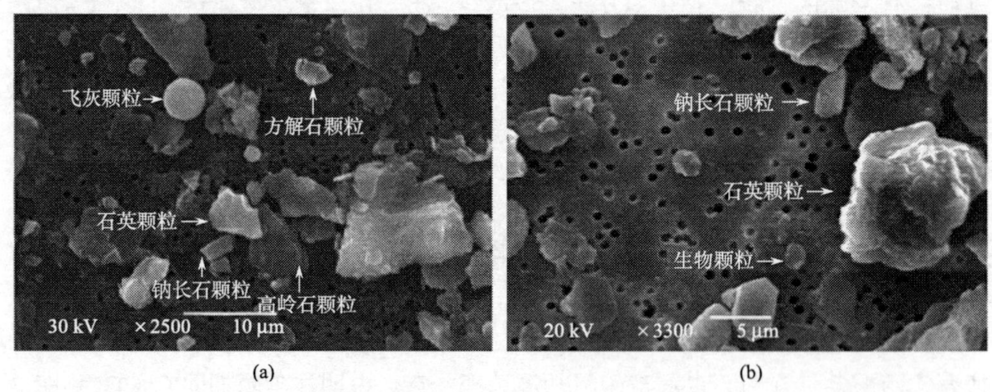

图 2-2　祁连山老虎沟 12 号冰川积雪中不同类型颗粒的典型二次电子像

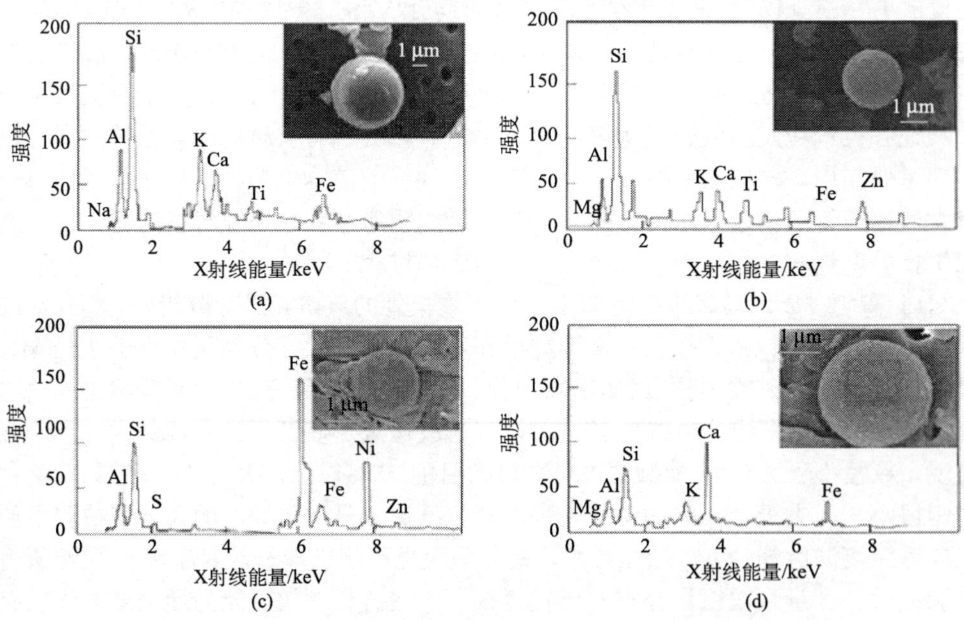

图 2-3　祁连山老虎沟 12 号冰川典型飞灰颗粒的 EDX 能谱图及其形貌

邵龙义等[25]在分析河南煤矿区城市大气矿物尘颗粒时，提出根据 EDX 测量结果求出最大 $P(X)$ 值再进行分类的方法，$P(X)$ 值为单个矿物尘颗粒中不同元素所占的质量分数，它的计算公式如下：

$$P(X)=100\%\times X/(\mathrm{Na}+\mathrm{Mg}+\mathrm{Al}+\mathrm{Si}+\mathrm{S}+\mathrm{Cl}+\mathrm{K}+\mathrm{Ca}+\mathrm{Ti}+\mathrm{Fe})$$

式中，X 为矿物颗粒的元素质量分数；Na、Mg、Al、Si、S、Cl、K、Ca、Ti、Fe 为矿物颗粒中最主要的 10 种元素质量。

求出具有最大 $P(X)$ 值的元素后作为“富 X”颗粒，然后再应用 $P(X)$ 值将矿物颗粒进一步分为亚类，规定某种元素的 P 值＞65%称为“X”质，如“Ca 质”；如果含量最高元素的 P 值＜65%，就把颗粒归为“P 值最高的元素+P 值第二高的元素”类，如“Ca+S”，将煤矿区城市大气颗粒物的 SEM 微观形貌图与它们元素质量分数结合起来就得出各种颗粒物类型。结果表明，义马夏季矿物颗粒的主要类型是“富 Si”“富 Ca”“富 S”颗粒，分别占 27%左右；平顶山的主要类型是“富 Si”和“富 Ca” 颗粒，分别占 78%和 12%；永城的主要类型也是“富 Si”和“富 Ca” 颗粒，分别占 41%和 33%。冬季三个矿区均以“富 Si”和“富 Ca” 颗粒为主。

大气颗粒物的 TEM-EDX 结果显示，大部分无机颗粒物中均有有机组分存在，它们可以影响颗粒物表面的吸湿与光学特性[26]。Li 等[27]分析了春节前后大气中有机气溶胶单颗粒的化学组分和混合状态等特征，发现有机物和硫酸盐是春节前后大气中占比最多的颗粒，同时也发现所有的有机组分都是以与其他颗粒物内部混合的形式存在的(图 2-4)。利用 TEM-EDX 可以把华北平原冬季轻度及中度霾中颗粒物分为以下五种类型：硫酸盐(包括富钾颗粒和硫酸铵)、飞灰/金属、矿物颗粒、烟尘颗粒和类有机物颗粒。一些典型颗粒的形貌和 X 射线能谱见图 2-5[28,29]。

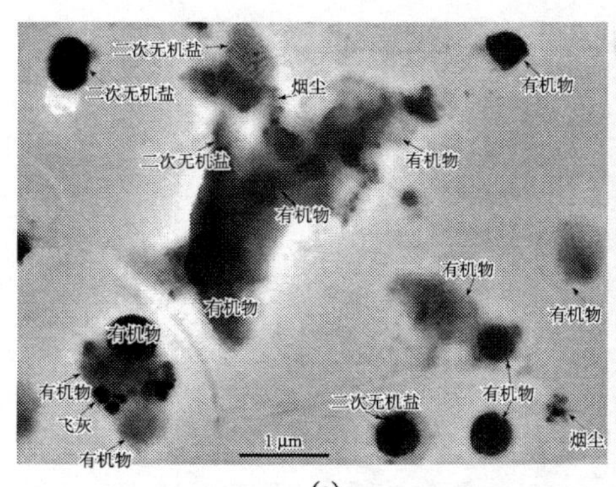

(a)

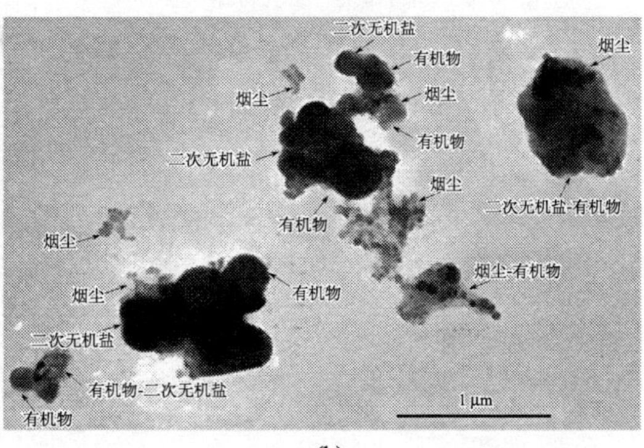

(b)

图 2-4　华北地区冬季灰霾天气中常见的大气细颗粒物透射电镜图

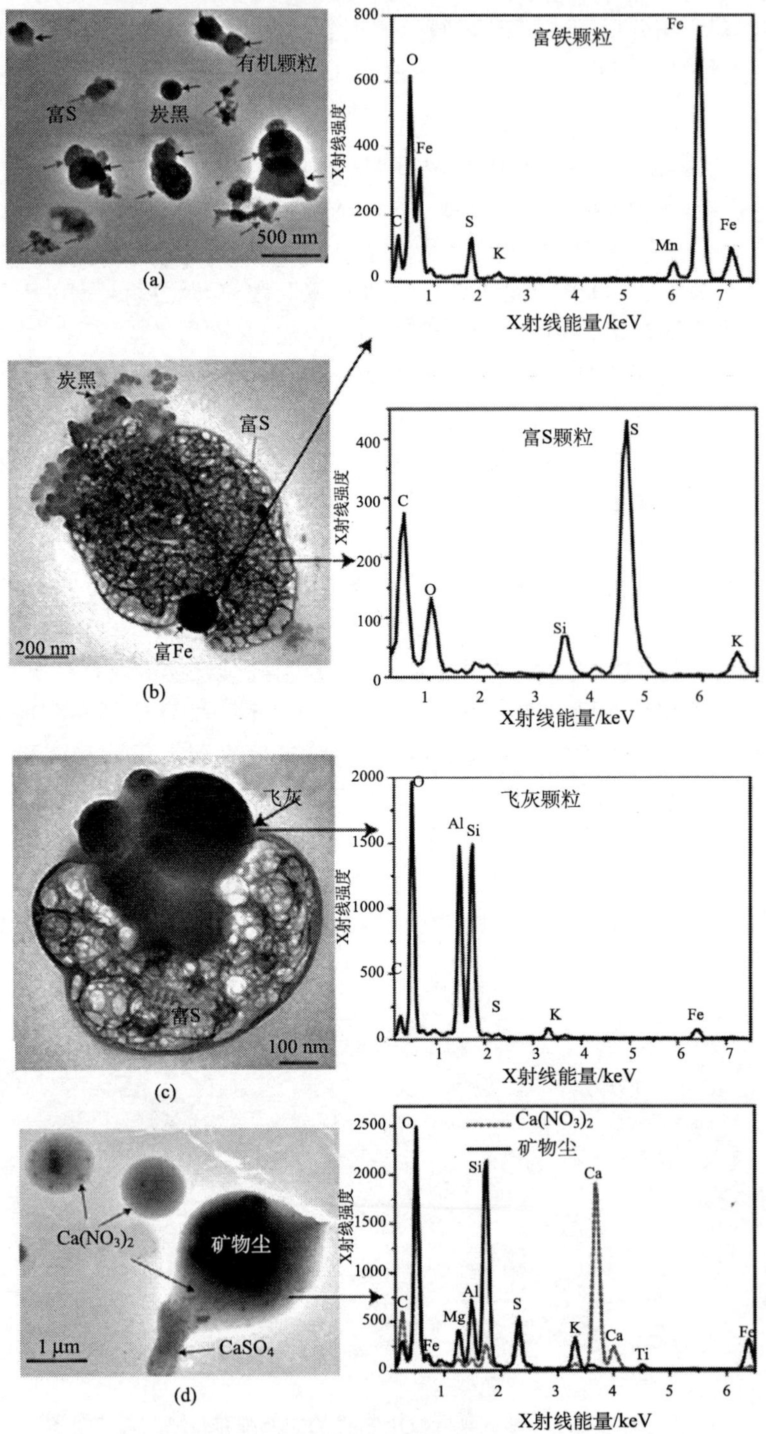

图 2-5　华北地区冬季灰霾天气中常见的大气细颗粒物 TEM-EDX 测量结果

2.2.6　在研究大气颗粒物吸湿性中的作用

大气颗粒物可以通过吸湿作用改变其理化性质从而产生不同的环境与健康效应，如降低大气温度和能见度、改变大气辐射强迫、增加颗粒物表面的非均相反应速率、减缓颗粒物在人体呼吸系统中的沉积行为等。目前，EPMA 分析技术已成为当前吸湿性研究的重要工具，极大地促进了吸湿性的研究进展。

Hoffman 等[30]利用环境扫描电镜(ESEM)及普通 SEM-EDX 对 $NaNO_3$ 颗粒吸湿过程中的变化进行了观察，当相对湿度在 15%时，雾化的 $NaNO_3$ 颗粒即呈球形；当相对湿度达到 50%时，颗粒粒径开始增大，但在整个吸湿过程中并没有发现其明显的潮解点。对于 $NaNO_3$ 晶体粉末吸湿过程而言，它与雾化呈无定形状态的 $NaNO_3$ 明显不同，它具有明显的潮解点，粒径大于 50μm 的可以潮解风化之后再结晶，而几微米及亚微米的颗粒将不会再结晶。

Li 等[31]对 NaCl 与 KCl 混合颗粒的吸湿性进行了研究，在该实验中，研究者通过光学显微镜观察了混合颗粒吸湿脱水的过程，同时，还运用 SEM-EDX 的面扫描技术对 NaCl 与 KCl 混合颗粒物的形态与化学组成进行了观察(图 2-6 展示了 X_{KCl} =0.2、0.3、0.4 和 0.8 时的元素分布图)。从图像中看出，风化了的 NaCl 与 KCl 混合颗粒的形态是不规则的，这说明当相对湿度(RH)小于其风化点时，其结晶速度非常快。当 X_{KCl} =0.2 时，Cl 和 Na 分布在整个颗粒上，而 K 却分布在颗粒的边缘，说明在风化过程中，NaCl 首先均匀成核结晶，随着相对湿度的继续降低，

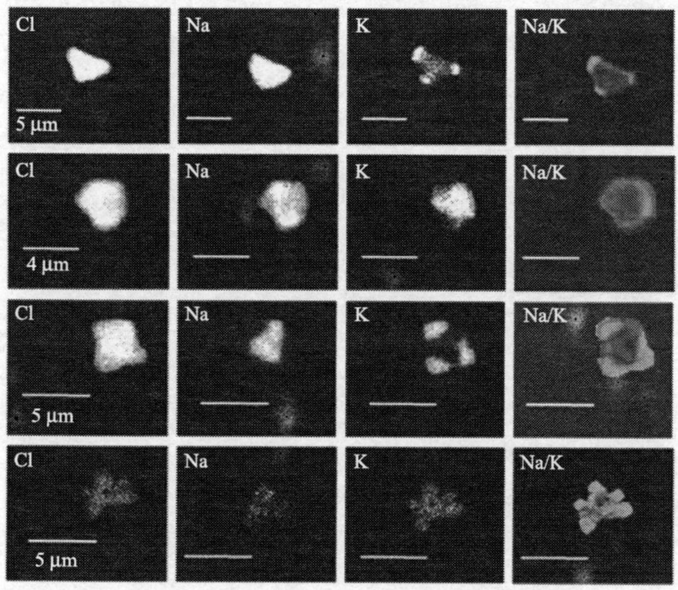

图 2-6　KCl 与 NaCl 不同比例混合后结晶颗粒的元素分布变化

自上而下，X_{KCl} 分别为 0.2、0.3、0.4 和 0.8

KCl 在移动到边缘时以 NaCl 颗粒为核进行结晶；当 X_{KCl} =0.3 时，风化颗粒中 Na 与 K 的分布范围基本相同，说明其结晶过程是在 NaCl 均匀成核结晶的同时，KCl 以 NaCl 晶体为核进行不均匀结晶，这两个过程几乎同时发生，因此，X_{KCl} =0.3 的比例应该是 NaCl 与 KCl 混合颗粒物的共饱和值；当 X_{KCl} =0.4 时，Cl 分布在整个颗粒，Na 分布在颗粒的中心区域，而 K 则分布在颗粒的边缘地区，正如 X_{KCl} =0.2 时所表现出的 KCl 与 NaCl 的空间分离一样，因此，可以判断 NaCl 与 KCl 相比结晶更早；当 X_{KCl} =0.8 时，K 与 Cl 分布在整个颗粒，但 Na 却是零星地一簇一簇分布，说明 NaCl 以 KCl 颗粒为核不均匀结晶，但其由于液滴的界面张力及黏度的影响并没有足够的时间迁移到边缘结晶，所以才导致其零星分布。以上结果表明，含量较多的过饱和盐首先在颗粒的中心区域均匀成核结晶，其次含量较少的无机盐以已结晶的颗粒为核进行不均匀结晶，这两步结晶发生的速度均非常快。

Ahn 等[32]用光学显微镜与 EPMA 技术相结合对采集于韩国仁荷大学校园内大气 PM_{10} 的吸湿性进行了研究，共分析了 25 个颗粒物，其中，有 11 个为新鲜海盐颗粒，3 个为反应的海盐(阳离子大部分为 Na^+ 和 Mg^{2+}，阴离子含 Cl^-、NO_3^-、SO_4^{2-} 等)，5 个为含 Ca 颗粒[类型有 $CaCO_3$、$Ca(CO_3,NO_3)/C$、$Ca(CO_3,SO_4)$、$Ca(CO_3,NO_3, SO_4)/C$]，2 个硅酸盐颗粒，2 个 SiO_2 颗粒，2 个飞灰颗粒。图 2-7 为其中 13 个颗粒物吸湿与脱水的光学显微图像。当 RH 为 44.3%时，粒子 1、8、11-1 的形态开始发生改变；RH 为 64.4%时，粒子 2、3、7、11-2 转变为液滴；RH 为 76.3%时，粒子 5、13 开始溶解，其他的粒子则继续吸湿增大；当 RH 为 94.3%时，11-1、11-2 两个粒子凝结为一个颗粒。但从始至终，粒子 4、9、10 和 12 的形态都没有发生改变，说明它们是非吸湿性粒子。当 RH 从 94.3%降低到 48.4%时，粒子 1、2 结晶；当 RH 为 48.4%时，粒子 7、13 结晶。粒子 5、3、11 分别在 RH=48.2%、48.1%、45.5%时结晶。

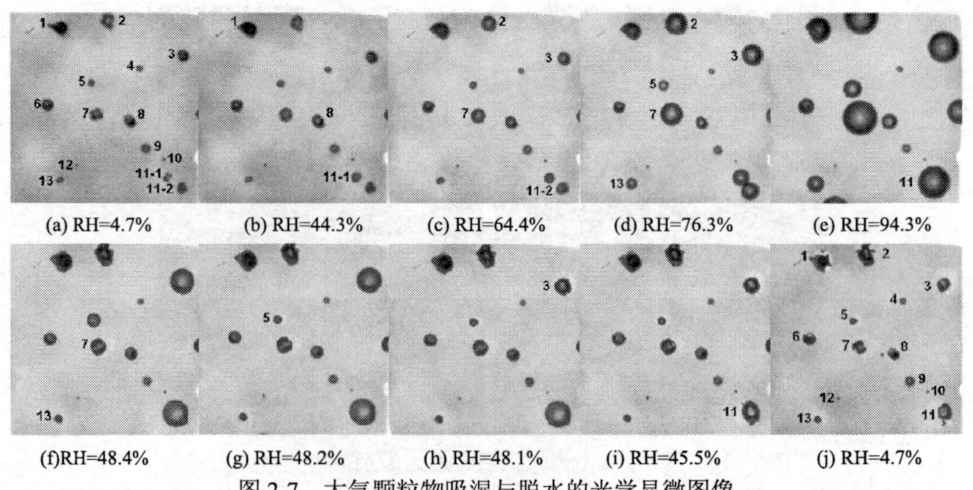

(a) RH=4.7%　(b) RH=44.3%　(c) RH=64.4%　(d) RH=76.3%　(e) RH=94.3%

(f)RH=48.4%　(g) RH=48.2%　(h) RH=48.1%　(i) RH=45.5%　(j) RH=4.7%

图 2-7　大气颗粒物吸湿与脱水的光学显微图像

单独对颗粒 7 的二次电子像和能谱进行分析发现，其中心有一块明亮的固体，主要成分是 NaCl，环绕在其周围的物质主要是含硫酸盐的混合物[(Na,Mg,Ca,K)(Cl,SO_4)]，可见它是一个反应或老化的海盐颗粒[图 2-8(a)]。从它的吸湿与脱水曲线[图 2-8(b)]可以看出，在 RH 从 65%增加到 75.5%时，其增长是缓慢的，这与纯 NaCl 颗粒在相同湿度下的急速增长有所不同，可能是多种成分的相互影响所造成的。当 RH 从 30%增加到 40%时，也没有观察到颗粒的快速增长，可能与海盐中含有少量的 Mg 和 K 有关。而在脱水过程中，观察到 RH=48.4%发生了风化变化，这与纯的 NaCl 风化点是比较相近的，说明在脱水过程中首先析出的是纯 NaCl 晶体。

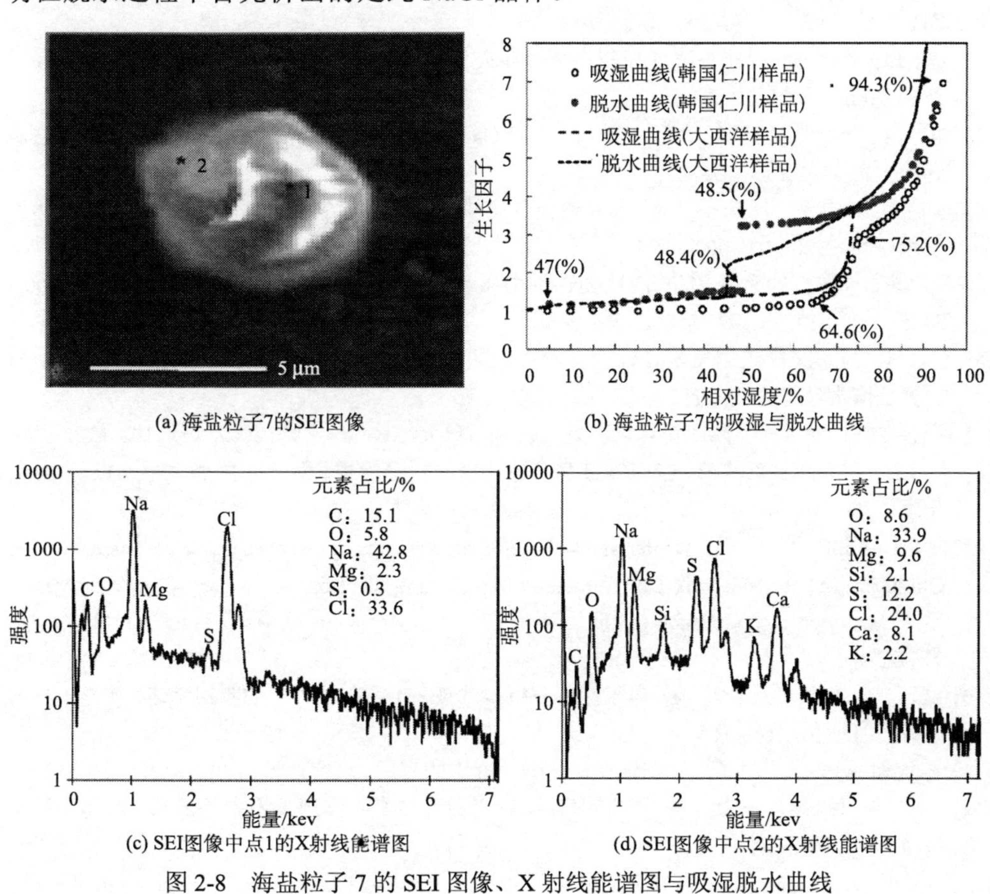

(a) 海盐粒子7的SEI图像

(b) 海盐粒子7的吸湿与脱水曲线

(c) SEI图像中点1的X射线能谱图

(d) SEI图像中点2的X射线能谱图

图 2-8 海盐粒子 7 的 SEI 图像、X 射线能谱图与吸湿脱水曲线

2.3 小 结

EPMA 与 SEM-EDX 和 TEM-EDX 的融合拓展了 EPMA 技术的功能和应用范

围，虽然它们之间不能相互完全替代，但分析方式和用途已渐趋一致，均是利用电子作光源，在获得样品微区显微图像的同时掌握它们的元素构成，既从表观又从化学成分上了解样品的大小、形貌、混合状态、组成信息等。本章列举的 EPMA 在生物学、材料科学、地学、环境科学等方面的应用仅是冰山一角，远没有涵盖其所有的应用，由于知识的局限和篇幅的限制，不能一一展开陈述，相信将来 EPMA 的功能会越来越强大，应用领域会越来越广。

参 考 文 献

[1] 杨燕, 邱坚. SEM-EDXA 法测定分析柠檬桉木材中的晶体. 浙江林学院学报, 2008, 25(2): 143-147.

[2] 朱小玲, 孟焕新. 快速进展性牙周炎牙骨质表面形貌观察及微区成分分析. 中华口腔医学杂志, 2003, 38(2): 126-128.

[3] 刘运传, 周燕萍, 王雪蓉, 等. 精确测定 $Al_xGa_{1-x}N$ 晶体薄膜中铝含量的电子探针波谱法研究. 光学学报, 2013, 33(6): 336-340.

[4] 李艳梅, 朱伏先, 崔凤平, 等. 中厚钢板分层缺陷的形成机制分析. 东北大学学报(自然科学版), 2007, 28(7): 1002-1005.

[5] 魏世忠, 李炎, 吴逸贵, 等. 高钒高速钢中碳化钒的微细结构分析. 电子显微学报, 2005, 24(5): 479-483.

[6] 葛祥坤. 电子探针定年技术在铀及含铀矿物测年中的开发与研究. 北京: 核工业北京地质研究院博士学位论文, 2013.

[7] 惠任, 刘成, 尹申平. 陕西旬邑东汉壁画墓颜料研究. 考古与文物, 2007, (3): 105-112.

[8] 孙淑云, 姚智辉, 万辅彬. 越南铜鼓和其他器物成份分析报告. 广西民族大学学报(自然科学版), 2005, 11(4): 46-50.

[9] Hu T, Cao J, Ho K F, et al. Winter and summer characteristics of airborne particles inside emperor Qin's Terra-Cotta Museum, China: a study by scanning electron microscopy-energy dispersive X-ray spectrometry. Journal of the Air and Waste Management Association, 2011, 61(9): 914-922.

[10] 龚玉爽, 胡斌, 付山岭, 等. 电子探针分析技术(EPMA)在地学中的应用综述. 化学工程与装备, 2011, (6): 166-168.

[11] 陈代璋, 陈凤贤. 电子探针在蚀变矿物晕研究中的应用. 现代地质, 1992, 6(2): 130-138.

[12] 范国传, 孙忠实, 陈挺, 等. 电子探针在研究变形与变质作用关系中的应用. 电子显微学报, 1990, (3): 241.

[13] Wagner A C, Bergen A, Brilke S, et al. Characterization of aerosolized particles produced by demolition of a skyscraper by blasting. Journal of Aerosol Science, 2017, 112: 11-18.

[14] Osán J, Alföldy B, Török S, et al. Characterisation of wood combustion particles using electron probe microanalysis. Atmospheric Environment, 2002, 36(13): 2207-2214.

[15] Agrawal A, Upadhyay V K, Sachdeva K, et al. Study of aerosol behavior on the basis of morphological characteristics during festival events in India. Atmospheric Environment, 2011,

45(21): 3640-3644.

[16] Hernández-Pellón A, Fernández-Olmo I, Ledoux F, et al. Characterization of manganese-bearing particles in the vicinities of a manganese alloy plant. Chemosphere, 2017, 175: 411-424.

[17] Jung H J, Kim B W, Ryu J Y, et al. Source identification of particulate matter collected at underground subway stations in Seoul, Korea using quantitative single-particle analysis. Atmospheric Environment, 2010, 44(19): 2287-2293.

[18] Coz E, Artinano B, Clark L M, et al. Characterization of fine primary biogenic organic aerosol in an urban area in the northeastern United States. Atmospheric Environment, 2010, 44(32): 3952-3962.

[19] Duque L, Guimarães F M, Ribeiro H, et al. Elemental characterization of the airborne pollen surface using Electron Probe Microanalysis(EPMA). Atmospheric Environment, 2013, 75(4): 296-302.

[20] Hwang H J, Ro C U. Direct observation of nitrate and sulfate formations from mineral dust and sea-salts using low- particle electron probe X-ray microanalysis. Atmospheric Environment, 2006, 40(21): 3869-3880.

[21] Worobiec A, Szalóki I, Osán J, et al. Characterisation of Amazon Basin aerosols at the individual particle level by X-ray microanalytical techniques. Atmospheric Environment, 2007, 41(39): 9217-9230.

[22] Li Z, Zhao S, Edwards R, et al. Characteristics of individual aerosol particles over Ürümqi Glacier No. 1 in eastern Tianshan, central Asia, China. Atmospheric Research, 2011, 99(1): 57-66.

[23] 赵淑惠, 李忠勤, 周平, 等. 天山乌鲁木齐河源 1 号冰川大气气溶胶的微观形貌及元素组成分析. 冰川冻土, 2010, 32(4): 714-722.

[24] 董志文, 秦大河, 秦翔, 等. 祁连山老虎沟 12 号冰川积雪中飞灰颗粒物的特征. 环境科学, 2014, 35(2): 504-512.

[25] 邵龙义, 宋晓焱, 郑继东, 等. 煤矿区大气颗粒物及煤炭固体废物物理化学特征及生物活性研究. 北京: 科学出版社, 2017.

[26] Li W, Shao L. Mixing and water-soluble characteristics of particulate organic compounds in individual urban aerosol particles. Journal of Geophysical Research: Atmospheres, 2010, 115(D2): 355-365.

[27] Li W, Shi Z, Yan C, et al. Individual metal-bearing particles in a regional haze caused by firecracker and firework emissions. Science of the Total Environment, 2013, 443(3): 464-469.

[28] 李卫军. 雾霾和沙尘污染天气气溶胶单颗粒研究. 北京: 科学出版社, 2013.

[29] Li W, Shao L, Zhang D, et al. A review of single aerosol particle studies in the atmosphere of East Asia: morphology, mixing state, source, and heterogeneous reactions. Journal of Cleaner Production, 2016, 112: 1330-1349.

[30] Hoffman R C, Laskin A, Finlayson-Pitts B J. Sodium nitrate particles: physical and chemical properties during hydration and dehydration, and implications for aged sea salt aerosols. Journal of Aerosol Science, 2004, 35(7): 869-887.

[31] Li X, Gupta D, Eom H J, et al. Deliquescence and efflorescence behavior of individual NaCl and KCl mixture aerosol particles. Atmospheric Environment, 2014, 82(1): 36-43.

[32] Ahn K H, Kim S M, Jung H J, et al. Combined use of optical and electron microscopic techniques for the measurement of hygroscopic property, chemical composition, and morphology of individual aerosol particles. Analytical Chemistry, 2010, 82(19): 7999-8009.

第 3 章　大气气溶胶单颗粒样品的采集、制备与测量

3.1　大气气溶胶样品的采集

3.1.1　采集原理

大气是由各种固体或液体微粒均匀散布在空气中形成的一个庞大分散体系，颗粒物是其中的重要组分。大气颗粒物种类很多、化学组成各异。按形成机制，可分为一次颗粒物和二次颗粒物；按组成成分，可分为无机颗粒物和有机颗粒物；按空气动力学直径(D_p)，可分为总悬浮颗粒物(TSP，$D_p \leqslant 100\ \mu m$)、可吸入颗粒物(PM_{10}，$D_p \leqslant 10\ \mu m$)、粗颗粒物($PM_{2.5\sim10}$，$2.5\ \mu m < D_p < 10\ \mu m$)、细颗粒物($PM_{2.5}$，$D_p \leqslant 2.5\ \mu m$)和超细颗粒物($PM_{0.1}$，$D_p \leqslant 0.1\ \mu m$)等(图 3-1)[1, 2]。

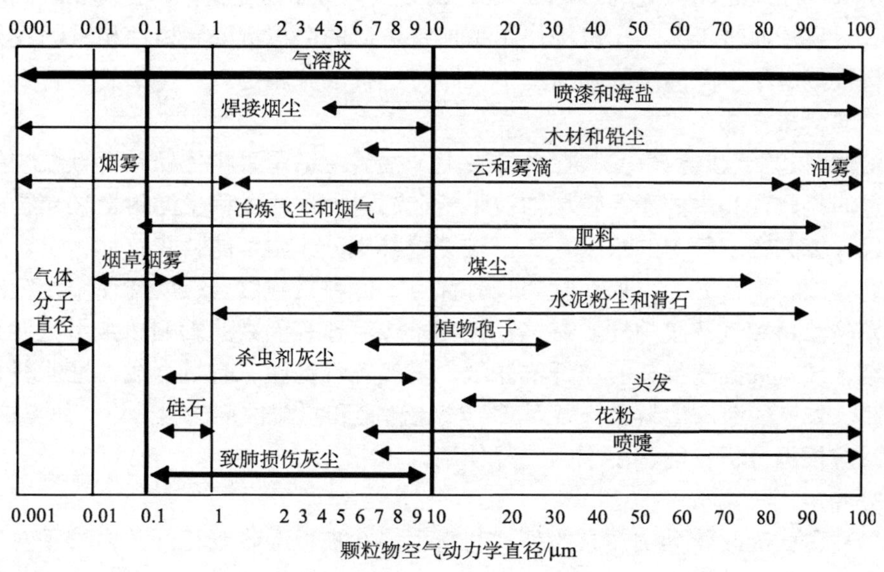

图 3-1　大气颗粒物按空气动力学直径的大致分类

区分和采集大气中不同粒径的气溶胶或颗粒物，主要是通过设计不同规格的切割器进行分离和捕集，粒径切割器是根据重力沉降、离心分离或冲击分离等原理分选粒径的装置，即较大粒径的颗粒物被切割器分离去除，而所需粒径的颗粒物可透过切割器被采样膜收集[3]。基本过程是首先通过由电机控制的抽气泵作用，以恒定的速度抽取一定量体积的空气，再将该抽样气体采用精确设计的、按一定

空气动力学直径对大气溶胶进行分离的“切割头”采集到需要的膜上[4]。值得注意的是，每种采样器并不能 100%地把所有要分离的颗粒准确无误地按所需粒径分离开，只要采集效率在 50%以上即可，称为切割效率[5]。

3.1.2 采集方法

对气溶胶进行采样，手段有很多种，根据采样目的，可简单地分为两类：实时监测的采样手段和非实时监测的手段。实时监测可以及时提供颗粒的尺寸分布和浓度，绝大多数的实时监测设备是根据颗粒对光的散射或吸收情况，得到颗粒物的浓度，并且直接对颗粒的直径进行测量，从而得到粒径分布。目前，一些实时监测设备已经可以提供大气颗粒物的常规化学成分，但仪器昂贵，成本较高。

非实时或离线监测方法简单可行，所用设备成本也比较低，通常采用热力、扩散、静电吸引、重力沉降、惯性碰撞等方法将颗粒从空气中分离出来，收集在采样膜上。采样方法主要有沉降法、滤料法和冲击法等[6]，各方法的特点如下：

1）静电沉降法

空气样品通过高压电场（12～20 kV）时，气体分子被电离，产生离子，气溶胶粒子吸附离子而带电荷，在电场作用下，带电荷的微粒沉降到极性相反的收集板上，将收集电极表面的沉降物清洗下来即可进行成分测定。

2）滤料采样法

将滤料（滤纸或滤膜）安装在采样夹上，抽气，记录采样体积，含颗粒物的空气穿过滤料时，其中的悬浮颗粒物被阻留在滤料上，通过称量滤料上颗粒物的质量可以计算其在空气中的浓度，还可以分析其成分。由于滤料具有体积小、质量轻、易存放、携带方便、保存时间长等优点，滤料采样法已被广泛使用，它的采样效率与滤料和气溶胶的性质有关，也受采样流速等因素的影响。常用滤料有定量滤纸、玻璃纤维滤纸、石英纤维滤纸、聚氯乙烯滤膜、有机合成纤维滤料、微孔滤膜、聚氨酯泡沫塑料、特氟龙膜、核孔滤膜和浸渍试剂滤料等[7]，种类较多，采样时应根据分析目的和要求，选择使用。

3）冲击式收集法

以冲击式吸收管为例，它的外形与直型多孔玻板吸收管相同，内管垂直于外管管底，出气口的内径为 1.0 mm±0.1 mm，管尖距外管底 5.0 mm±0.1 mm，吸收管可盛 5～10 mL 吸收液，采样速度为 3 L/min，主要用于采集烟、尘等气溶胶。由于采气流量大，待测物随气流以很快的速度冲出内管管口，因惯性作用冲击到吸收管的底部与吸收液作用而被吸收。

3.1.3 大气颗粒物采样仪器

1. 基本构造

颗粒物采样仪器通常由收集器、抽气动力和流量调节装置等组成。采样时应按照收集器、流量计、采样动力的先后顺序串联，保证空气样品首先进入收集器而不被污染和吸附。常用的采气动力有手抽气筒、水抽气瓶、电动抽气机和压缩空气吸引器等。采样器按抽气量的大小分为大流量采样器(工作流量一般大于1.0 m^3/min)、中流量采样器(工作流量为 60～120 L/min)和小流量采样器(工作流量为 10～30 L/min)[6]。这些依靠电源的抽气动力系统实际上是一个真空抽气系统，通常依靠电动真空泵、刮板泵、薄膜泵、电磁泵或其他抽气泵提供动力。

气体流量计种类很多，常用的主要有孔口流量计、转子流量计、皂膜流量计和湿式流量计四种。孔口流量计和转子流量计轻便、易于携带，适合现场采样时测量气体的流速；皂膜流量计和湿式流量计测量气体流量比较精确，直接测量气体流过的体积值，一般用来校正其他流量计。在实际采样工作中，若空气湿度大，应在转子流量计进气口前连接干燥管除湿，以防转子吸附水分增加自身质量，使流量测量结果偏低。

收集器一般有以下三种：①吸收管：主要用于吸取气态或蒸气态的污染物、雾态气溶胶(如喷洒的农药乳剂)等，采集烟尘和颗粒物主要用冲击式吸收管。②滤料：用于采集烟尘和颗粒物，滤料有用无机膜的，如玻璃纤维、石英滤膜；也有用有机膜的，如醋酸或硝酸纤维膜、聚碳酸酯膜、聚四氟乙烯膜和尼龙膜等。③采样管：管内可装硅胶、陶瓷碎片或其他固体颗粒，用于采集气态或雾态污染物。

2. 常见的冲击式串级采样器

多级冲击式采样器是一种利用惯性冲击原理，可以同时获得不同粒径范围颗粒的大气颗粒物采样设备。May 设计了第一台冲击式串级采样器[8]，主要由多孔喷嘴冲击板、颗粒捕集板和微颗粒截留滤膜组成，每一级切割器都有一个切割直径，把大于切割直径的颗粒捕获到捕集板上，而小于切割直径的颗粒随着空气流进下一级，最后一级出来的微小颗粒被滤膜截留(图 3-2)。

图 3-2(a)为冲击式串级采样器原理示意图。空气从喷嘴喷出后，由于受到冲击板的阻挡，发生急剧转弯；当气流发生转弯时，颗粒由于惯性作用，将保持原有的直线运动趋势，直到出射速度减小到零时才停止，然后跟随气流继续偏转。在相同的线速度下，颗粒粒径越大，其动量也越大，所具有的惯性也越大，冲击距离也越长，即颗粒的截止距离越长。颗粒物从喷嘴喷出后能够保持直线运动的

最大距离称为颗粒物的截止距离。粒径达到一定程度的颗粒物，即截止距离达到一定长度的颗粒物，有可能偏离气体流线一直冲到冲击板上，从而被捕集。每个冲击器均把颗粒分为两个尺寸范围：大于一定粒径的颗粒被冲击板捕集；小于一定粒径的颗粒继续跟随气流运动。斯托克斯数可以描述颗粒物的运动特征，其值越小，颗粒物越容易跟随气体流线运动，颗粒的捕集效果越差；其值越大，颗粒物越脱离气体流线运动，则捕集效果越好。斯托克斯数决定冲击式采样器的捕集效率。串级冲击式采样器最重要的特点就是能同时采集不同粒径的颗粒物，被广泛应用于大气环境质量的检测中。

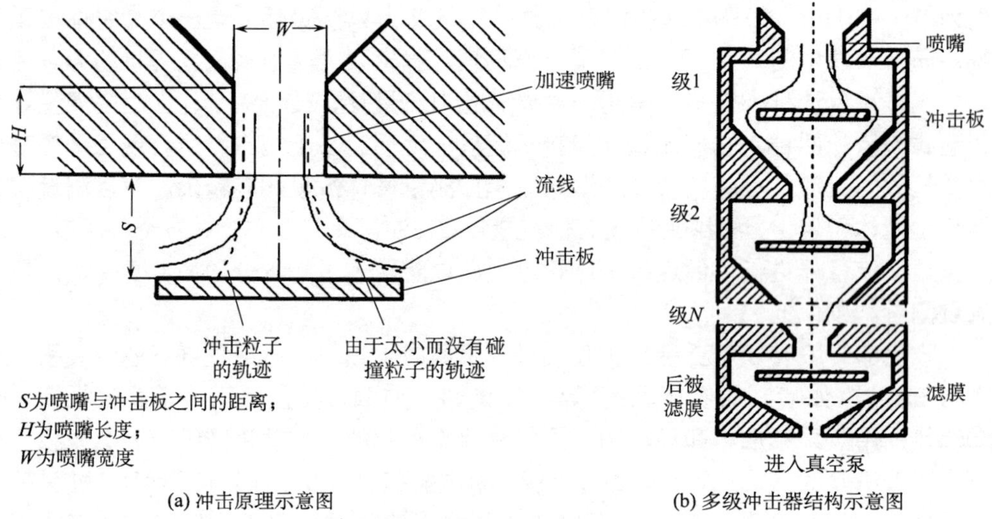

图 3-2　冲击式串级采样器原理与结构示意图

在实际工作中，我们常用改进的 MAY 七级冲击式采样器(图 3-3)，在空气流量为 20 L/min 的情况下，空气动力学切割直径依次为 16 μm、8 μm、4 μm、2 μm、1 μm、0.5 μm、0.25 μm，分别对应采样台(stage) 1～7[9]。

由芬兰 Dekati 公司生产的 Dekati PM_{10} 和 DGI-1570 也是通过空气动力学确定颗粒物粒径分布的采样器，不仅适合电厂锅炉、烟道、汽车发动机排放的颗粒物采样，而且也适用于室内和室外大气气溶胶的研究。Dekati PM_{10} 设有三个串联的采样台(stage 1、stage 2 、stage 3)，当流速为 10 L/min 时，采集的粒径范围分别为＞PM_{10}、$PM_{2.5\sim10}$ 和 $PM_{1.0\sim2.5}$[图 3-4(a)]，仪器最下方的辅助过滤器可以收集所有粒径小于 1.0 μm 的颗粒。DGI-1570(DGI 为 dekati gravimetric impactor 的缩写)有四个采样台，当采样流量为 70 L/min 时，可同时采集粒径 2.5～10 μm、1～2.5 μm、0.5～1 μm、0.2～0.5 μm 四个范围的气溶胶颗粒[图 3-4(b)]。

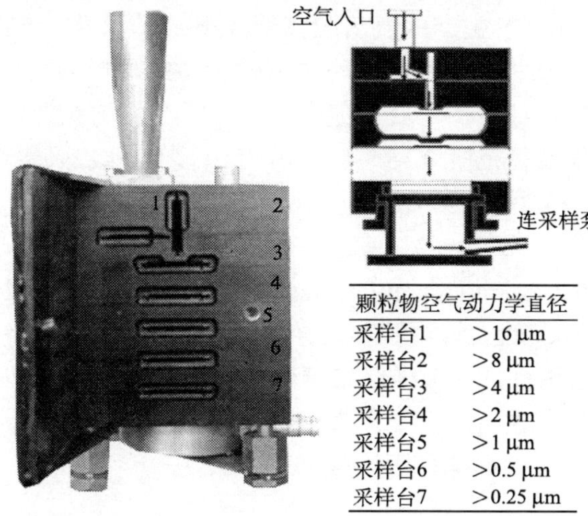

图 3-3　改进的 MAY 七级冲击式采样器[7]

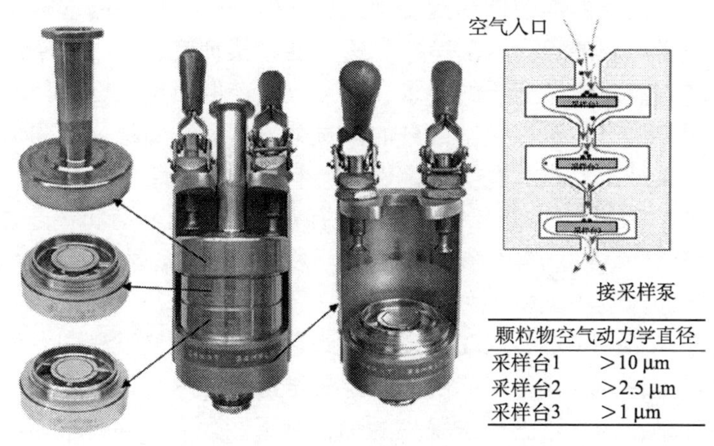

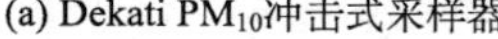

(a) Dekati PM_{10}冲击式采样器

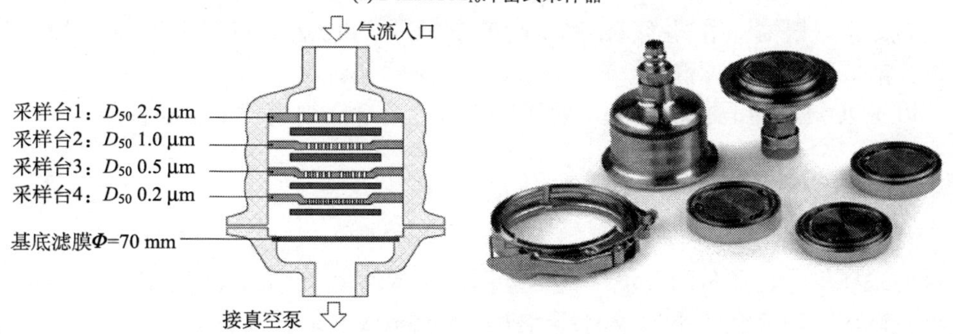

(b) DGI-1570采样器原理及主要部件

图 3-4　芬兰 Dekati 公司的两款单颗粒采样器

另外，美国 MOUDI™ 生产的气溶胶分级冲击式采样器也常用于大气气溶胶、室内及作业场所、发动机排放测试、药物输送设备中颗粒物采集检测，壁损失及颗粒反弹小，切割粒径稳定，可获得便于化学分析的均匀颗粒沉积物，分为 100 型(有 8 个级别，采集粒径范围 0.18～18 μm)、110 型(10 级，采集粒径范围 0.056～18 μm)、122 型和 125 型(13 级，采集粒径范围 0.01～18 μm)等，采样流量 10～30 L/min。

MiniVol TAS(tactical air sampler)采样器是美国国家环境保护局(USEPA)和 Airmetics 公司联合开发的大气颗粒物采样器，具有质量轻、流量低(5 L/min)、噪声小、结构紧凑、通用性好、采样结果精确的优点，既可用于 PM_{10}、$PM_{2.5}$、TSP 等悬浮固体颗粒采样，也可用于非活性气体如 NO_x、CO 等的采样，所用滤膜直径为 47 mm，尤其适合偏远地区野外采样。

3.1.4 采样膜的选取与制备

颗粒物分级采样的准确性受到多种因素的影响，采样膜的选择是一个重要环节，一方面要考虑膜的阻力、洁净度、透过性、柔韧度、捕集效率，另一方面还要考虑材质能否满足化学分析的要求。如果仅是获取质量浓度，使用玻璃纤维滤膜即可；如果要进一步进行化学成分的测量分析，则需要根据不同情况选用合适的采样膜。石英纤维滤膜具有热稳定性好、有机物本底值低等特点，常被用来进行有机物测量和 EC/OC 比值分析，也可进行水溶性无机和有机离子测量；聚四氟乙烯滤膜(又称特氟龙滤膜)具有优良的化学稳定性、耐腐蚀性，所含无机成分少，常被用来进行颗粒物中无机成分的分析[9]。

在用 EPMA 或 SEM-EDX/TEM-EDX 进行单颗粒测量过程中，为了不破坏大气颗粒物原始形貌，并获得准确的元素定量结果，应尽量避免对颗粒物进行喷金或镀碳等前处理行为，这就要求采集的颗粒物不能太大，同时，采样膜使用导电性好的金属，以减少或消除颗粒物在测量过程中的“荷电效应”。常用的金属采样膜有铝箔、银箔、用铜网或镍网支持的方华膜(Formvar, 也称 TEM grid 膜)等，要求光滑、平整、纯度高。

以下以 MAY 和 Dekati PM_{10} 采样器为例，简述金属膜的制备与使用。

1. 铝箔和银箔

1) 裁膜

要求在干净、通风的环境中进行，所用工具均用 75%乙醇擦拭消毒，戴一次性手套操作。用锋利的小刀或刀片将购买的铝箔或银箔裁成长 1.4 cm、宽 0.7 cm 的矩形小片，用镊子将它们整齐排列到空白塑料盒中，盒中垫有干净、整洁、分层的白纸，裁好的铝箔或银箔置于其中密封保存。

2) 贴膜

采样前需要把采样膜贴到载体上，放到采样台适当位置。

如果是使用 MAY 分级采样器，需要将铝箔或银箔用剪成细条的双面胶贴于常规载玻片或同样规格的不锈钢片上，操作时使用镊子移动铝箔或银箔，尽量接触膜的边缘部分，避免膜出现划痕和褶皱。铝箔或银箔宜贴在玻片的中心位置(图 3-5)，采好的样品连同载玻片一起放到洁净的塑料盒中密封保存。

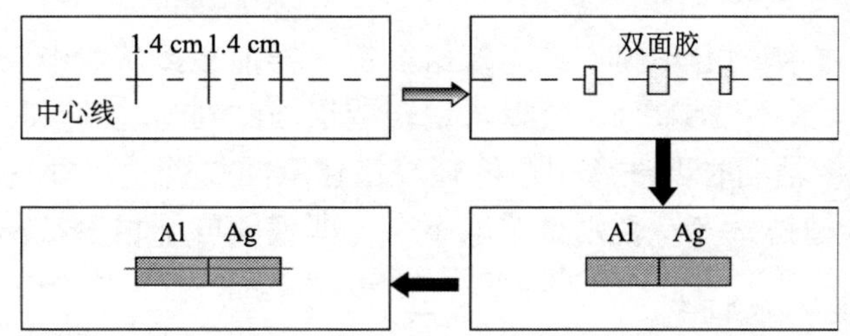

图 3-5　MAY 分级采样器采样膜的粘贴过程及采完颗粒物样品的膜示意图

采完样的膜中间淡淡的肉眼可见的一道线为颗粒物样品

如果是使用 Dekati PM_{10} 采样器，需要将铝箔或银箔用剪成细条的双面胶贴于直径为 3 cm 的圆形薄纸上，该衬纸需要光滑、平整、柔韧性好，用固定环套住卡到采样台上。采好样后把载有采样膜的衬纸取下，粘到载玻片上，竖直放到洁净的塑料盒中密封保存，以待测量(图 3-6)。

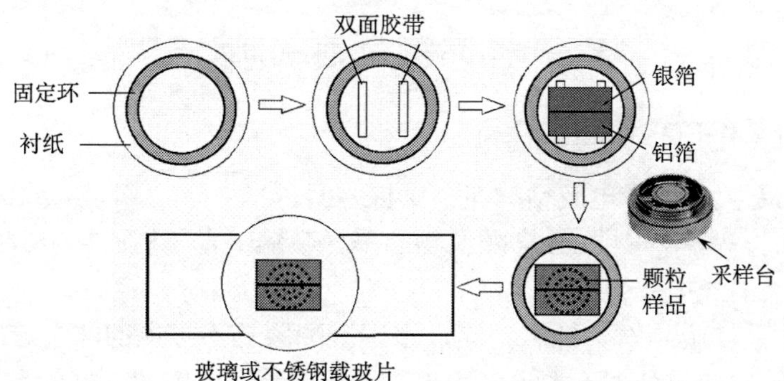

图 3-6　用于 Dekati PM_{10} 的制膜过程及采完颗粒物样品的膜示意图

2. 铜网或镍网支持的方华膜

方华膜原本是作为透射电镜观察用的载网膜，主要作用是在电镜观察时负载小尺度的样品。最常见的是铜和镍材质的载网，其为直径 3 mm、厚度 10～30 μm 的圆片，适用于所有厂家各种型号的透射电镜。基本为网格结构，表面未负载膜的载网称为“裸网”，从 50 目到 2000 目各种规格的市售产品都有，可根据需要选择使用，目前常用的为 400 目和 200 目(TED PELLA, INC 公司)。裸网的孔径在微米级，而透射电镜观察的样品尺度通常在 100 nm 以下，为了确保样品能负载上，需在裸网上面覆盖一层厚度为 10 nm 左右的有机膜，称为方华膜。化学成分是聚乙烯醇缩甲醛，由于是纯的有机膜，所以膜的弹性好，厚度通常为 10 nm 左右。方华膜用电镜观察时背底影响小，目前也被用于 SEM-EDX 下颗粒物样品的观察和分析。

铜网或镍网支持的方华膜有统一规格，在采样前直接从盒中取出将其贴在采样介质上(载玻片或不锈钢片)，可以与铝箔或银箔贴到一起，同时采样(图 3-7)，以提高采样效率。粘贴时要注意用边缘轻轻搭住双面胶胶面即可，不可粘得太牢，更不可与胶面接触得太多，否则很难取下来，即使能取下也容易发生弯折。

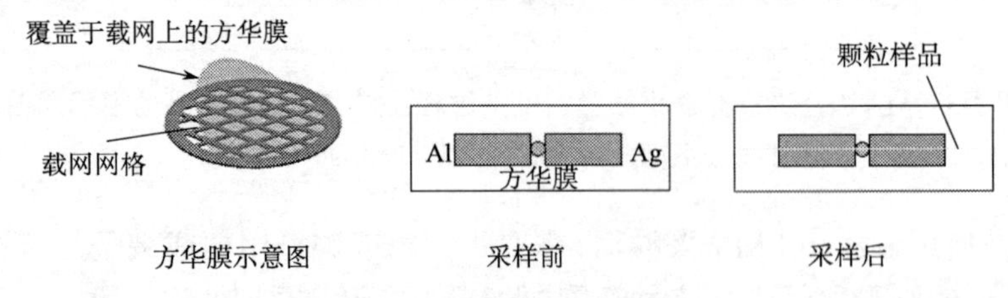

图 3-7　方华膜粘贴与使用示意图

以用于 MAY 分级采样器为例

3.2　样品测量前的制片

3.2.1　用于 SEM-EDX 测量的样品

(1) 剪一定大小的导电胶粘贴在金属桩中间。

(2) 裁取长宽各 2～4 mm 含颗粒物的采样膜置于金属桩的导电胶上，然后把没有被膜覆盖的导电胶去掉。

(3) 如果采样膜是石英纤维滤膜、聚碳酸酯膜等不导电的非金属膜，首先要进行喷金或镀碳等前处理；如果是铝箔、银箔及铜网或镍网支持的方华膜等金属膜，则直接将上述金属桩置于扫描电镜的载物台上，放入样品室中等待进行电镜扫描和能谱仪测量。鉴于铜网支持方华膜的特殊性，有时需要把它放于铜制的支架上进行测量。

3.2.2　用于 TEM-EDX 测量的样品

如果是直接采在铜网或镍网支持的方华膜上的大气颗粒物样品，无需前处理，直接上样测量。如果是采集于滤膜上的样品，需要将其转移到方华膜上再进行上样测量。常用的方法有：

1) 滤膜集尘超声波分散法

将收集有大气颗粒物的滤膜放入溶剂中超声波分散，搅拌为悬浊液，用滴管把悬浊液滴到方华膜上，在洁净环境中静置干燥后供观察分析。

2) 切片法

将颗粒物用去离子水从滤膜上洗下来，干燥后加入树脂固定，再用超薄切片机切成薄片，粘在方华膜上。

3) 热沉淀法

采用热沉淀器，利用温差对细颗粒物运动的影响将它们收集在方华膜上[10]。

3.3　大气气溶胶单颗粒样品的测量

3.3.1　SEM-EDX 的测量

要获得清晰的电镜照片，必须做好电镜的基本操作，熟悉工作状态的优化条件。现代扫描电镜的操作步骤大部分由计算机控制，识别键盘上的有关功能键后就能操作。使用者把样品放入仪器，按操作步骤进行抽真空、加高压、调焦和变倍、图像亮度和衬度调节、拍照和记录图像、开启能谱仪进行测量等。基本操作流程见图 3-8[11]。

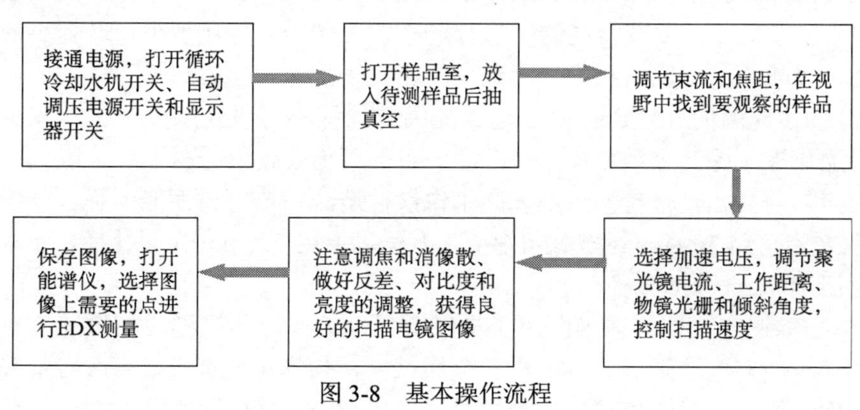

图 3-8　基本操作流程

操作过程中的注意事项如下：

(1) 取放样品动作要轻柔，样品座拉出和推入要缓慢。

(2) 根据样品性质、图像要求和观察倍率等选择加速电压。一般选择 0.5～30 kV (通常用 10～20 kV)，较高的加速电压可提高二次电子发射率，但过高的电压使电子散射也相应增强，导致图像模糊，产生虚影、叠加等，反而降低分辨率，同时电子损伤相应增加，灯丝寿命缩短。当观察的样品为容易发生充电的非导体或者表面凹凸、有深孔时，较低的加速电压可提高图像的清晰度[12]。加速电压对图像质量的影响见表 3-1。

表 3-1　加速电压与图像质量的关系

加速电压/kV	0.5	5	10	15	25	30
分辨率	低	---------------	----------------	----------------	---------------→	高
边缘效应	小	---------------	----------------	----------------	---------------→	大
污染敏感性	大	---------------	----------------	----------------	---------------→	小
图像质量	柔和、自然、明亮		--------	--→		粗糙、层次不丰富
未镀膜观察	易	---------------	----------------	----------------	---------------→	难
电子束损伤	小	---------------	----------------	----------------	---------------→	大
二次电子产率	大	---------------	----------------	----------------	---------------→	小

(3) 聚光镜电流的选择应兼顾亮度、反差，考虑综合效果，因为它与电子束的束斑直径、图像亮度、分辨率紧密相关。一般来说，观察的放大倍数增加，相应图像清晰度所要求的分辨率也要增加，因此观察倍数越高，聚光镜电流越大。一般二次电子像和 X 射线分析选择聚光镜电流 90～100 μA、背散射电子像 80～90 μA。

(4) 样品与物镜下端的距离（工作距离）通常选择 5～10 mm，以得到较小的束斑直径、减小球差。要获得高的图像分辨率，工作距离应尽量小。选择小的工作距离还可以防止试样磁场和聚光镜磁场的相互干扰。

(5) 物镜光阑的孔径选择要合理。光阑孔径缩小可吸收杂散电子、减少球差达到增加焦深，提高分辨率和图像亮度的目的，但会使信号减弱、信噪比下降、增大噪声，而且孔径容易被污染，产生像散，造成扫描电镜性能下降。一般观察 5000 倍左右可用 300 μm 的光阑孔径，1 万倍以上用 200 μm 光阑孔径，要求高分辨率时用 100 μm 光阑孔径。

(6) 扫描速度要控制得当。对于未经前处理的非导体试样，扫描速度宜快，以防试样表面充电，影响观察；对于金属试样，扫描速度宜慢，可改善信噪比，提高图像质量。一般低倍观察的扫描时间常用 50 s，高倍观察用 100 s。

(7) 选择放大倍数、寻找所需视野、仔细观察图像细节。一张高质量的扫描电镜图像首先应当是细节清晰，其次是图像富有立体感、层次丰富、反差与亮度适中。此外，还要求主题突出和构图美。

(8) 注意调焦和消像散。聚焦与消像散相互交替进行，调整时，先从低倍开始，逐步提高倍率，直到图像最清晰为止。

(9)做好反差、对比度和亮度的调整。操作时对比度和光亮度要交替进行，反差或亮度过大时图像细节会丢失，过小则图像模糊，只有当对比度、光亮度合适时，才能保证图像细节清晰、对比适宜。

(10)对于选好的图像要及时进行保存。然后选择图像上的点进行能谱测量。由于X射线产生量取决于初级电子束的能量和低能X射线光子的不同吸收过程及它们的产生位置，因此气溶胶样品的测量不宜在过高的加速电压下进行，较低的加速电压可减小颗粒电子效应、降低连续 X 射线背景水平、提高轻元素分析的灵敏度。在测量时一般设置加速电压为 10 kV，电子束电流为 1.0 nA，测定时间为 10～20 s，以样品台倾斜角为 0°～60°测得的二次电子像获取单颗粒的形状和大小[13]。

(11)测量完毕后先关能谱仪，再关扫描电镜。将放大倍数按钮调至最低倍数，灯丝电流钮旋至 0 位；依次关闭高压、显示器和调压器开关，真空系统停止工作；待扩散泵冷却后(20～30 min)停止供水。

3.3.2　TEM-EDX 的测量

透射电镜的一般操作步骤如下所述。

1)开机(启动)

接通电镜工作的各种电源，使电镜各元件预热并达到稳定状态，启动真空泵预抽真空 30 min，随后依次接通各级透镜的工作电流，调整电镜的工作状态。

2)“对中”和“调整”

正确的“对中”和“调整”是发挥 TEM 仪器优良性能的保证。为了获得高分辨率和高质量图像，电子枪和所有的透镜及光阑等光学部件都必须在同一轴线上，分为以下几种情况：

A)电子枪对中和灯丝饱和点的调整

接通高压电源时，灯丝必须处于非加热状态。选择高压时应由低压档逐渐提高到所需要使用的高压更高一档，然后再返回一档，操作中应注意束流表的指示，待高压稳定后，再缓慢增加灯丝电流，此时束流会在其原来的基础上继续增加，使荧光屏中心产生一个明亮的光斑，当束流指示不再增加，即达到灯丝饱和点(精确的调节应根据灯丝图像的变化来确定)时，锁定旋钮。

利用电子枪合轴线圈的平移和倾斜可以改变电子束的离轴距离及倾斜角度。首先调节平移钮使光斑位于荧光屏中心，然后调节倾斜钮使图案对称，观察灯丝形状来判断并检查电子枪是否对中。

B)聚光镜系统的调整和对中

当电子枪合轴后，电子束就沿着透镜轴进入第一聚光镜，经第一聚光镜会聚缩小后可以看作一个有效的电子源。聚光镜对中一般是改变第二聚光镜电流，在焦点两边来回变动，光斑应围绕荧光屏中心伸缩。若光斑偏离中心，可用合轴平移旋钮调节。如果需要进一步检查，应同时改变第一聚光镜电流来观察光斑的变化情况。为获得均匀的照明强度，光阑必须对中，使光阑中心与聚光镜合轴。

尽管聚光镜像散不像物镜像散对分辨率影响严重，但也必须随时消除像散。聚光镜有像散时，当第二聚光镜从焦点向欠焦或过焦方向变化时，光斑呈椭圆形。调节第二聚光镜电流，使在焦点前后变化，同时调节聚光镜消像散器 x、y 两个旋钮，使光斑变圆，即可消除像散。

C)成像系统的调整

(1)物镜一般是固定的，若有偏位，必须进行校正。

校正方法如下：①装入观察样品，使物镜聚焦，并将光斑缩小至直径为 10～20 mm，移至荧光屏中央；②改变物镜为欠焦像时，若光斑偏离荧光屏中心，可用合轴平移钮，将光斑调至荧光屏中心；③再次改变物镜电流使图像聚焦，用物镜偏位校正钮把光斑调至荧光屏中央。

如上反复调节，直到在改变物镜电流时，光斑始终停留在荧光屏中央。上述操作若光斑偏离越来越大，则应把操作程序反过来进行。

(2)物镜合轴。物镜的合轴调整就是使来自轴上的物点成像于荧光屏中心，实质是调节投影镜轴与物镜轴一致，并非照明束与物镜轴平行。物镜的对中依赖于物镜是否相对观察室和其他部件也做了对中，电镜在加工制造方面都比较精密，对中基本上能得到保障。

(3)中间镜的对中。物镜和投影镜合轴后，调整中间镜与它们对中。

(4)物镜消像散。物镜像散的存在，会降低分辨率，使图像变得模糊不清。选择界限清楚的颗粒，调节物镜电流在焦点附近来回做小幅变动，观察颗粒是否存在像散。消除物镜像散是用消像散器校正到物镜在欠焦和过焦时无像散线，或者使这些颗粒清晰又不会变形。

(5)物镜光阑的选择与对中。物镜光阑的选择应根据图像反差的情况来决定。小孔径光阑的照明孔径角小，可以减小球差，有利于分辨率的提高。低放大倍数或观察较厚的样品时可选用较大孔径光阑，较薄的切片或容易受电子束损伤的样品应选用较小的孔径光阑。当电子枪与聚光镜合轴后，调节聚光镜在焦点两边变动，使光斑不出现漂移现象即实现了光阑对中。

D)照明系统的倾斜调整

照明系统若倾斜明显，可适当调整，调整方法如下：当放大倍数在 20000 倍时，物镜正聚焦，选择图像某一标记物点移到荧光屏中心，然后使物镜欠焦，若物点偏离荧光屏中心可调节照明倾斜钮，移物点于荧光屏中心再改变物镜电流至焦点，移动样品使物点位于荧光屏中心，反复进行，直至改变物镜电流时，电流中心始终与荧光屏中心相吻合。

3) 装样及注意事项

电镜工作状态调整好后装入样品。

(1) 装样时，必须关闭灯丝加热电源，以防进样时空气泄漏而烧坏灯丝。

(2) 进样时必须使第二聚光镜散焦，减少照明强度，以防强光突然照射损伤样品，待进样后逐渐调整到适宜的观察强度。

(3) 进样后应待气锁装置内的少量空气抽尽，才能进行下一步操作，速度不宜快。

(4) 样品杆经常进出镜筒，必须保持清洁，不能被污染。

4) 图像的观察和记录

在操作过程中要注意将放大倍数、亮度、样品台移动、调焦等一系列动作密切协调，以达到最佳的观察效果。尽可能在低倍下寻找视野，选择最佳的研究图像。然后选择亮度均匀的区域作为拍摄对象，尽可能使图像充满拍摄区域。

5) 能谱测量及其他操作

获得良好图像后，选择合适区域进行能谱测量或进行其他操作，由于透射电镜功能较多，有关它的详细操作可参考相关文献[14]。

6) 关机

(1) 电镜使用完毕，先降低放大倍率，再依次关闭灯丝加热电流和高压电流，使束流回零。

(2) 关闭各级透镜工作电源并取出样品。

(3) 待冷却水机再工作 15～20 min 后，关闭电镜和冷却水机电源。

3.3.3 能谱仪的测量操作

1. 能谱仪的测量方式

能谱仪突出的优点：一是快速，全谱一次收集，分析一个样品只需几分钟至几十分钟；二是不破坏样品；三是可以把样品的成分和形貌乃至结构结合在一起进行综合分析。扫描方式有定点扫描、线扫描、面扫描，获得各元素特征 X 射线的能谱和强度值后进行定性与定量分析[15]。

1) 点分析

点分析(point analysis)是大气气溶胶单颗粒分析中最为常用的一种测量分析手段，将入射电子束固定在试样的分析点上进行定性或定量分析(图 3-9)。该法也适用于入射电子束对试样表面一个很小区域进行快速扫描。试样中低含量元素的定量分析，只能用点分析法。

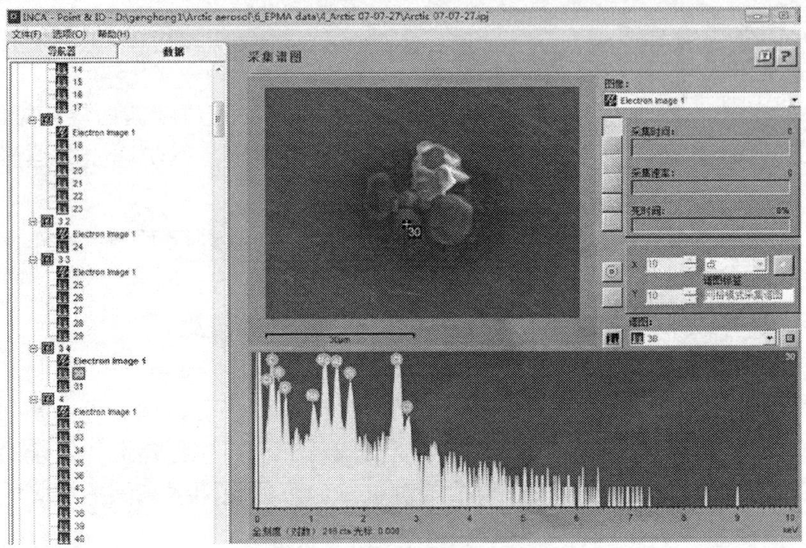

(a) 采样膜为铝箔

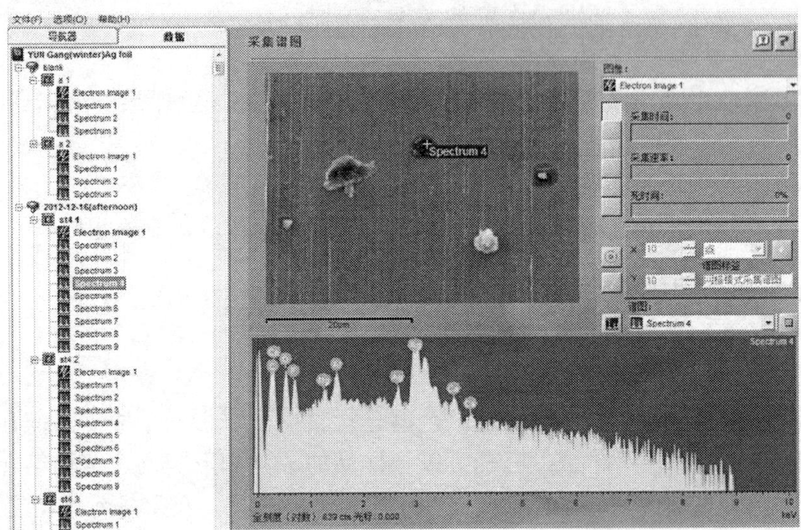

(b) 采样膜为银箔

图 3-9　SEM-EDX 点分析示意图

2) 线分析

线分析(line analysis)是指电子束沿样品表面选定的直线轨迹做所含元素浓度的线扫描，是电子束沿样品表面一条线逐点进行的分析，各分析点等距并具有相同的电子探针驻留时间。例如，某一样品由不同层次组成，试图确定每一层次的成分时，在该样品的截面图像上从样品内部向表面拉一条直线，电子束沿感兴趣的线进行多点定量分析，获得该线的成分变化曲线，线高度代表元素含量高低，每条曲线的高低起伏反映所对应元素沿着扫描线浓度的变化（图 3-10）[16]。通常运用INCA牛津仪器能谱仪器操作软件（OXFORDINSTRU MENT EDS）进行EDX测量及元素定量化。INCA 能谱仪定量分析功能之一就是在任何一条线上可以对多点进行定量分析，并对每点都进行定量校正，根据直线上各分析点的定量结果做元素线分布曲线图。样品表面应尽量平坦，计数率不能过高。表面不规则和死时间（dead time）的影响会导致分析线上每点的数据失真，使线扫描无意义[17]。

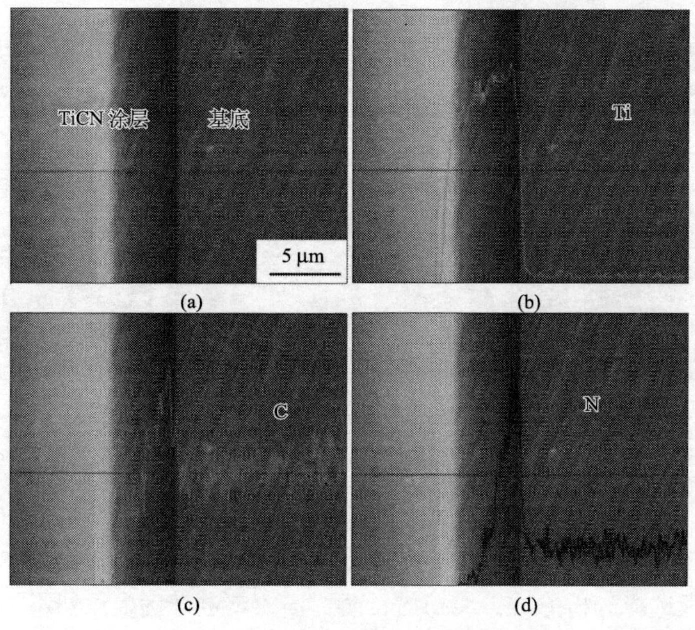

图 3-10　TiCN 涂层的线扫描结果[16]

TiCN 涂层由 TiN、TiC 和 C 原子构成，在涂层与底物的结合部位有相互渗透产生，线扫描结果显示，在结合部位 Ti、C、N 含量逐渐下降

3）面分析

面分析（surface analysis）是运用面扫描分布图（mapping）对大气气溶胶单颗粒进行测量分析的手段，面扫描分布图是一种用灰度或颜色显示元素定量浓度的 X 射线面分布图像，其中每个像元的元素成分都进行了定量校正。让电子束在样品某个感兴趣区域内反复做光栅扫描，采集区域内所有元素的特征 X 射线，每采集一个特征 X 射线光子，在荧屏上的对应位置打一个亮点，亮点集中的部位，该元素含量高，如果样品由十多个元素组成，可以同时得到每个元素的面分布图。元素面分布图可以用不同颜色表示，把所有元素的面分布图叠加在一起构成彩色图（图 3-11）[17]，不同颜色表示各元素的分布。由于面分布采集范围大，要获得高质

量X射线面分布像，往往采用大束流、长时间采集。在这种条件下，轻元素和低含量元素所采集的特征X射线信号弱，其面分布的X射线像效果较差或无法显示。

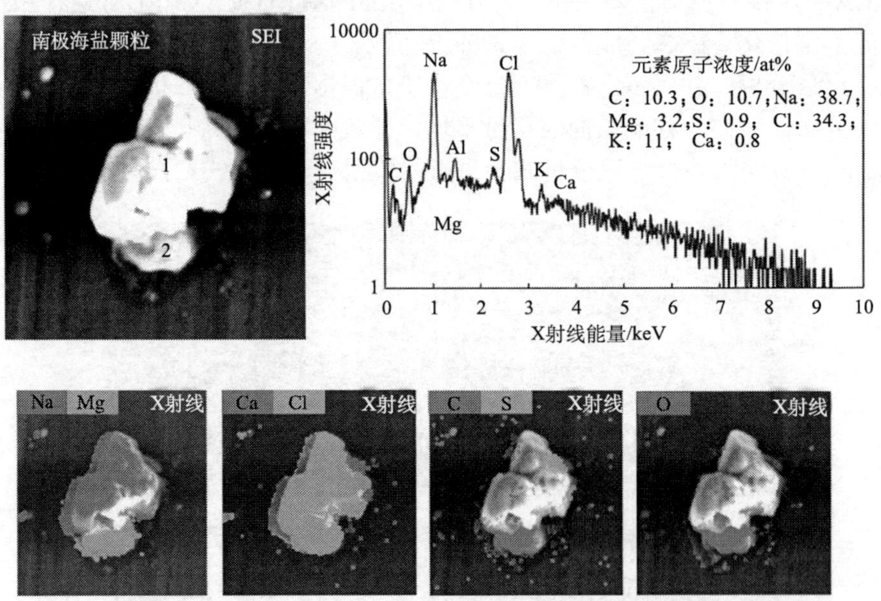

图 3-11　南极海盐颗粒的二次电子像、元素面扫描像及面扫描成分计算结果[18]

图中显示区域1主要成分为NaCl，区域2主要成分为$MgCl_2$和有机物，颗粒周围还有S和Ca等元素。at%表示元素的原子浓度

上述三种分析方法各有特点，监测灵敏度也存在差异，应根据试样特点及分析的目的合理选择分析方法。线扫描、面扫描的定量准确度虽然不如定点分析，但是在运用时能给人直观的效果。需要了解样品截面各层次元素的分布时，使用线扫描可以直接给出结果，简单快捷；需要了解样品某一区域内元素分布时，使用面扫描得到元素分布图，一目了然。

2. 分析条件的选择

能谱仪分析结果的准确度首先取决于仪器性能。此外，与定性、定量分析条件、试样制备方法及定量校正方法的选择也密切相关。如果分析条件设定不当，不但影响定量分析结果的准确度，定性结果也会发生错误。对于仪器本身的固定性能一般是无法改变的，如X射线检出角、仪器固有的稳定性、探测器的性能等，但可以调节仪器处于最佳状态，因为各分析条件不是独立的，必须根据分析的试样情况综合考虑。

选择的主要分析条件有加速电压、特征X射线、束流、计数时间、活时间(live

time)、电子束直径、标准样品、工作距离等。

1) 加速电压

选择加速电压应考虑如下几点：

(1) 必须使入射电子的能量大于被测元素线系的临界激发能。

(2) 要有合适的过压比(U)，保证试样中产生的特征 X 射线有较高的强度和较高的峰背比。过压比是入射束电子能量(E_0)与一特定原子壳层的临界激发能量(E_r)的比值：$U=E_0/E_r=V_0/V_r$。过压比必须大于 1 才能从该原子壳层产生特征 X 射线，以不小于 1.8 为宜。$U=2\sim3$ 时，X 射线强度最高。

(3) 通过改变束流、加速电压、活时间、选择 X 射线线系等确保足够的计数总量，元素的 X 射线计数总量最好在 25000 左右，以减小计数的统计误差，但 X 射线计数总量也不宜太高，因为要考虑仪器的稳定性及试样损伤等因素。

(4) 定性与定量分析应区别对待。定性分析的加速电压一般选择 20 kV。20 kV 可以激发周期表中所有可分析元素的 X 射线至少有一条 X 射线被激发，定性分析时不会因为重元素特征 X 射线无法激发而漏测元素。定量分析的加速电压通常在 5～25 kV 之间选择。5 kV 是用不小于 1.25 的过压比激发 $Z>4$ 所有元素的特征 X 射线(K 壳层、L 壳层或 M 壳层)的最低束能，原子系数小于或等于 11 的轻元素一般选用 10 kV 左右。对吸收特别大的试样(低能量 X 射线)，如 Be、B、C、N、O、F 等轻元素，推荐入射电子能量用 10 keV 或者更低，以减少 X 射线激发深度，从而降低 X 射线吸收的影响。虽然轻元素用低加速电压可以减少 X 射线的吸收，增加 X 射线强度，但在低加速电压下，元素 X 射线吸收较小，导电膜或表面污染物薄膜的影响会明显。高加速电压能提高二次电子的图像分辨率，但损失了图像表面细节，增加了放电可能性，导致试样损伤的可能性增大，因此，不稳定试样也应选用低加速电压。

2) 特征 X 射线

能谱仪定量分析时自动选择特征 X 射线线系，分析元素的原子序数 $Z<32$ 时，选用 K 线系，分析元素的原子序数处于 32～72 时，选用 L 线系，当 $Z>72$ 时，选用 M 线系。有时为了避免试样中各元素之间的重叠峰干扰，可以手动选择其他线系进行分析。

3) 束流和计数时间

束流是决定 X 射线强度的重要参数，对锂漂移硅探测器的 EDX，束流通常为 1～2 nA，可以保证计数率至少在 2000～3000 cps(cps 为计数/秒)，相应的死时间为 20%～40%，在实际分析中死时间为 35%左右。在多元素的试样中，最强峰计数约为 50000，或者谱图总计数为 250000 为宜。如果试样有荷电现象，或者 EDS 谱图中有和峰(sum peaks)出现，必须用小束流。对于轻元素和微量元素(质量分数低于 1%)的分析，必须采用大电流以获得有统计意义的 X 射线计数。

计数(采谱)时间通常用活时间表示，即脉冲测量电路能检测 X 射线光子的时间，一般选择 10～100 s。为了补偿死时间损失的计数，谱图采集时会自动增加计数时间。例如，活时间为 100 s，死时间为 30%时，实际采谱时间为 130 s，其中 30 s 的计数为补偿死时间损失的计数。总采集时间为活时间与死时间之和。

4) 工作距离

工作距离是指物镜极靴下表面(底面)与试样表面之间的距离，与电子束聚焦无关。SEM 的工作距离是可变的，可根据图像分辨率、景深及试样表面特点进行选择，工作距离越小，图像分辨率越高。能谱仪分析不平试样的凹陷处成分或者空洞内杂质的成分时，可以适当改变工作距离或者倾斜试样，但只是定性分析，无法得到正确的定量结果[17]。

3.4 小　　结

要获得良好的大气颗粒物 X 射线定量分析结果，样品的采集和制备及测量条件的选择是非常重要的。本章主要介绍了利用金属采样膜如铝箔、银箔、铜网或镍网支持的方华膜通过冲击式分级采样器采集不同粒径大气颗粒物的方法，以及 SEM-EDX 和 TEM-EDX 的测量条件，它的优点是由于使用了金属采样膜，因此在电镜下测试样品时不需喷金或镀碳等前处理，反映的是颗粒自身的形态特征；同时，EDX 的测量不受干扰，能比较真实地反映颗粒物的元素组成，为准确进行定量分析奠定了基础。

参 考 文 献

[1] 姚晨婷, 耿红, 董川. 大气颗粒物污染对人体健康和气候变化的影响. 化学通讯, 2011, 5: 74-75.

[2] 黄丽坤, 王广智. 城市大气颗粒物组分及污染. 北京: 化学工业出版社, 2015.

[3] 张阳, 张元勋, 刘红杰, 等. 大气颗粒物采样器的设计与应用. 中国环境监测, 2014, 30(1): 176-180.

[4] 徐玥. 我国固定源大气颗粒物监测技术的现状与改进建议. 中国环境监测, 2017, 33(1): 54-60.

[5] Vincent J H. Aerosol Sampling: Science, Standards, Instrumentation and Applications. New York: John Wiley and Sons, Ltd. 2006.

[6] 奚旦立 , 孙裕生. 环境监测. 4 版. 北京: 高等教育出版社, 2010.

[7] 田世丽, 潘月鹏, 刘子锐, 等. 不同材质滤膜测量大气颗粒物质量浓度和化学组分的适用性. 中国环境科学, 2014, 34(4): 817-826.

[8] May K R. The cascade impactor: an instrument for sampling coarse aerosols. Journal of Scientific Instruments, 1945, 22(10): 187-195.

[9] Beckmann K, Messinger J, Badger M R, et al. On-line mass spectrometry: membrane inlet sampling. Photosynthesis Research, 2009, 102: 511-522.

[10] Murr L E, Bang J J. Electron microscope comparisons of fine and ultra-fine carbonaceous and non-carbonaceous, airborne particulates. Atmospheric Environment, 2003, 37(34): 4795-4806.

[11] 张大同. 扫描电镜与能谱仪分析技术. 广州: 华南理工大学出版社, 2009.

[12] 曾毅, 吴伟, 刘紫微. 低电压扫描电镜应用技术研究. 上海: 上海科学技术出版社, 2015.

[13] Ro C U, Osan J, Grieken R V. Determination of low-*Z* elements in individual environmental particles using windowless EPMA. Analytical Chemistry, 1999, 71(8): 1521-1528.

[14] Williams D B, Carter C B. Transmission Electron Microscopy: A Textbook for Materials Science. New York: Springer, 1996.

[15] 焦汇胜, 李香庭. 扫描电镜能谱仪及波谱仪分析技术. 长春: 东北师范大学出版社, 2011.

[16] Kong D, Wang J, Guo H, et al. SEM-EDS plane scan and line scan analysis of TiCN coatings by cathodic arc ion plating. Rare Metal Materials and Engineering, 2015, 44(12): 3000-3004.

[17] Goldstein J I, Newbury D E, Joy D C, et al. Scanning Electron Microscopy and X-Ray Microanalysis. 3 rd edition. New York: Kluwer Academic/Plenum Publishers, 2003.

[18] Eom H J, Gupta D, Cho H R, et al. Single-particle investigation of summertime and wintertime Antarctic sea spray aerosols using low-*Z* particle EPMA, Raman microspectrometry, and ATR-FTIR imaging techniques. Atmospheric Chemistry and Physics, 2016, 16(21): 13823-13836.

第 4 章　大气气溶胶单颗粒样品元素定量分析方法

低原子序数颗粒物电子探针微区分析技术通过引入蒙特卡罗模拟校正方法，实现对轻元素及超轻元素的定量分析，准确性可以满足实际工作需要，在大气气溶胶单颗粒分析中显示出较大优势。本章介绍该定量分析方法的原理和流程。

4.1　EPMA 的元素定量分析原理

4.1.1　X 射线的背景扣除和干扰谱线的校正

EPMA 的定量分析思想是 1951 年由法国人卡斯坦(R．Castaing)在其博士论文中首先提出的，后经不断完善，实现了 EPMA 的定量分析，准确性不断提高，处理过程包括背景测量和扣除、谱线干扰的校正、基体修正等，这些方法的基本原理如下。

1. 背景测量和扣除

电子探针定量分析的误差来源之一是X射线的背景干扰，元素质量分数越低，误差越显著。背景来源除了连续谱、其他元素的特征谱和散射后的辐射外，还可能来自未经晶体分光器反射的射线、计数管的噪声、计数路线的噪声等。合理测量和扣除元素的 X 射线谱线背景是电子探针准确定量分析的关键[1]。主要方法有：

1)从元素特征峰的一侧来测量背景

当电子束连续照射待测量样品的同一位置时，能谱仪可以从特征峰所在任何一侧来测量背景。该方法要求特征谱线一定要遵循泊松(Poisson)统计分布，且无谱线干扰，而微量元素分析多数情况下无法满足该要求。

2)获得“背景标样”

背景测量方法是电子探针定量分析的难题，因为精确测定谱线背景强度既要避开各种干扰，又要消除背景非线性变化所引入的误差，还要降低由统计误差带来的背景误差。目前，以不含待测量元素的纯元素或化合物作参考物质来测定背景是比较精确的背景扣除方法，待测样品背景可以用接近该待测样品原子序数的纯样品来作“背景标样”[2]，根据样品的平均原子序数进行合适的比例缩放，背景形状效果通过合理的统计方法使其近似、对辐射模式通过逐渐逼近、陆续提炼得到。该方法使用的前提是在感兴趣的测量峰位置不产生特征峰，但待测样品成分稍有变化就会影响背景的测量，因此“背景标样”不易得到。

3) 背景通过线性插值法计算

对待测元素附近的特征 X 射线谱线详细扫描，避开上、下背景的测量干扰，人为输入上、下背景测量点进行测量，峰值处背景按线性插值计算。

4) 数字滤波

背底噪声不仅存在于谱峰附近，而且分布在整个 X 射线量程范围内，并非线性，因此，应用线性内插法减除噪声带来的误差比较大。

一个典型的谱图包含三种成分：渐变的曲线背底、突变的谱峰信号和统计学噪声。高帽滤波法的作用在于突出特征谱峰的同时减除谱图中高频噪声部分和渐变的背底，通常采用零位高帽函数反卷积谱图来实现这种滤波功能(图 4-1)。谱图滤波过程中，每一个通道(能量分度)的谱图都会由滤波函数进行计算，如果原始谱图在整个通道内曲率为零，滤波后的通道内谱峰均值就为零，虽然滤波后谱峰形状被局部严重扭曲，但是由于在最小二乘拟合之前标准峰形也被滤波，所以拟合的结果不受影响。

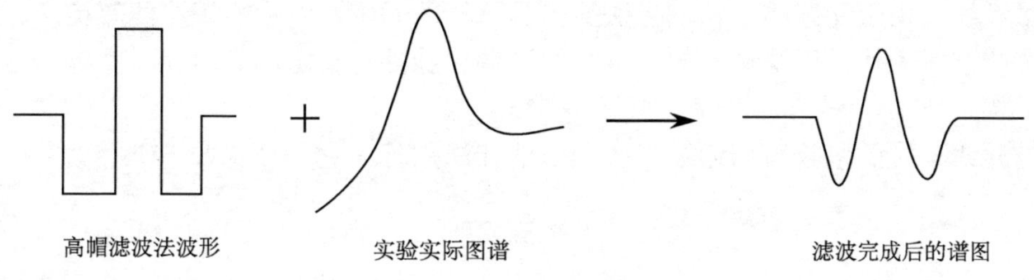

图 4-1　数字滤波法前后谱图峰形

5) 选用合适的拟合方法

(1) 线性拟合法：适用于线性背景。对背景的多点测量值进行筛选，再做直线拟合计算峰值处的背景强度。设背景强度的直线方程为

$$Y = aX + b \tag{4-1}$$

对于多组实验数据，根据最小二乘法原理，方程组为

$$\begin{bmatrix} n & \sum_{i=1}^{n} x_i \\ \sum_{i=1}^{n} x_i & \sum_{i=1}^{n} x_i^2 \end{bmatrix} \begin{bmatrix} a \\ b \end{bmatrix} = \begin{bmatrix} \sum_{i=1}^{n} y_i \\ \sum_{i=1}^{n} x_i y_i \end{bmatrix} \tag{4-2}$$

式中，y_i 为背景强度值；x_i 为背景点的波长值；a、b 为直线方程的系数；n 为测量点的个数。

(2) 多项式拟合法：非线性背景和线性背景都可用此法，线性背景时为一次

多项式拟合，同上。

多项式拟合曲线为

$$Y = f\left(x\right) = a_0 + a_1 x + a_2 x^2 + \cdots + a_m x^m = \sum_{j=0}^{m} a_j x_j \tag{4-3}$$

式中，Y 为背景强度值；x 为背景波长位置；a_j 为多项式的系数。

为求解方程组(4-3)的解，要确定背景测量点的个数 n。背景测量点的个数取得太少将影响背景的识别，但背景测量点取得多则意味着采样时间长，对仪器的稳定性要求高。在不影响背景识别效果的前提下，从电子探针分析原理和数学角度来考虑，在拟合背景侧至少要选 5 个点才能进行有效的谱线拟合[2]。

2. 谱线干扰的校正

为了避免重叠峰干扰出现误差，要对谱线干扰进行校正，并对谱线的峰形进行修正。常规方法是根据波长表对谱线的出现进行预测，并改变 X 射线线系的选择。例如，测量谱线的选择可以用 β 谱线代替 α 谱线，或用 M 线系谱线代替 L 线系谱线。由于元素的波长表无法给出具体峰的强度、宽度、卫星线等情况，所以有些谱线干扰是无法避免的。有时通过调整脉冲分析道的下限和道宽等方法滤掉干扰。

谱线干扰的修正可以通过干扰因子估计法进行，它的公式如下[3]：

$$X = \frac{\lambda_{\mathrm{d}} - \lambda_{\mathrm{i}}}{W / 2} \tag{4-4}$$

式中，X 为谱线重叠的量；λ_{d} 为待测元素谱峰的波长位置；λ_{i} 为干扰峰的波长位置；W 为峰宽(通过测量半高宽得到)。

在被测量的波长位置上，来自干扰峰的计数结果用 F 表示为

$$F = \mathrm{e}^{-\left(X^2/2\right)} \tag{4-5}$$

可采用含有已知元素但不含待测元素的内标样品来计算“干扰因子”，从样品中按比例扣除干扰标样后就是待测元素在样品中的净含量[4]。干扰扣除的表达式为

$$w_{\mathrm{A},修正} = w_{\mathrm{A},测量} - f \times w_{\mathrm{B},测量} \tag{4-6}$$

式中，$w_{\mathrm{A},测量}$为样品中测量的待测元素 A 的含量；$w_{\mathrm{A},修正}$为样品中干扰修正后的元素 A 的含量；$w_{\mathrm{B},测量}$为样品中加入的干扰元素 B 的含量；f 为校正因子。

重叠峰的分离可以通过谱线去卷积运算或最小二乘拟合法实现。能谱仪的能量分辨率限制了谱峰分离的能力，几种常见的重叠峰组合：铍、硼、碳、氧、氮和氟元素的 K_α 峰靠得很近，往往某一个谱峰的尾部延伸就会与邻近的谱峰重叠；有时某种元素的 K_β 峰和另一种元素的 K_α 峰重叠，如钒的 K_β 峰和铬的 K_α 峰距离

只有 15 eV；还有不同元素和不同线系谱峰也会重叠，如钼的 L_α 峰和硫的 K_α 峰。最小二乘拟合谱线法适用于多数电子探针波谱或能谱的谱线分解拟合，其描述峰形的拟合函数变量包括峰的位置、峰强和峰宽，这种拟合的准确度依赖于实际谱图的峰形与标准峰形的相似程度，从而反映出谱峰强度计算的精确度。而去卷积运算法只有完全或近乎完全重叠的谱线才使用，该法需要考虑不同的仪器测量条件对测量谱线的影响，对该谱线的峰形及伴线的形状、强度、峰宽要有较深入的了解。在去卷积运算前，还要有效地扣除背景噪声[2]。

总之，干扰修正需要考虑以下三点才能得出比较可靠的结果：①对于电子跃迁方式要详细了解，尤其是重元素；②对谱线形状要有合理的估计，包括谱峰中的伴线、自吸收效应、吸收边对谱峰外形和背景的影响；③成分明显不同引起谱线特征线的波长漂移等。

4.1.2　X 射线强度的基体修正

除了与样品相互作用的入射电子数目和能量外，探测到的 X 射线强度还依赖于样品的基体效应，这种效应包括 X 射线激发的效率、被样品内部吸收的比例、入射电子被存留在样品内部和未被弹性散射的百分数、透过样品的 X 射线荧光贡献等。为了将测量强度较准确地转换为样品的实际浓度，需要进行基体修正。修正方法主要有以下几种。

1. 归一化法

颗粒尺寸和形状对 X 射线的吸收校正影响较大，对测试数据进行归一化可以基本消除仪器因素(如探测器探测效率、X 射线采集立体角、束流等)和侧向散射效应的影响。但是，当同时测定颗粒样品中高能和低能 X 射线时，归一化法将会产生较大的误差[5]。

2. *k* 比率法

实际测得的 X 射线强度不仅取决于样品本身的性质，而且与试验条件有关。为了排除试验条件因素的影响，定量分析时，通常采用相对强度的计算方法，即 *k* 比率法，其要点是在同样试验条件下测量被分析试样中元素的特征 X 射线强度和已知标样中该元素的特征 X 射线强度。

在进行定量分析时，可以近似地认为样品中某种元素所产生的特征 X 射线强度与元素的浓度呈正比关系，用公式表示为

$$I_i = EMC_i \tag{4-7}$$

式中，I_i 为实际测得 i 元素特征 X 射线的强度；C_i 为在试样中 i 元素的含量；E 为

与试样条件有关的修正系数；M 为与试样性质有关的修正系数。

k 比率的定义：

$$k_i = I_{\mathrm{u}i} / I_{\mathrm{s}i} \tag{4-8}$$

式中，k_i 为强度比；$I_{\mathrm{u}i}$ 为未知样品中第 i 个元素的 X 射线强度 ；$I_{\mathrm{s}i}$ 为标准样品中第 i 个元素的 X 射线强度。

把式(4-7)代入式(4-8)中可以得到：

$$k_i = \left(E_{\mathrm{u}i} M_{\mathrm{u}i} C_{\mathrm{u}i}\right) / \left(E_{\mathrm{s}i} M_{\mathrm{s}i} C_{\mathrm{s}i}\right) \tag{4-9}$$

式中，下角 ui 为未知样品；下角 si 为标准样品。

在同样试验条件下，式(4-9)可以改写为式(4-10)，从而得到未知样品中某元素的浓度：

$$C_{\mathrm{u}i} = k_i \left(M_{\mathrm{s}i} / M_{\mathrm{u}i}\right) C_{\mathrm{s}i} \tag{4-10}$$

由于并不是所有激发的 X 光子都可以被检测器的探头探测到，因此，该方法没有考虑 X 射线的吸收效应，对分析结果可能产生一定的影响[4]。

3. *ZAF* 法

ZAF 定量校正方法是单颗粒分析常用的一种理论校正法，一般 WDS 或 EDX 都有 *ZAF* 定量分析程序。Z 表示原子序数校正因子，A 表示 X 射线吸收校正因子，F 表示 X 射线荧光校正因子，Z、A、F 因子根据实验测量、经验拟合和理论计算导出。

1) 校正的起因

试样中 i 元素特征 X 射线的强度(脉冲计数) I_i 与试样中单位体积内 i 元素的原子数(即 i 元素的含量)成正比，只要在相同条件下(如加速电压、束流等相同)，即可通过式(4-8)得到元素的浓度 C_i。但在一般情况下，k_i 并不等于 C_i，有时要偏离 20%以上，原因主要为：入射电子进入试样后，要受到试样原子的散射；电子束激发试样产生的原生 X 射线射出试样时，要受到试样的吸收；电子束减速产生的连续 X 射线和不同元素发射的特征 X 射线还会使被分析元素产生荧光(图 4-2)。这一系列过程都随样品的组成而变化，所以 k_i 与 C_i 在一般情况下不呈简单的线性关系，它们与 Z、A、F 有关，即

$$C_i = k_i \cdot ZAF \tag{4-11}$$

式中，Z 为原子序数校正因子；A 为吸收校正因子；F 为荧光校正因子。只要求出 Z、A、F 校正因子，C_i 就可以通过测量的试样与标样的强度比 k_i 进行计算。

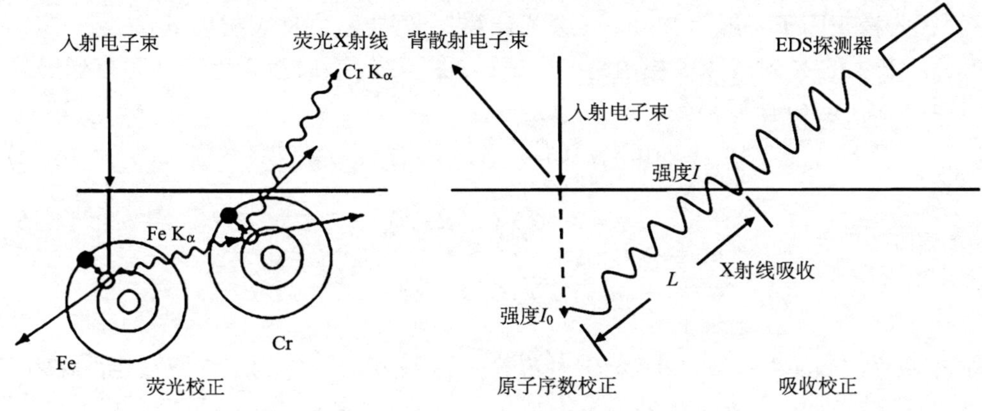

图 4-2　电子与试样的相互作用及 *ZAF* 校正的由来

2)校正因子的计算

(1)原子序数校正因子。原子序数校正是对分析体积中元素的电子背向散射、元素特征X射线强度变化进行的基体校正。如果试样和标样的平均原子序数不同，则原子序数差异对X射线强度的影响较大。入射电子入射到试样时，由于试样的平均原子序数和标样的原子序数不同，入射电子在减速过程中，进入试样中激发X射线的电子数(非弹性散射电子)与标样中的就不同(图 4-2)。对于原子序数不同造成的这种影响进行校正称为原子序数效应的校正。一般来说，平均原子序数大，则进入试样的深度小，背散射电子的数目多，进入试样中激发X射线的电子束就会减少。

原子序数校正因子通常采用式(4-12)[4]：

$$k_i = C_i\left(R_i \cdot S_{(i)}\right) / \left(R_{(i)} \cdot S_i\right) \tag{4-12}$$

式中，$R_{(i)}$为标样的背散射因子；R_i为试样的背散射因子；$(R_i \cdot S_{(i)})/(R_{(i)} \cdot S_i)$为原子序数校正因子 Z；S_i为试样的阻止本领，它表示入射电子在试样中进行距离的能量损失率；$S_{(i)}$为标样阻止本领。

(2)X射线吸收校正因子。从试样或者标样内部产生的X射线射出表面时，要受到试样或者标样本身的吸收，由于标样和试样所组成的元素种类和含量不同，因此对X射线的吸收程度也不同，必须加以校正，称为吸收校正，在定量分析中这是最主要的一项校正。

假设原生X射线强度为I_0，则探测器探测到的X射线强度为

$$I = I_0 \exp(-\mu\rho l) \tag{4-13}$$

式中，μ为吸收系数；ρ为密度；l为吸收长度。

出射X射线强度I_0随吸收距离l呈指数衰减。

吸收校正因子一般用 Philibert 公式计算[6]。假定从试样表层以下 ρZ 处一薄层 d(ρz)所产生的 X 射线以 θ 检出角射出试样(图 4-3)，吸收校正因子 A 可以通过式(4-14)～式(4-16)计算得到：

$$f_{(\chi)}=(1+h)/\left\{1+\chi/\sigma\left[1+h(1+\chi/\sigma)\right]\right\} \tag{4-14}$$

$$\chi=\csc\theta\sum_r C_r(\mu/\rho)_i^r \tag{4-15}$$

$$h=1.2\sum_r(C_r A_r/Z_r^2) \tag{4-16}$$

式中，σ 为 Lenard 系数，$4.5\times10^5/\left(E_0^{1.65}-E_\text{c}^{1.65}\right)$其中，$E_\text{c}$ 为临界激发能，keV；$(\mu/\rho)_i^r$ 为 r 元素(吸收者)对 i 元素辐射的 X 射线能量吸收系数；A_r 为 r 元素所对应的相对原子质量；Z_r 为 r 元素所对应的原子序数。

通过式(4-14)分别计算标样的 $f_{(i)}(\chi_i)$ 和试样的 $f_{(n)}(\chi_n)$ $f(\chi)$ 即可求得吸收校正因子 $f_{(i)}(\chi_i)/f_{(n)}(\chi_n)$。

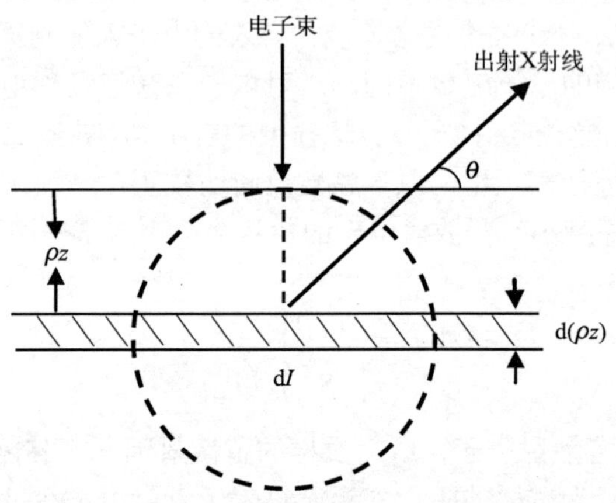

图 4-3　X 射线的产生和吸收

虚线为 X 射线发生范围

(3)荧光校正因子。荧光校正分为特征荧光校正和连续荧光校正两种，前者是对由于 i 元素吸收了超过其临界激发能的 j 元素的特征 X 射线从而产生 i 元素的特征 X 射线进行的一种基体校正；后者是对由于 i 元素吸收了超过其临界激发能的连续 X 射线而产生的 i 元素特征 X 射线进行的一种基体校正。

如图 4-2 所示，如果试样中主要元素为 Fe 和 Cr 元素，入射电子射入试样后，会产生连续 X 射线和激发出 Fe 和 Cr 元素的特征 X 射线。由于 Fe K_α 能量(6.3996 keV)比 Cr K_α 能量(5.4117 keV)高，即 Fe K_α 波长比 Cr K_α 波长短，则 Fe K_α

会激发出 Cr K_α 元素的二次 X 射线，也称 Cr K_α 的荧光 X 射线。如果连续 X 射线的能量大于 Cr K_α 元素临界激发能时，也会产生 Cr K_α 的荧光射线。由于 Cr K_α 的荧光 X 射线和电子束激发的 Cr K_α 特征 X 射线波长(频率)相同，探测器检测时无法区别，因此检测到的 Cr K_α 强度往往高于电子束激发的 Cr K_α 特征 X 射线强度。做定量分析时必须扣除 Cr K_α 荧光 X 射线强度，这种校正称为荧光效应的校正。

一般连续 X 射线荧光校正量不超过 1%，而校正公式复杂，所以通常不予考虑。下面讨论特征 X 射线荧光校正因子。

假定对一个含纯 i 元素的标样测得的 X 射线强度为

$$I_{(i)} = I_{(i)}^{p} \tag{4-17}$$

对由 A、B 两种元素组成的试样测得的 X 射线强度为

$$I_i = I_i^p + I_i^f \tag{4-18}$$

式中，$I_{(i)}^p$ 为标样的一次 X 射线强度；I_i^p 为试样 i 元素的一次 X 射线强度；I_i^f 为 j 元素的特征 X 射线激发 i 元素的荧光 X 射线强度。

由式(4-17)和式(4-18)得

$$I_i / I_{(i)} = \left(I_i^p + I_i^f\right) / I_{(i)}^p + \left(1 + I_i^f / I_i^p\right) I_i^p / I_{(i)}^p \tag{4-19}$$

式中，$F = 1/\left(1 + I_i^f / I_i^p\right)$，为荧光校正因子。

Z、A、F 三种校正的总公式如下：

$$C_i = k_i\left[R_{(i)}S_{(i)} / R_i S_i\right] \cdot \frac{f_{(i)}(\chi_i)}{f_{(n)}(\chi_n)} \cdot \left[\frac{1}{\left(1 + \sum_{B}^{n}\left(I_A^f / I_A^p\right)_r\right)}\right] = k_A(ZAF) \tag{4-20}$$

ZAF 法经过 60 多年的修改和发展，对抛光的平整试样，从 Na 到 U 主元素定量分析的相对误差约为 2%。目前，由于缺少轻元素的深度分布函数、质量吸收系数等数据，且轻元素本身也有 X 射线荧光产额低、吸收系数大等特点，所以 ZAF 法对轻元素的定量分析结果不佳。另外，对于不平整试样和较大的颗粒物而言，它的相对误差也比较大[4, 6]。

4. $\phi(\rho z)$ 基体校正

$\phi(\rho z)$ 读作“phi-rho-zed”，是一个 X 射线深度分布函数，它表示试样某一深度 z 处一个薄层 $d(\rho z)$ 发射的 X 射线强度与在空间中孤立存在的同一厚度的相同材料中发射的 X 射线强度的比值。该方法的校正因子是通过对 X 射线产生的实验数据作为深度函数进行拟合求出经验方程计算得到的，称为 $\phi(\rho z)$ 函数，该函数

通常以简单的分析函数表示，如双抛物线函数、高斯曲线、双高斯曲线等，也可以用示踪实验数据或蒙特卡罗模拟计算数据获得精确的 $\phi(\rho z)$ 函数形状。$\phi(\rho z)$ 法的一个优点是：原子序数校正因子 Z_G 和吸收校正因子 A_G 不再是分开计算，它是吸收校正和原子序数的综合表达式，忽略了很弱的荧光校正因子。用 $\phi(\rho z)$ 法计算的 k_i 比值见式(4-21)。

$$k_i = \left(C_i^{u} / C_i^{s}\right) \cdot \left(\int \phi_i^{u}(\rho z) \cdot \exp\left(-x_i^{u} \cdot \rho z\right) \cdot \mathrm{d}(\rho z) / \int \phi_i^{s}(\rho z) \cdot \exp\left(-x_i^{s} \cdot \rho z\right) \cdot \mathrm{d}(\rho z)\right) \tag{4-21}$$

$\phi(\rho z)$ 法考虑的电子与物质之间相互作用的物理过程比 ZAF 方法更符合实际。在分析低原子序数($Z<11$)的元素时，用该方法进行校正计算比用 ZAF 校正方法结果更准确。但是，该方法不能用于准确分析亚微米颗粒，上述修正公式假定激发 X 射线和吸收 X 射线的材料成分完全相同，且当基体的平均原子数与颗粒物不同、电子激发体积小于粒子本身时，$\phi(\rho z)$ 函数的侧向散射校正才合理[6]。

5. B-A 法

Bence-Albee 校正方法简称 B-A 法，是一种经验方法，它假定在二元氧化物系统中的 k 比值和质量分数之间有一个简单的双曲线关系，它是由美国人 Bence 和 Albee 在 1968 年首先提出来用于对硅酸盐矿物中氧化物组分进行分析的[7]。该方法计算简便，适合氧化物矿物、硅酸盐玻璃、硅酸盐材料等定量分析。

B-A 法用纯氧化物或者多元氧化物作标样，不用纯元素作标样。该方法忽略了荧光效应，校正因子称 α 因子。α 因子既能通过分析一组已知成分的硅酸盐和氧化物标准物质来测定，也能通过 ZAF 理论或者 phi-rho-z 模型测定。对于二次荧光不严重的简单 AB 二元系统，元素 A 的质量分数 $C_{\mathrm{A}}^{\mathrm{AB}}$ 与强度 $K_{\mathrm{A}}^{\mathrm{AB}}$ 比值的表达式如下：

$$C_{\mathrm{A}}^{\mathrm{AB}} / K_{\mathrm{A}}^{\mathrm{AB}} = \alpha_{\mathrm{A}}^{\mathrm{AB}} + \left(1 - \alpha_{\mathrm{A}}^{\mathrm{AB}}\right) C_{\mathrm{A}}^{\mathrm{AB}} \tag{4-22}$$

实际上 $\alpha_{\mathrm{A}}^{\mathrm{AB}}$ 是基体效应的总和，扩展到多组分系统可通过综合加权二元 α 因子得到：

$$\alpha_{\mathrm{A}}^{\mathrm{ABCD}\cdots} = C_{\mathrm{A}}^{\mathrm{AB}} \alpha_{\mathrm{A}}^{\mathrm{AB}} + C_{\mathrm{A}}^{\mathrm{AC}} \alpha_{\mathrm{A}}^{\mathrm{AC}} + C_{\mathrm{A}}^{\mathrm{AD}} \alpha_{\mathrm{A}}^{\mathrm{AD}} + \cdots \tag{4-23}$$

该近似法能对很多矿物系统及硅酸盐材料进行分析。

6. δ 基体校正法

1964 年 Ziebold 和 Ogilvie 等研究了二元系(A, B)后发现，元素 A 的浓度 $C_{\mathrm{A}}^{\mathrm{AB}}$ 与特征 X 射线强度 $K_{\mathrm{A}}^{\mathrm{AB}}$ 之比和 $C_{\mathrm{A}}^{\mathrm{AB}}$ 呈线性关系，这种方法虽然简单，但是误差较大，实际上很少采用。1968 年 Bence 和 Albee 将该式推广到氧化物系统之后(即

B-A 法)，准确度大为提高，但对许多材料仍比较复杂。为此，日本人平田等将方程引入了一个新的二次项常数 δ，既简化了方程，又使分析的准确度大为提高，简称 δ 基体校正法，该方法计算简便，容易掌握[8]，与 *ZAF* 修正法的相对误差约为 0.3%。

7. 峰背比法

特征 X 射线强度与背景强度之比称为峰背比(I_P/I_B)，该方法避免了使用大量标准颗粒，但该方法假设特征和背景射线在颗粒内产生，所以仅当激发体积小于粒子体积时该方法才适用。此外，当光谱采集时间短时，低光子能量背景强度无法测定。

8. XPP 校正法

1989 年由法国人 Pouchou 和 Pichoir 提出的 XPP 法也是一种 $\phi(\rho z)$ 校正方法，它使用指数描述深度分布函数 $\phi(\rho z)$ 曲线的形状。$\phi(\rho z)$ 积分表达式包含原子序数和吸收效应校正，可通过蒙特卡罗模拟计算，校正因子依赖于样品实际成分，需要用上一次得到的表征浓度计算修正因子，然后来推导更精确的“估计值”，直到进行连续迭代后得到收敛趋同的浓度和修正因子值为止。该方法对不同原子序数的元素均可获得较好的定量分析结果，并可以对倾斜试样进行角度校正，对吸收严重试样(如重元素与轻元素存在于同一试样)的定量分析结果明显好于其他方法[9]，所以，INCA 软件在能谱仪和波谱仪上的定量分析程序采用 XPP 校正方法。

9. 校准曲线法

校准曲线法也称检量线法、标定曲线法或者灵敏度曲线法，是根据元素在低含量范围内其特征 X 射线强度与含量接近线性关系的规律而建立的，元素的质量分数直接由所分析试样发射的 X 射线强度通过校准曲线给出。该法通常用于特定试样基体中微量元素的分析。标准曲线由含有被测元素的质量分数接近于未知试样、基体与未知试样相同的一组标准物质建立，一般选用五个以上的标准样品，将每个标准品的特征 X 射线强度与相应的质量分数关系绘制成曲线。

10. 蒙特卡罗模拟校正方法

运用蒙特卡罗模拟校正方法可以模拟电子与样品之间的相互作用，通过连续逼近计算特征 X 射线强度并确定颗粒中化学元素的浓度值。该方法较好地实现了对颗粒物中轻元素的定量计算，在低原子序数颗粒物的元素定量分析中体现了较大的优势[10]。

蒙特卡罗模拟校正方法通过大数法则来验证稳定性和收敛性，由中心极限定理分析误差和收敛速度，它的一大特点是可以避免在数值方法中出现多次迭代造成的较大误差累积[11]。保证蒙特卡罗模拟校正方法稳定和收敛的前提条件是：随机数、样本值、统计量独立同分布，且存在数学期望，在一般情况下蒙特卡罗模拟校正方法可以满足这些保证。由于蒙特卡罗模拟校正方法的误差和收敛速度与问题的维数无关，因此蒙特卡罗模拟校正方法非常适宜高维问题的模拟，它的计算效率与统计量的方差和每次模拟时间成反比。降低方差、减少模拟时间是提高蒙特卡罗模拟校正方法效率的主要途径。

在进行蒙特卡罗模拟校正方法定量分析时，首先依据仪器参数来确定电子束直径、电子束开始的位置及电子束与固体作用的角度。在初始化各参数后，可通过式(4-24)确定电子束与哪些原子之间发生弹性散射。

$$\text{Random} > \sum_{i=1}^{n} F_i\sigma_i \Big/ \sum_{j=1}^{n} F_j\sigma_j \tag{4-24}$$

式中，“Random”为在 0 到 1 上均匀分布的随机数；σ_i 为元素 i 的总散射截面；F_i 为元素 i 的原子分数；n 为在该区域中的元素个数。

当式(4-24)成立，则 i 参与弹性散射。撞击的极角 θ 可以通过元素 i 的部分散射截面的值确定：

$$R = \int_0^{\theta} \frac{\mathrm{d}\sigma}{\mathrm{d}\theta}\sin\theta\mathrm{d}\theta \Big/ \int_0^{\pi} \frac{\mathrm{d}\sigma}{\mathrm{d}\theta}\sin\theta\mathrm{d}\theta \tag{4-25}$$

式中，$\mathrm{d}\sigma/\mathrm{d}\theta$ 为部分散射截面；R 为随机数。

假如使用的部分散射截面值较为简单，式(4-25)将会得到一个数值解。然而，在计算莫特(Mott)散射截面时，需要使用数值积分来解这个方程，要在更为复杂的情况下对 R 进行制表或参数化，并对角度 θ(从 0 到 π 中随机抽样产生)进行计算。

为了得到两次撞击之间的自由程，可以使用式(4-26)：

$$L = -\lambda \ln R \tag{4-26}$$

式中，R 为随机数；λ 为电子平均自由程。

每个电子在碰撞过程中平均自由程为

$$\lambda = \frac{1\times10^{21}}{N_0}\left(\sum_{i=1}^{n}(C_iA_i/\rho)\right) / \sum_{i=1}^{n}F_i\sigma_i \tag{4-27}$$

式中，C_i 为 i 元素的质量分数；F_i 为 i 元素的原子分数；A_i 为 i 元素的原子质量；σ_i 为 i 元素的总散射截面；ρ 为该区域的密度。

如果 σ 的单位为 nm^2，则 λ 的单位为 nm，然后根据两次撞击之间的距离和角度就可以知道下一次电子出现的位置。λ 是需要校正的，且不同物质其校正的路径不同，可以通过式(4-28)求出被校正电子的位置：

$$L_i = L_{i-1} - \lambda_i \times \left[\lg(\text{RLPM}) + \sum_{j=0}^{j=i-1} \frac{L_j}{\lambda_j} \right] \tag{4-28}$$

式中，λ_i 为在区域 i 中的平均自由程；RLPM 为随机数；L_i 为电子在区域 i 中移动的距离。

在电子经历距离 L 时，其能量损失为一常数，可以用一个连续减速模型作为近似，该能量的变化为

$$E_i = E_{i-1} + \frac{\mathrm{d}E}{\mathrm{d}S} \times L \tag{4-29}$$

式中，E_{i-1} 为第 i–1 次的能量；E_i 为第 i 次的能量；$\mathrm{d}E/\mathrm{d}S$ 为能量损失率。

在进行下一次模拟时，根据公式计算，首先判断电子是否已经逃离样本表面或者已经穿透样本，其次是判断其能量是否可以继续激发出特征 X 射线。这两个条件有其中之一不符合，则停止模拟。

蒙特卡罗模拟校正方法追踪电子束中每一个电子在固体中与原子之间的相互作用。通过大量的计算得到一个合理的统计结果，从而有效地解决了非规则、非均相颗粒在校正时所面临的困难。图 4-4 为根据蒙特卡罗模拟校正方法所计算的电子在固体中的运动路径示意图。

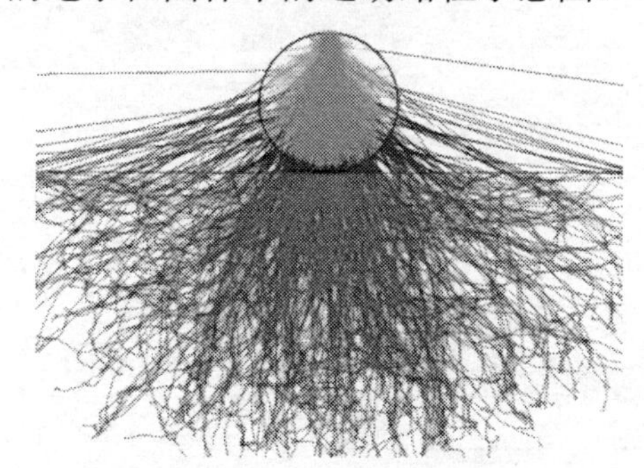

(a) 低电压(30 kV)下电子运动轨迹

球形颗粒

方华膜

(b) 高电压(200 kV)下电子运动轨迹

图 4-4　根据蒙特卡罗模拟校正方法所计算的电子在球形颗粒中的运动路径

绿色轨迹线：蒙特卡罗模拟电子在颗粒中的轨迹；蓝色轨迹线：蒙特卡罗模拟电子在真空的轨迹；红色轨迹线：蒙特卡罗模拟电子在基底中的轨迹

4.2　大气气溶胶单颗粒样品的元素定量分析过程

4.2.1　颗粒物形貌辨识

通常应用扫描电镜和透射电镜来获得各颗粒物形貌，了解它们的尺寸、形状、

混合状态等信息。目前，电镜的操作步骤基本全由计算机控制，为了寻找合适的颗粒并获得满意的图像，应根据研究目的选择合适的工作条件[12]（详细内容见第 3 章）。

4.2.2 X 射线能谱测量

1. 操作界面

在扫描电镜二次电子像或透射电镜图像上选好要测的颗粒后，启动能谱仪进行 X 射线测量。本节以 INCA 软件为例介绍 EDX 测量过程及元素定量化方法。

INCA 为牛津仪器能谱仪操作软件（OXFORD INSTRUMENT EDS）。该软件可通过采谱过程中对元素谱峰的识别和标识实现定性分析，还可通过自身的分析程序实现完全无标样法和有标样法的定量分析。

INCA 的主要操作步骤和操作界面见图 4-5 和图 4-6。

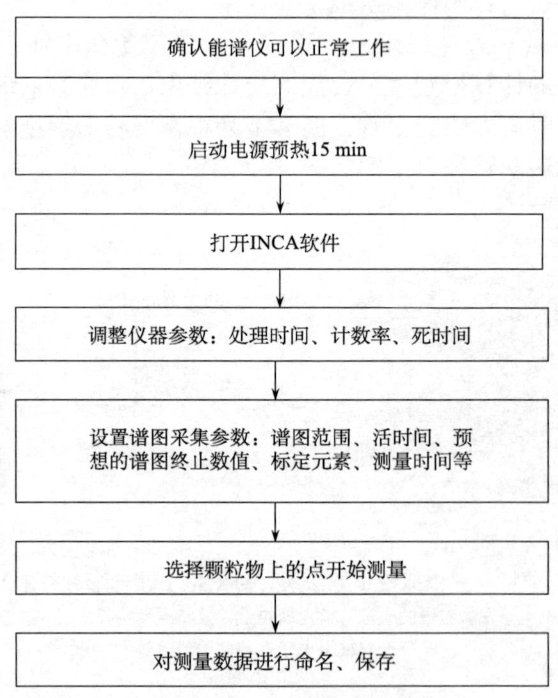

图 4-5　INCA 操作基本流程

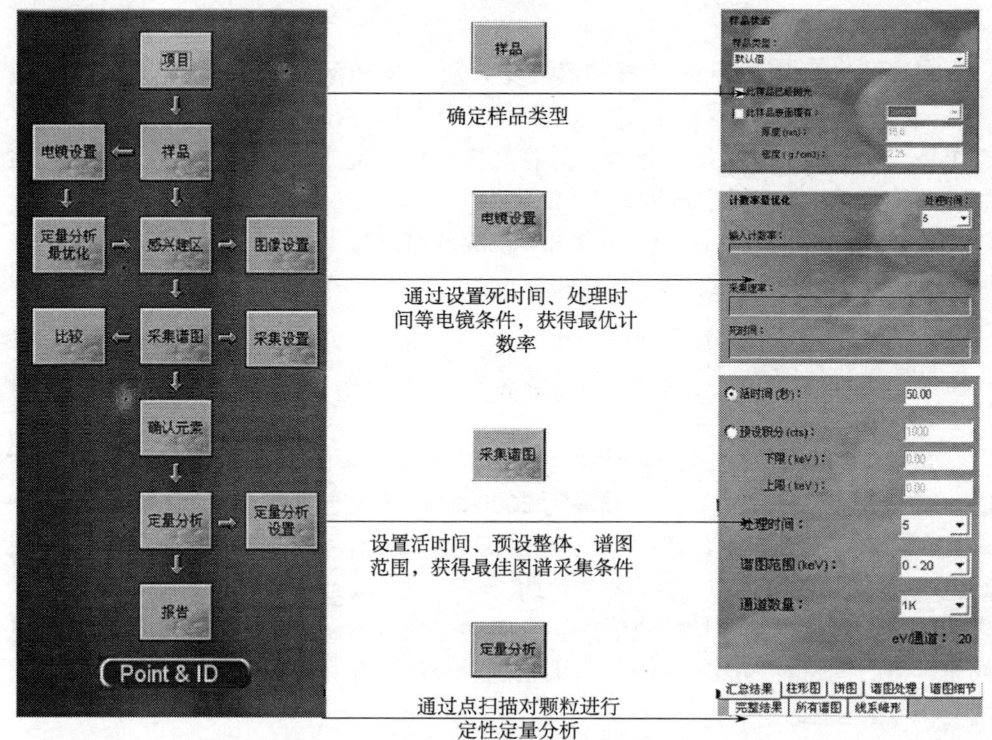

图 4-6　INCA 操作界面

2. 测量参数调节

INCA 软件创造了一个与电镜互控的使用环境，它可以获取电镜图像及控制电镜电子束的扫描，使之达到最适合能谱分析的状态。仪器可调参数主要有：

(1) 处理时间：处理时间是指从来自能谱探头的 X 射线信号中除去噪声所花费的时间，分 1～6 档，通过选取不同的处理时间可以削减不同数量的噪声。处理时间越长，噪声越小，谱图中峰的分辨率越高。但处理时间过长，采集速率就变小，同时增加了第一个脉冲处理完成前第二个脉冲到达主放大器的概率，可能会显示在错误的通道上。通常情况下，定量分析时间常数设置为“5”，此时谱峰分辨率好、峰背比高，有利于重叠峰识别。若进行元素面分布采集，时间常数可选“1”或“2”，可提高输出计数率、节省采集时间。

(2) 计数率：计数率主要受样品倾角、加速电压、束流和工作距离等电镜工作条件的影响，分为输入计数率和采集计数率，单位为 cps。输入计数率为系统每秒可处理的 X 射线光子数，采集计数率为输入计数率扣除噪声信号及信号损失以后的结果。如果计数率太低，就需要较长的采集时间；如果计数率过高，会出现和峰。

(3) 死时间（dead time）：探测器接受大量的 X 射线光子，但系统脉冲处理器在某一时间区段内只能处理一个率先到达的计数脉冲，然后通道处于关闭状态，拒绝下一个到达的计数脉冲进入，并将其排斥掉，造成输出计数率下降，这个占用时间称为“死时间”，简称 DT，定义为

$$DT = (1 - R_{out} / R_{in}) \times 100\% \tag{4-30}$$

式中，R_{in} 为输入计数率；R_{out} 为输出计数率。

R_{in} 越高，DT 越长，系统有用信号会大量丢失。如果选择一个较长的脉冲处理时间，就可以改善平均噪声，并给出更好的分辨率。采集时最好控制计数率，使 DT 小于 20%。

(4) 活时间（live time）：活时间是系统等待接受和处理信号的时间区段，简称 LT。如果设定 LT 为 100 s，计数率为 2000 cps，谱仪会显示 DT 为 15%，表示谱仪将自动进行 DT 校正，在 LT 上延长 15%的采集时间，把损失的脉冲计时补偿回来，所以采谱的真实时间应该等于 LT 与 DT 之和。通过设置活时间可以确保频谱的质量，以准确地测量峰值位置。一般的定性分析中，如没有重叠元素或微量元素，活时间可设为 20～50 s。如果做定量分析，并且存在重叠元素，则活时间应为 100 s 左右。

(5) 预设整体：“预设整体”选项中可以设定谱图采集终止数值，一旦系统所采集的信号总和达到该数值时，采集停止。此外，还可以通过设定谱图横坐标的能量范围，使位于该能量范围内的元素在谱图中出现。

(6) 谱图范围和通道数：应结合电镜使用的加速电压来选择谱图范围。如果加速电压超过 10 kV，为了能看到超过 10 keV 的线系，应该选择谱图范围为 20 keV。加速电压低于 10 kV，则选择谱图范围为 10 keV 更为合适。

3. 测量模式选择

确定好测量条件后开始选择样品进行 X 射线能谱测量，根据实际需要选择点分析、线分析或面分析。

4.2.3 X 射线能谱的定量分析

1. 定量分析的基本过程

INCA 软件可以依据能谱中各元素特征 X 射线的强度值，自动进行定量分析，主要过程包括：①利用模拟法或数字滤波法扣除背底；②计算探测器效率，使其重构背底与能谱背底在一定情况下可以较好拟合；③利用重叠因子法和多重最小二乘法实现重叠峰剥离；④利用 XPP 法对基体进行校正。

INCA 定量分析设置中可确定元素列表：分为“所有元素”“差额法确定的元素”“化学式法确定的元素”“归一化定量分析结果”等，选择线系(线系的自动选择取决于过压比)，最后进行峰形最优化和定量最优化后得出元素原子浓度和质量浓度。INCA 软件定量分析可以查看柱形图、饼图、线系峰形等信息，更好地了解样品 X 射线能谱和元素情况。

INCA 还可实现无标样定量分析：①将各元素的标样数据事先采集好，制作虚拟标样包，定量分析前对能谱做一次优化处理，并根据电镜束流、样品的工作条件和谱仪稳定性对标样包做适当修正；②根据理论计算出各纯元素的强度值，然后与样品强度值比较，进行基体修正。INCA 可为元素的质量分数、原子分数、氧化物含量提供归一化结果，利用差额法求出样品中某一元素的含量[12]。

定量分析中误差主要来源于X射线光子计数随时间的统计涨落及定量校正计算方法所产生的系统偏差等。仪器稳定性、分析条件的选择及标样的选择都会影响分析误差。对试样中原子序数 $Z \geqslant 11$ (Na) 的中等原子序数元素而言，其无标量定量的相对误差≤±5%，有标样定量分析相对误差为 2%～3%，但对于轻元素分析的相对误差没有明确范围。

然而，在对大气颗粒物的测量分析过程中，由于我们使用的是金属膜(如银箔、铝箔、铜网等)进行样品采集，能谱图上这些金属元素的峰非常明显，在最终的结果中需要剔除这些峰的干扰，以得到颗粒物本身的元素构成信息。因此，需要用特殊的处理过程和方法。如果使用 INCA 本身自带的定量分析软件计算元素的原子分数或质量分数时，虽然也能得到一个数值，但误差非常大，与颗粒物实际构成完全不符。因此，利用本书介绍的定量 EPMA 技术研究大气气溶胶单颗粒样品的化学成分时并不使用 INCA 本身的定量分析软件，而是使用一套特有的分析方法，包括 AXIL 程序(用最小二乘法对各颗粒的 X 射线谱进行拟合转换，确定各元素谱峰对应的数值)、膜本底去除程序(合理去掉金属膜谱峰对颗粒物的干扰)、蒙特卡罗模拟计算程序(用 CASINO 程序计算出每个颗粒物中各元素去掉本底干扰后的实际相对含量)等。

2. 定量条件的创建与选择

为了获得较准确的定量结果，需要创建和选择最佳采样方法和测量条件来满足单颗粒定量分析的要求：①采集的颗粒分散均匀，采样膜有较低的 X 射线背景；②用于测量的颗粒物不受干扰，能客观体现出它所含有的元素信息；③对低原子序数的颗粒物具有高灵敏性；④可进行有效的颗粒识别；⑤电子束对颗粒的损伤小。

下面从采样、测量、分析的全过程对元素定量结果的影响及优化条件的选择进行详细介绍。

1）采样膜

选择合适的采样膜是成功应用本定量技术的关键，因为采样膜材质不同，得到的结果会差异悬殊。有些材料会与大气颗粒物样品的表面发生作用而改变颗粒物的形态及化学成分，有些来自采样膜基底元素的 X 射线可与来自大气颗粒物的特征 X 射线发生重叠。

通常情况下，采样膜需要满足以下几个要求：①表面平坦光滑，对样品的形貌及电子图像的观察影响小，与所采集的颗粒有良好的对比度；②能够分析低原子序数颗粒物，基底元素对颗粒 X 射线干扰小；③基底材料与颗粒之间不发生反应或反应极弱；④没有挥发成分，对人体无毒。

现已有多种采样膜用于大气气溶胶单颗粒样品的采集与分析，如银箔（Ag foil）、铝箔（Al foil）、硼箔（B foil）、铍箔（Be disc or planchet）、硅晶片（Si wafer）、核孔膜（nuclepore film）、聚碳酸酯膜（polycarbonate membrane）、铜网或镍网支持的方华膜等。每种采样膜都有各自的优缺点（表 4-1），需要根据自己样品的测试要求选择适合的采样膜，有时候几种采样膜要同时使用，以便取长补短。几种采样膜的二次电子像见图 4-7（a）[13]。

表 4-1　不同采样膜的优缺点

采样膜	优点	缺点
Be	背散射系数低，辐射率低，导热率高，可降低电子束损伤	粗糙度较大，有毒，成本高，与硫酸盐和氯化物反应
B	光谱干扰低，辐射性低，无毒性，表面可抛光	价格昂贵，制备时间长
Si	表面光滑、平整，与颗粒物不发生反应	背散射图像中颗粒物对比度差，导电性差
Al	原料易得，成本低，抗氧化能力强，适应面广	干扰铝硅酸盐中铝的定量
Ag	物理抗性大，制备简单	易氧化，导热率低，对 C 的定量有干扰
方华膜	表面光滑，来自基底的 X 射线干扰较小，韧致辐射背景低	物理抗性较低，表面脆弱，易破裂，对 C 和 O 的定量有干扰

采样膜对大气气溶胶样品单颗粒分析结果的主要影响如下：

（1）影响图像质量。电子图像的质量很大程度上取决于基底（采样膜）表面的形貌，基底表面凹凸不平会影响图像效果，而且基底粗糙度对最小可识别、定位的颗粒尺寸也会产生影响。如果粗糙度的变化范围在 0.1～10 μm，则基底的凸起或凹陷部分也可能被错误地识别为颗粒，见图 4-7（b），这种效应大大降低了颗粒识别的效率和准确度[14]。

（2）影响颗粒物观察效果。电子信号与原子序数之间有一定的相关性。通过样品的背散射电子与穿入样品的一次电子的电子束流之比称为背散射电子系数（η），它随着原子序数的增加而增加；通过样品的二次电子与穿入样品的一次电子的电子束流之比称为二次电子系数（δ）。当 $Z<15$ 时，该值随着原子序数的增加

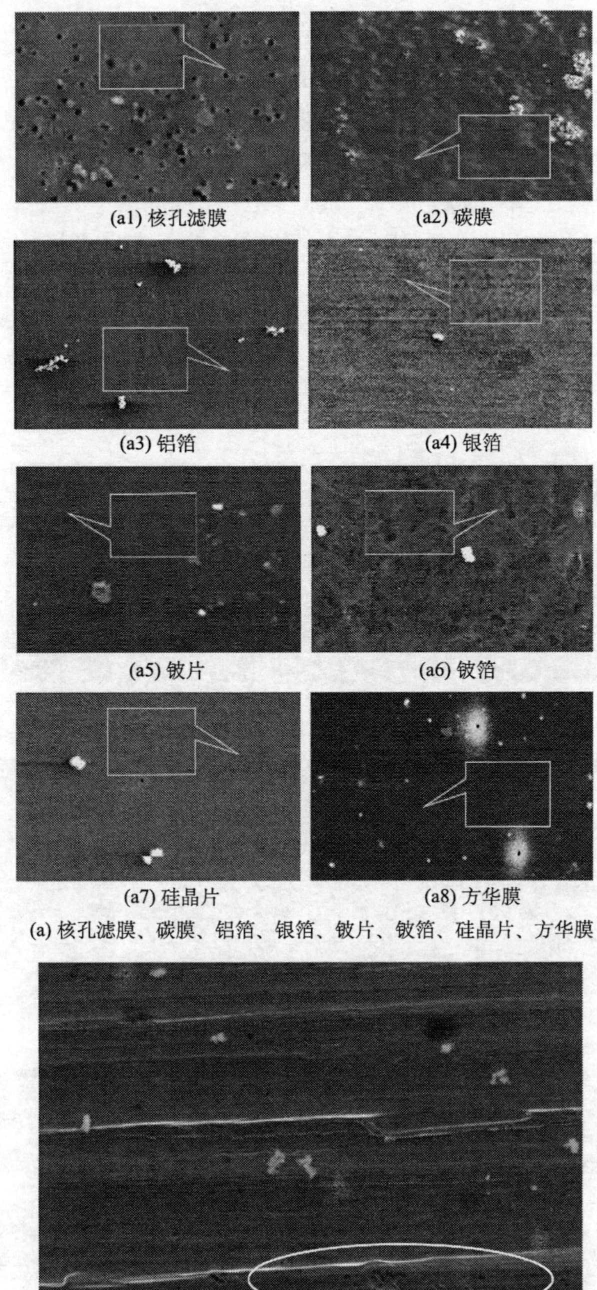

(a1) 核孔滤膜　(a2) 碳膜

(a3) 铝箔　(a4) 银箔

(a5) 铍片　(a6) 铍箔

(a7) 硅晶片　(a8) 方华膜

(a) 核孔滤膜、碳膜、铝箔、银箔、铍片、铍箔、硅晶片、方华膜

(b) 粗糙度较大的膜引起的误判

图 4-7　不同采样膜的 SEI 图像

(a) 中矩形区域为空白膜；(b) 中采样膜为银箔，图中椭圆形区域内看似颗粒的地方全部为膜上的不平整部分

而增加；当 $Z>15$ 时，该值保持恒定。经计算得出 C、Al、Ag 的 δ 分别为 0.05、0.1、0.12；η 分别为 0.06、0.16、0.4，因此，对于含较多轻元素的颗粒(如水溶性有机颗粒)，在铝箔和银箔上其 SEI 颜色发暗，因为银箔和铝箔的电子产率大于它，但对于铜网或镍网支持的方华膜而言，颗粒颜色则呈灰白色，因为方华膜的主要成分为 C，它的电子产率很低。

在银箔、铝箔和方华膜上采集的同一种颗粒的形态也不尽相同，银箔和铝箔上部分颗粒物会发生形态分离，而方华膜则没有该现象。由于银箔和铝箔具有亲水性，所以水溶性有机液滴颗粒会在采样膜表面扩散，形成较暗的区域(图 4-8)，且可能导致颗粒尺寸变大；而方华膜为疏水性，不会使这种颗粒发生形态分离[14]。另外，不同采样膜对颗粒物吸湿后的形态也会产生影响[15]。

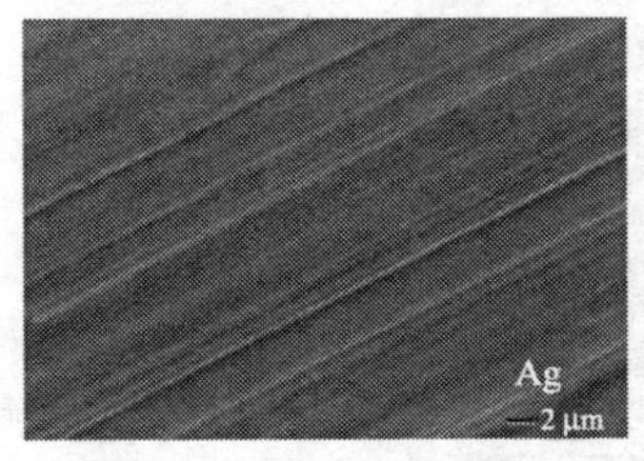

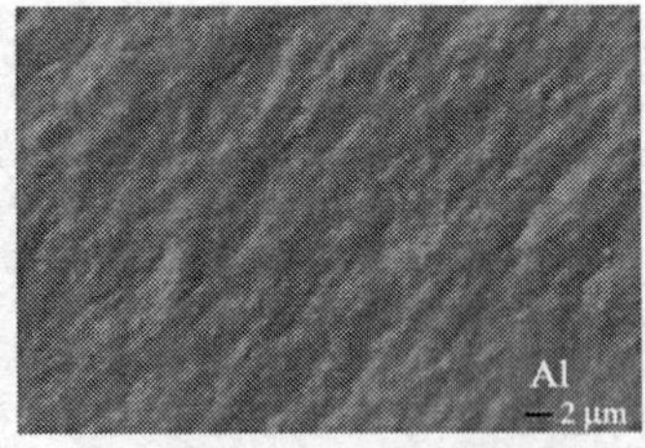

(a) 三种空白采样膜的二次电子像

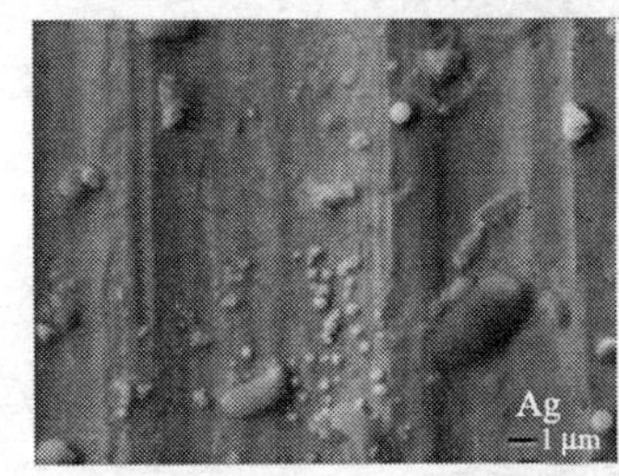

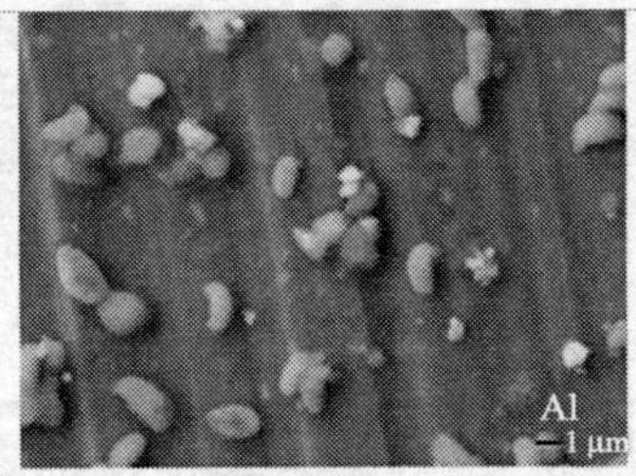

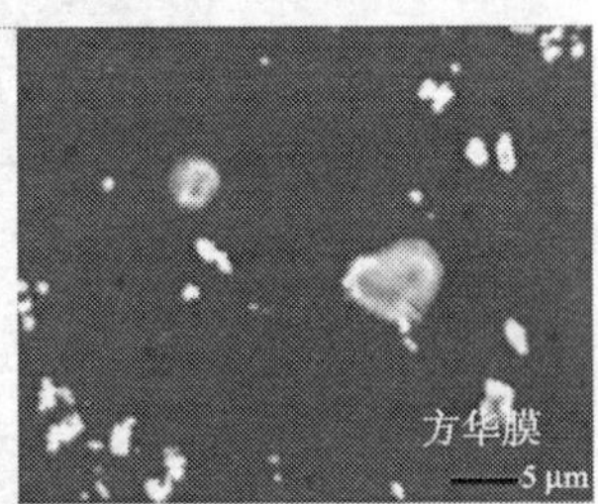

(b) 三种采样膜采集颗粒后的二次电子像

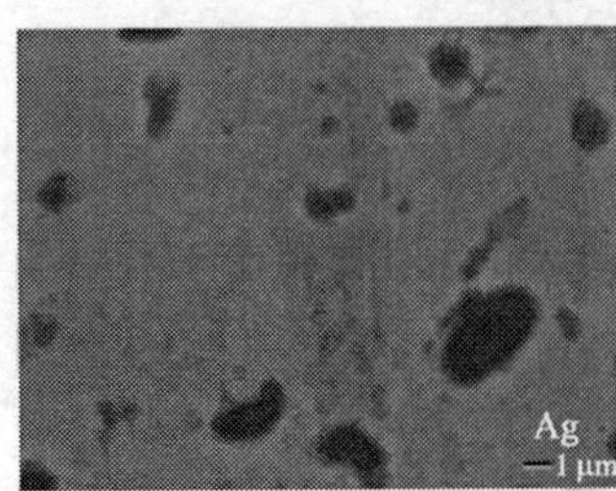

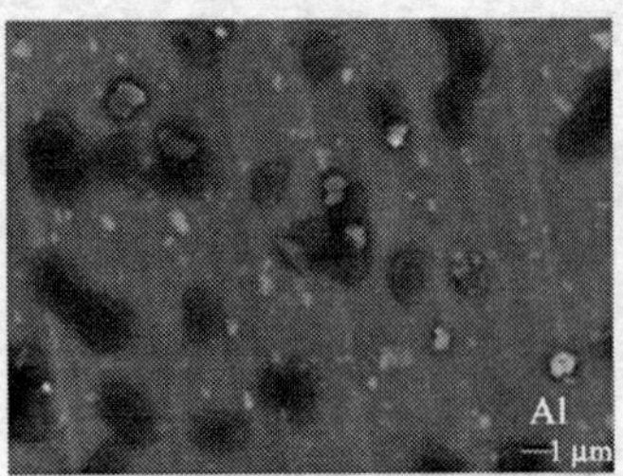

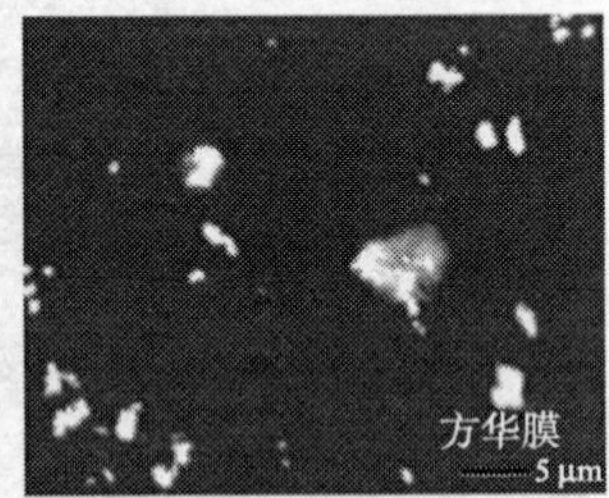

(c) 三种采样膜采集颗粒后的背散射电子像

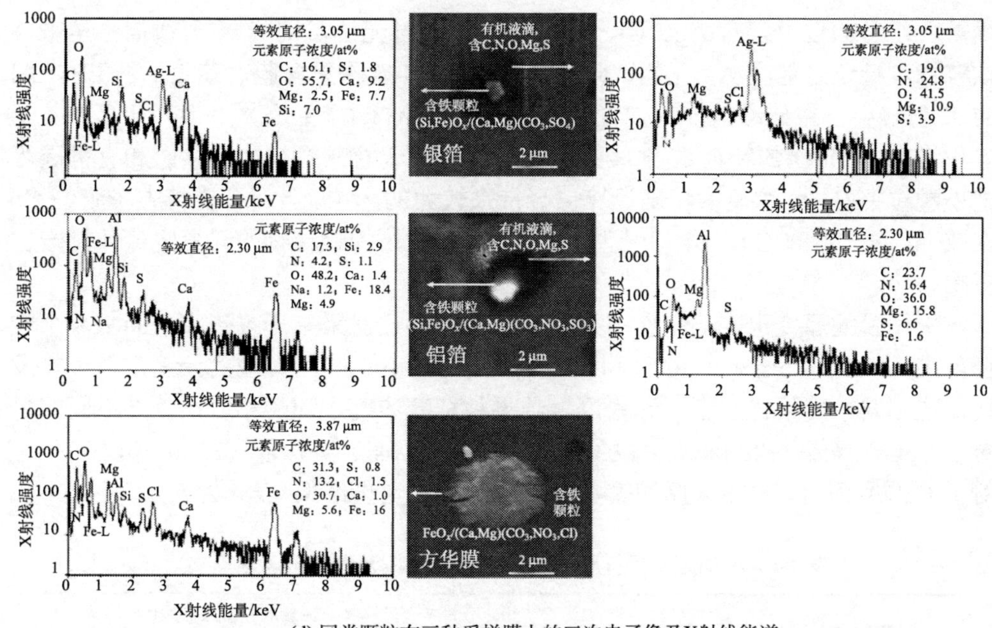

(d) 同类颗粒在三种采样膜上的二次电子像及X射线能谱

图 4-8　银箔、铝箔和方华膜空白及所采集颗粒的 SEI 像、BSI 像及 X 射线能谱图

(3)影响 X 射线能谱的背景。X 射线能谱测量过程中基底背景和谱线干扰越小越好。方华膜的 X 射线能谱的轫致辐射背景低于银箔和铝箔(图 4-9)[14]，所以检测低电子产率的颗粒物时，选用方华膜效果较好。

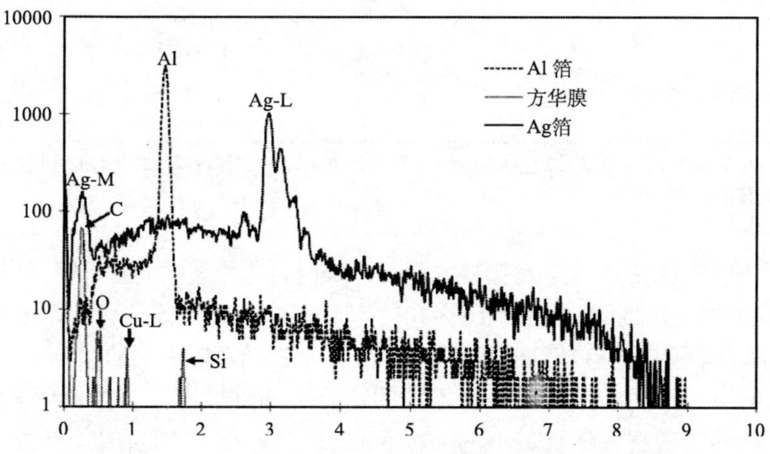

图 4-9　Al 箔、 Ag 箔、方华膜三种采样膜的本底 X 射线能谱比较

(4)影响定量结果。采样膜基底自身会产生特征 X 射线，并与颗粒某些元素的 X 射线重叠。使用 Ag 箔时，Ag-L 线会与 Cl-K 和 K-K 线重合、Ag-M 线与 C-K

线重合；当颗粒中含有 Ag、Cl、K 元素时，有时无法辨别其 X 射线信号是来自颗粒物本身还是基底 Ag 元素，此时，宜换用 Al 箔作采样膜。使用 Al 箔时，Al 的 X 射线会与铝硅酸盐或其他含铝颗粒物中的 Al 峰产生重叠，带来计算误差。方华膜中 C 和 O 的特征 X 射线强度很小，但对于含碳颗粒如元素碳和有机碳等细小颗粒中 C、O 浓度的精确计算也会带来较大的影响。此外，支持方华膜的 Cu 网或 Ni 网产生的 Cu、Ni 信号也会对含 Cu 或 Ni 的颗粒物的元素定量计算产生影响。

采样膜的厚度也影响定量结果的准确性。通过对采集于方华膜上的 154 个粒径范围为 0.3～4 μm 的 $CaCO_3$ 和 192 个 0.6～6 μm $CaSO_4$ 颗粒的元素定量计算发现，在不同厚度采样膜上，元素测量结果与标准浓度之间的相对误差是不同的。对于 $CaCO_3$ 而言，20 nm 厚的方华膜各元素的准确度似乎优于 30 nm 和 50 nm；对于 $CaSO_4$ 而言，50 nm 厚的膜具有最佳的元素定量结果(表 4-2)。

表 4-2 不同厚度采样膜上测量的标准颗粒元素原子浓度(at%)

$CaCO_3$ 中的元素	标准浓度	不同厚度采样膜上计算的元素原子浓度		
		50 nm	30 nm	20 nm
C	20	15.5±2.6	18.9±1.7	20.0±1.7
O	60	65.3±4.0	62.8±3.1	59.2±3.2
Ca	20	19.3±2.7	18.3±2.8	17.2±2.7
$CaSO_4$ 中的元素	标准浓度	不同厚度采样膜上计算的元素原子浓度		
		50 nm	30 nm	20 nm
C	0	0.5±1.5	2.0±2.6	4.7±3.0
O	66.7	65.6±4.5	63.8±4.2	62.0±4.1
S	16.7	17.0±2.5	17.3±2.6	16.8±2.6
Ca	16.7	15.7±2.2	15.9±2.3	15.4±2.3

注：$CaCO_3$ 、$CaSO_4$ 粒径范围分别为 0.3～4 μm 和 0.6～6 μm，测量颗粒数分别为 154 和 192 个，TEM grid 膜为 200 目铜网支持的方华膜。

(5)影响颗粒物的分类。对颗粒物进行分类时，三种采样膜对于相同采样和分析条件下颗粒的类别判断基本相似(图 4-10)，但银箔和铝箔上分别有 4.8%和 0.9%的未知颗粒；而方华膜由于有较高的峰背比(P/B)，未出现不能识别的颗粒[14]。

综上所述，不同的采样膜具有不同的特点。通常情况下，根据研究目的和性质，综合各种因素选择干扰最小的采样膜来获取较好的定量结果。例如，研究含碳颗粒较多的样品时使用铝箔，而研究含有铝硅酸盐颗粒较多的样品时选用银箔和铜网支持的方华膜。

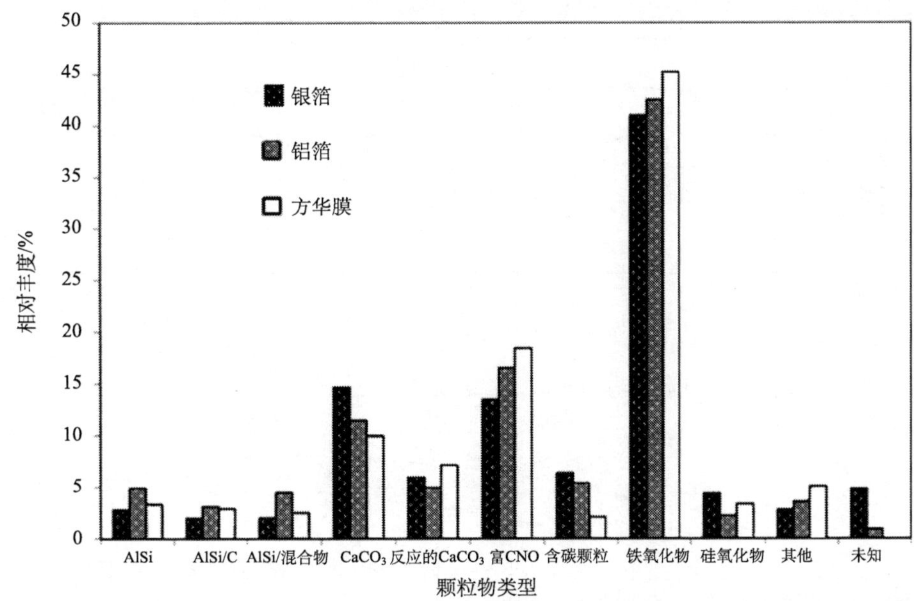

图 4-10　不同采样膜颗粒物的分类

2）加速电压

不同加速电压不但使X射线强度及峰背比发生变化，而且同一个试样不同元素的相对强度也发生变化。选择加速电压时既要考虑入射电子的能量必须大于被测元素线系的临界激发能，又要兼顾合适的过压比。

样品所产生的X射线脉冲总计数依赖于电离截面和加速电压E_0，加速电压与X射线的激发效率和入射电子在试样中的穿透深度有关。随着电子束能量的增加，较深区域产生的X射线会增多，样品吸收效应的修正就增加，相应地，定量分析的误差会加大。

Ro等[16] 研究了$CaCO_3$颗粒在5 kV、10 kV和20 kV电压下元素X射线强度随粒径的变化趋势。结果显示，对于粒径大于1 μm的颗粒，在5 kV和10 kV的条件下，由于激发体积小于颗粒物本身的体积，所以C、O和Ca的X射线强度几乎保持不变，而在20 kV条件下，激发体积大于或等于颗粒物自身的体积，所以元素的X射线强度随着粒径的增大而增大；对于小于1 μm的颗粒，随着电子束能量的增加，轻元素的X射线在颗粒物中更深的区域内产生，当穿过颗粒时被强烈吸收，检测强度会变小，因此C和O的强度在5 kV和10 kV的条件下几乎相等，而在20 kV的条件下较小。然而，对于粒径更小的颗粒(0.1～0.2 μm)，其C、O强度在加速电压为10 kV和20 kV下几乎相等，而在5 kV条件下较小，因为在5 kV条件下可以激发C和O的背散射电子数量变少(图4-11)。

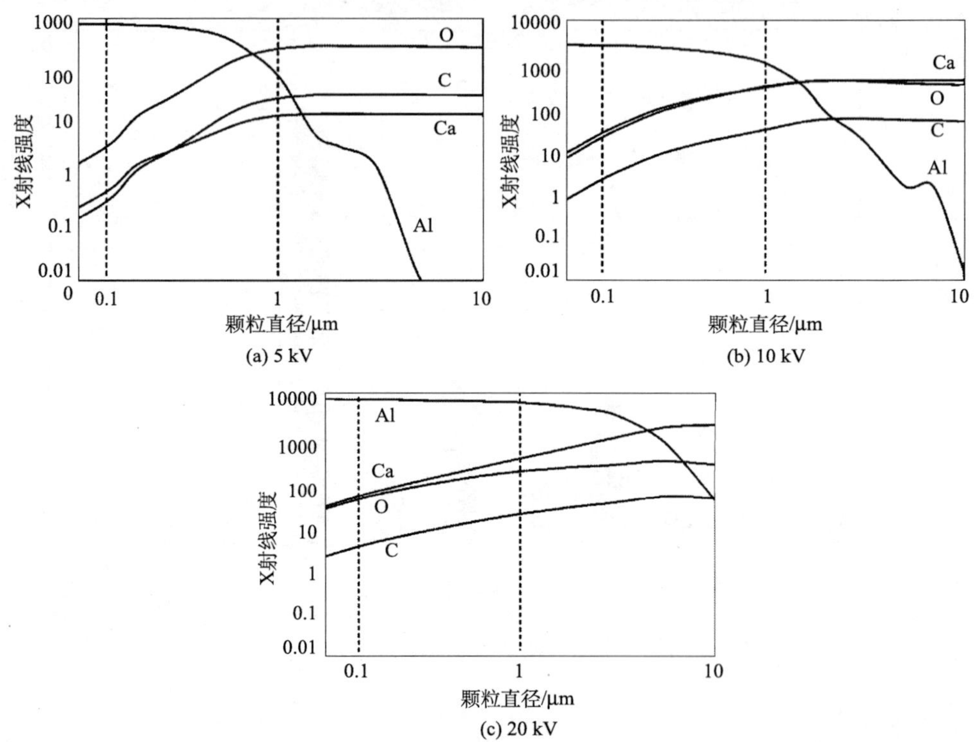

图 4-11　不同加速电压条件下球形 $CaCO_3$ 颗粒中各元素的 X 射线强度随粒径的变化趋势图
图中 Al 信号来自基底的铝箔

由于 10 kV 能够保证激发原子序数 $Z \leqslant$ Cu 元素的 K 线和重元素的 L 线、M 线而不致漏掉一些重要元素，同时降低了来自采样膜基底的特征 X 射线和韧致辐射背景强度，相应地提高了分析的灵敏度，且微粒尺寸的变化对元素分析的影响也小(图 4-12)。因此，在大气气溶胶的 SEM-EDX 测量中，多选 10 kV 作为加速电压。蒙特卡罗模拟图中也显示 10 kV 作为加速电压是比较合适的(图 4-13)。

3)电子束电流

在 SEM-EDX 测量中，为提高微量元素的计数强度，分析时应采用较高的束流强度，但束流强度太大，容易损伤样品表面，降低空间分辨率。通常情况下，束流选择 0.5～1.0 nA 时，EDX 检测器可检测到足够高的 X 射线信号，并能获得质量良好的二次电子像。通常情况下，采样膜为铝箔时用 0.5 nA，采样膜为银箔时用 1.0 nA。

4)样品倾角

在蒙特卡罗模拟计算中，颗粒物几何形状的辨别很重要。如果颗粒是球形的，即使颗粒的二次电子像是三维球体在二维平面上的投影，也可以准确地测量其直径。然而，当颗粒形状不规则时，就需要至少两个以上以不同倾角拍摄的图像来确定它们的三维几何形状。

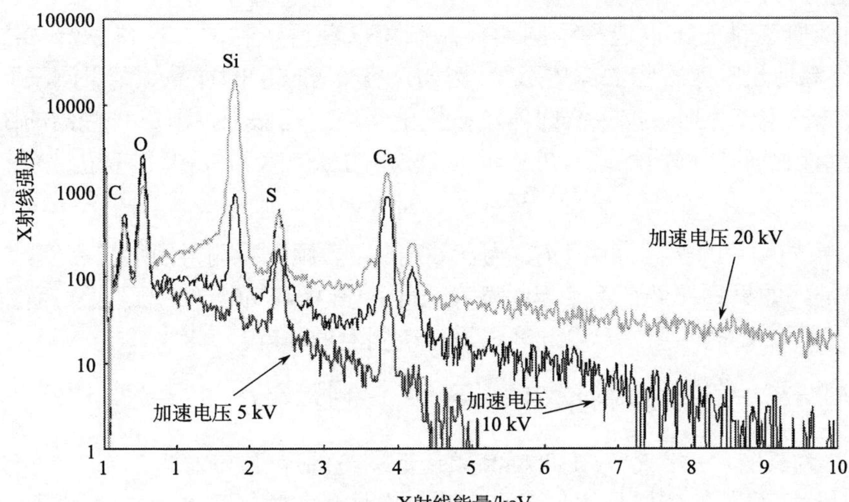

图 4-12　不同加速电压条件下 $CaCO_3$-$CaSO_4$ 混合颗粒中元素的 X 射线能谱

采样膜为 Si 片

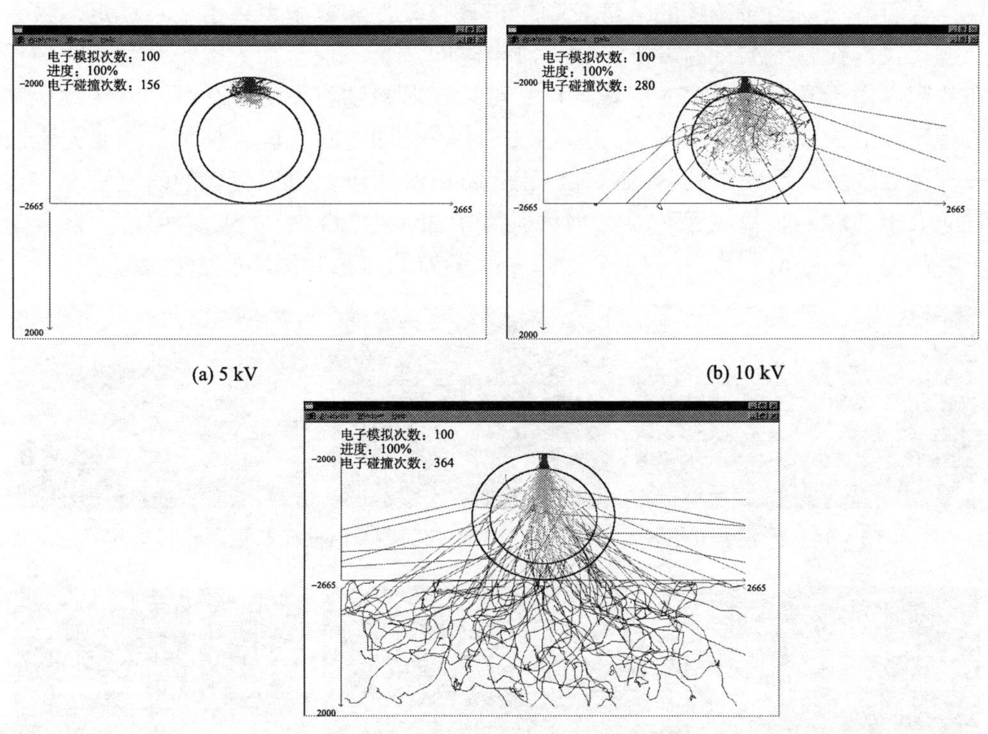

(a) 5 kV　　(b) 10 kV

(c) 20 kV

图 4-13　不同加速电压条件下 $CaCO_3$-$CaSO_4$ 混合颗粒的蒙特卡罗模拟电子轨迹

图中颗粒粒径为 1 μm，内部是 $CaCO_3$，外层是 $CaSO_4$，厚度 0.25 μm，基底为 Si 晶片。加速电压为 10 kV 时电子基本充满颗粒，既不是太多，也不是太少，明显优于加速电压为 5 kV 和 20 kV 时的情形。红色表示在外层颗粒的电子，绿色表示在内部的电子，黑色表示在基底中的电子，蓝色表示在真空中的电子根据研究目的可以选择不同的样品倾角以获得颗粒的二维或三维二次电子像，较直观地反映颗粒物的立体形貌。例如，在0°和60°的样品倾角下测量 $CaCO_3$ 颗粒的二次电子像时，如果六面体颗粒位于平坦的基底上，则在0°倾角的图像中可以看到颗粒的顶部面积，并可通过60°倾角的图像来测量颗粒的高度[16]：

$$H = H_{60} / \sin 60° \tag{4-31}$$

式中，H 为颗粒的实际高度；H_{60} 为在60°的样品倾角下测得的颗粒高度。

但是，如果颗粒处在不平坦的基底上时，在0°和60°样品倾角上可看到颗粒的三个侧面，此时，用式(4-32)确定每一个侧面的实际尺寸[16]：

$$R^2 = R_0^2 + \frac{3}{4}\left(R_{60}^2 - R_0^2 \sin^2\theta\right) + \frac{1}{3}R_0^2\cos^2\theta - \frac{4}{3}R_0\cos\theta\left(R_{60}^2 - R_0^2\sin^2\theta\right)^{1/2} \tag{4-32}$$

式中，R 为真实尺寸；R_0 为在0°样品倾角下测得的尺寸；R_{60} 为在60°样品倾角下测得的尺寸；θ 为在0°样品倾角下垂直轴与样品台和感兴趣区间侧面之间的角度。

5) 测量时间、温度

含硫酸铵、硝酸铵等的气溶胶颗粒在真空条件和电子束轰击下不稳定，极易分解挥发。在相同测量温度下，如果测量时间过长，也会加大电子束对颗粒的损伤效应，由于激发电子束的能量沉积，可以在颗粒物表面形成孔洞，有些颗粒甚至会逐渐消失(图4-14和图4-15)。Szalóki 等[17]通过对不同采样膜的基底元素及采样膜上硫酸铵颗粒中的S、N、O元素X射线强度随时间变化的研究发现，当时间大于20 s时，基底元素的X射线强度增加，S、O、N的 $K_{\alpha,\beta}$ 强度大部分呈下降趋势(图4-16)。因此，EDX对每一个颗粒的测量时间不宜超过20 s。

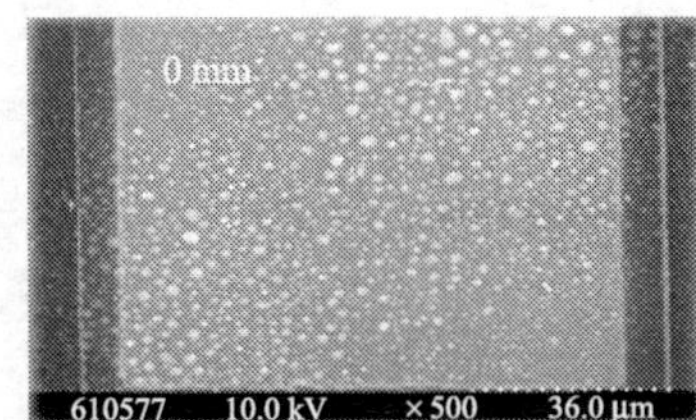

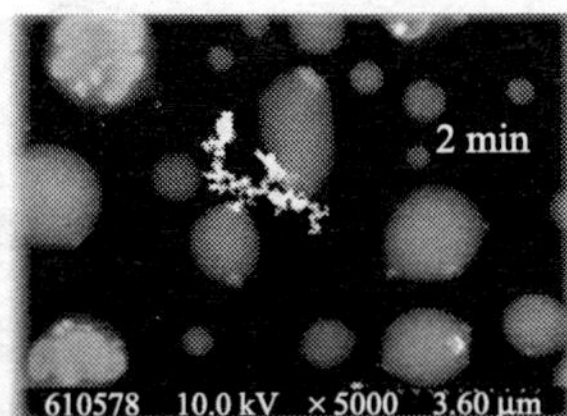

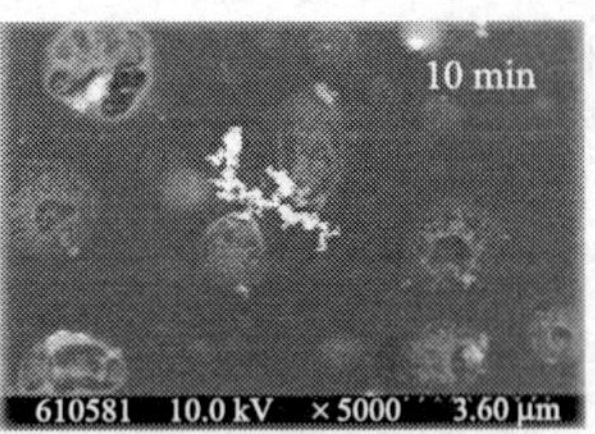

图4-14　采集于方华膜上的含硫酸铵的颗粒随测量时间延长逐渐分解挥发

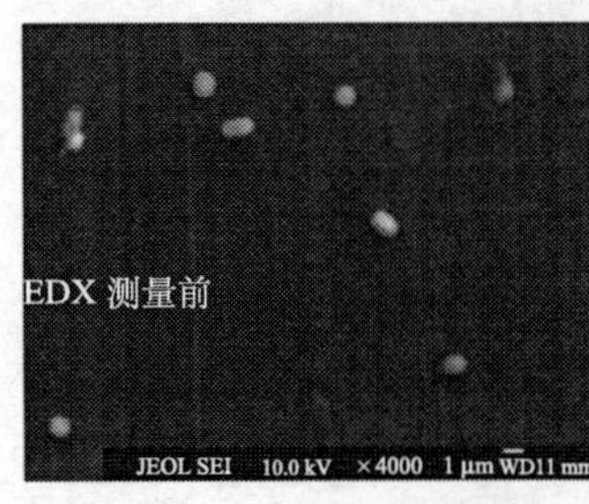

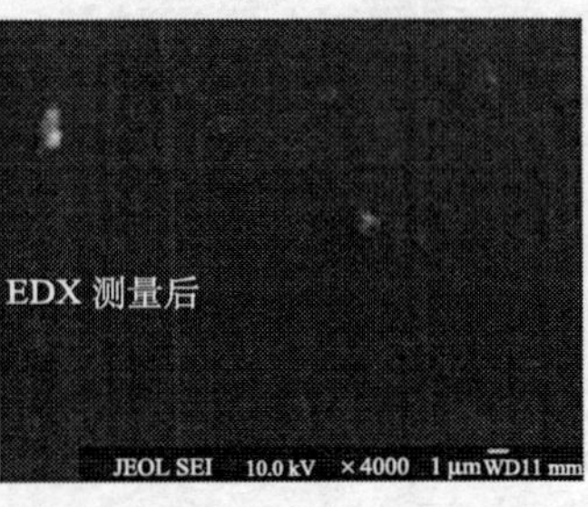

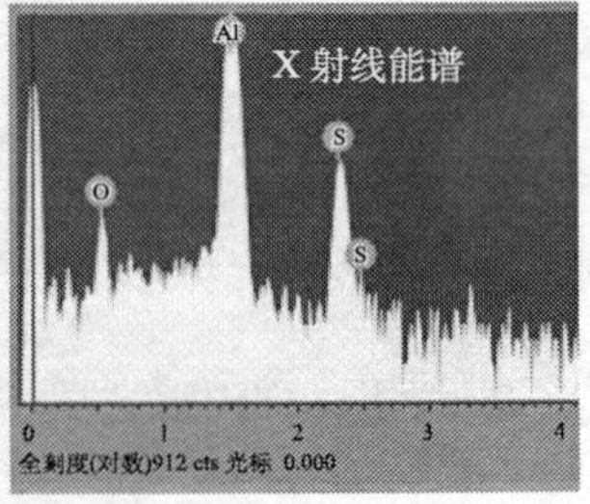

图4-15　采集于Al箔的含硫酸铵的颗粒在EDX测量后受到严重损伤，形貌变化很大

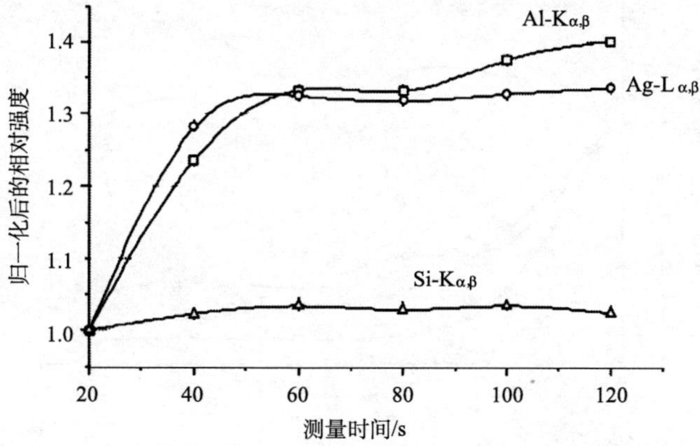

(a) Al、Ag、Si三种采样膜基底元素的X射线强度随测量时间的变化趋势

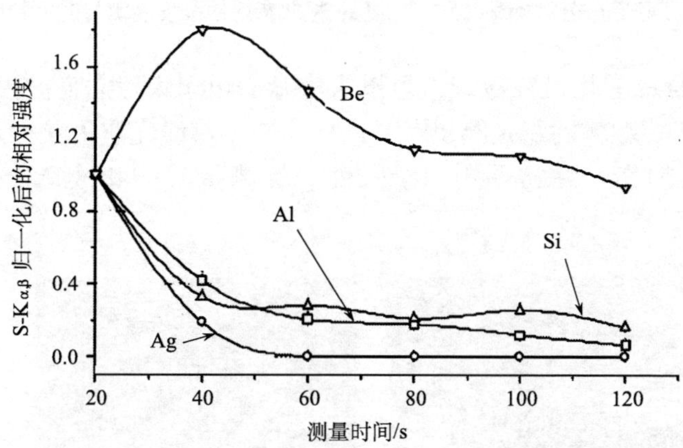

(b) Be、Al、Ag、Si四种采样膜基底元素的X射线强度随测量时间的变化趋势

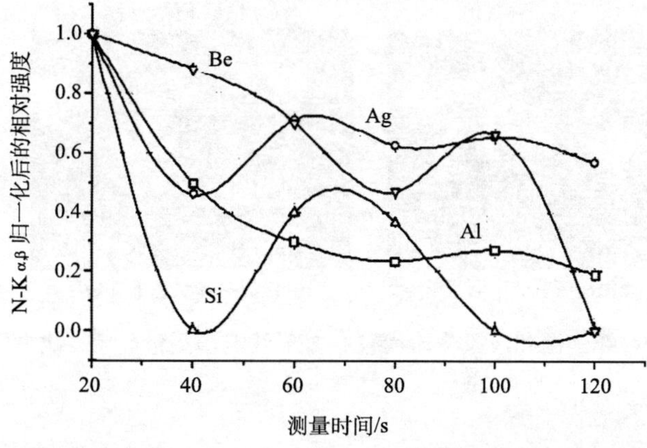

(c) 不同采样膜上硫酸铵中N元素的X射线强度随测量时间的变化趋势

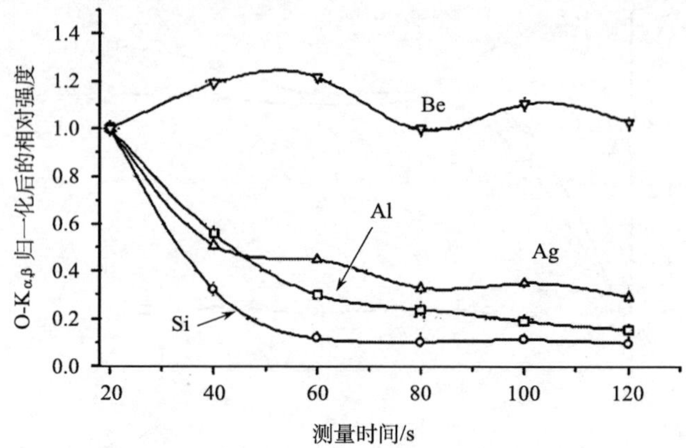

(d) 不同采样膜上硫酸铵中O元素的X射线强度随测量时间的变化

图 4-16　不同采样膜基底成分和硫酸铵颗粒中各元素的 X 射线强度随测量时间的变化趋势图[17]

如果电镜的样品室用液氮冷却，可以大大减少电子束对它们的损伤，实现对含硫酸铵、硝酸铵等颗粒的稳定测量[18,19]。为了在 X 射线光谱上获得足够的计数，并且减少电子束损伤，通常采用 10～20 s 的测量时间和液氮冷却的样品室(图 4-17)。

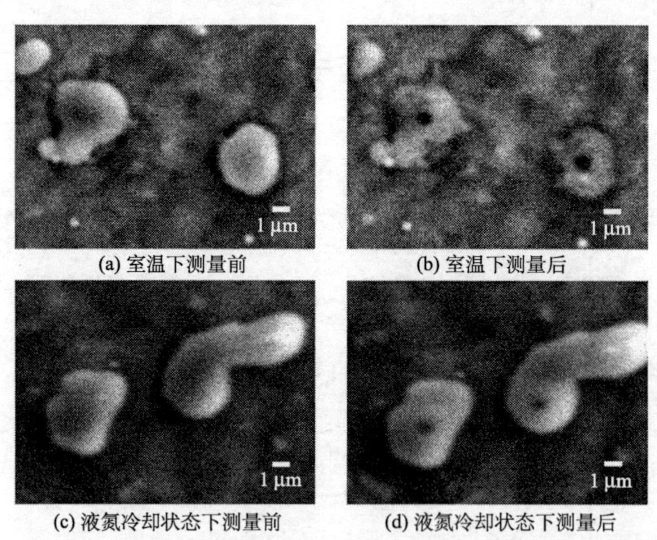

(a) 室温下测量前　(b) 室温下测量后

(c) 液氮冷却状态下测量前　(d) 液氮冷却状态下测量后

图 4-17　硫酸铵颗粒在室温和液氮冷却状态下 X 射线能谱测量前后二次电子像的对比

6) 其他条件

为了优化低原子序数颗粒物中轻元素 X 射线的检测，并且避免无窗检测器的冷凝作用而导致检测器效率随时间变化，通常采用 Si(Li) 探测器。在测量时，工

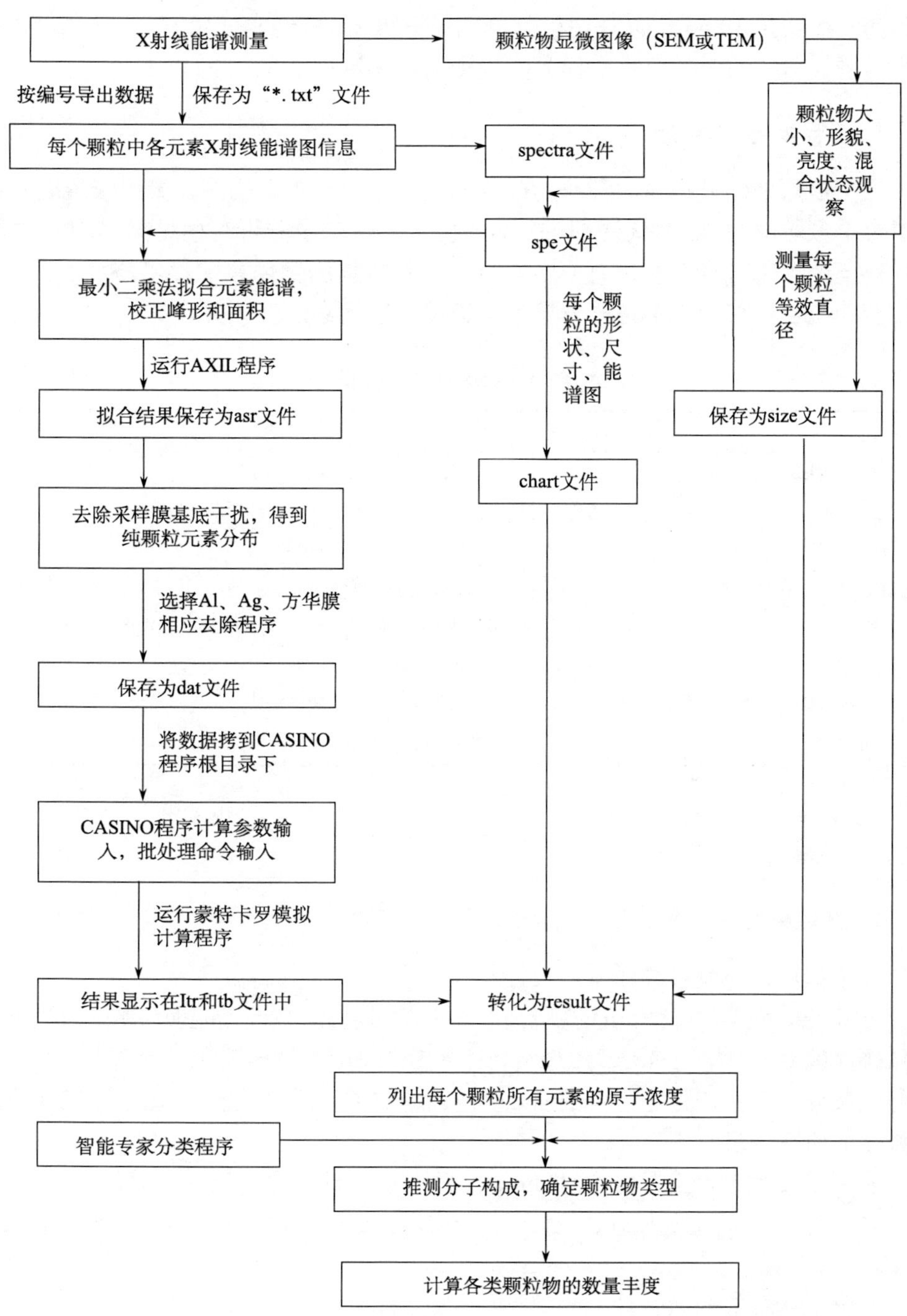

图 4-18　X 射线能谱(EDX)测量后数据分析流程

作距离一般选择 10 mm，以获得较好的图像分辨率。应经常使用氮气吹扫样品室，减少分析仪器的油类残留物在样品和检测窗口的沉积。

3. 元素定量分析流程

为了消除采样膜基底对颗粒物成分的影响，得到较准确的元素原子浓度，需要对每个颗粒中的 X 射线谱图进行定量处理，其定量分析流程见图 4-18，主要包括以下四大部分和八个文件(表 4-3)：①颗粒物测量信息的导出与加工；②X 射线谱的拟合；③元素确定与背景值的消除；④元素浓度计算。

表 4-3 定量过程中生成的文件和所含信息

文件名	所含信息
spectra 文件	X 射线能谱的计数信息
spe 文件	简化的能谱文件，包含开始到结束 X 射线能量与计数
size 文件	大气单颗粒的粒径信息
chart 文件	颗粒物的 X 射线能谱
asr 文件	元素种类、原子序数、特征 X 射线强度值、净峰面积和标准偏差
date 文件	颗粒物数量、尺寸，元素种类，基底材料，X 射线强度
itr、tb 文件	颗粒元素信息，X 射线类型及强度，测量和模拟元素原子浓度
result 文件	颗粒物的大小和化学组成

4.2.4 定量分析过程详细介绍

1. 颗粒物测量信息的导出与加工

1) 选择颗粒并编号导出

打开 INCA 操作界面，选择所需的颗粒物，将每个粒径范围的颗粒物从 1 开始按顺序编号，点击“EMSA”命令将每个颗粒存为“***.txt”格式数据(图 4-19)，并将该数据保存所在粒径范围的 spectra 文件夹中。该文件包含了每个颗粒在测量过程中的所有信息。

利用 Excel 中宏编辑命令对 spectra 数据进行批处理，使用自编的程序将 txt 格式转化为下一步所使用的“***. spe”格式数据，将导出的数据保存在 spe 文件夹中。

2) 测量颗粒的等效直径

用 INCA 软件中“测径器”命令按编号顺序测量颗粒物大小：圆形或近圆形颗粒直接读出直径；长形、方形、三角形、梯形颗粒测出长和宽或高和边长后利用面积公式推出等效直径；不规则颗粒近似看成圆形、矩形、三角形或梯形(以矩形最常用)，图 4-19 中显示测得的颗粒直径为 3.86 μm。然后制作 Excel 表格，在 A 列表中输入颗粒编号 1、2、3…，在 C 列表中输入对应颗粒的测量直径，单位为 μm，在 B、D 列表中输入 0，结果保存在“***.size”文件中(图 4-20)。

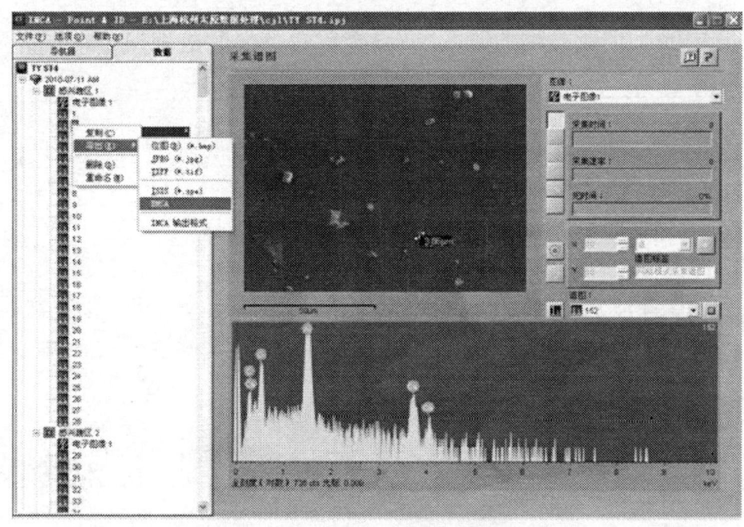

图 4-19　INCA 界面及数据导出演示

	A	B	C	D
1	1	0	4.21	0
2	2	0	5.12	0
3	3	0	4.56	0
4	4	0	6.46	0
5	5	0	3.15	0
6	6	0	8.12	0
7	7	0	9.34	0
8	8	0	5.13	0
9	9	0	6.44	0
10	10	0	3.78	0
11	11	0	4.89	0
12	12	0	8.34	0

图 4-20　颗粒物粒径表(size 文件)示意图

单位为 μm

矩形颗粒等效直径：

$$d = 2\sqrt{\frac{ab}{\pi}} \tag{4-33}$$

梯形颗粒等效直径：

$$d = 2\sqrt{\frac{(l_1 + l_2)h}{2\pi}} \tag{4-34}$$

2. X 射线谱的拟合

1) 获得原始 X 射线谱图

使用自编的程序利用 Excel 的宏编辑命令对 spe 文件中的数据进行批处理，将 spe 格式转化为 “***. chart” 格式数据，获得每个颗粒的原始 X 射线谱图(图 4-21 为其中的一个颗粒物的谱图)，将全部转化好的数据保存在 chart 文件夹中。

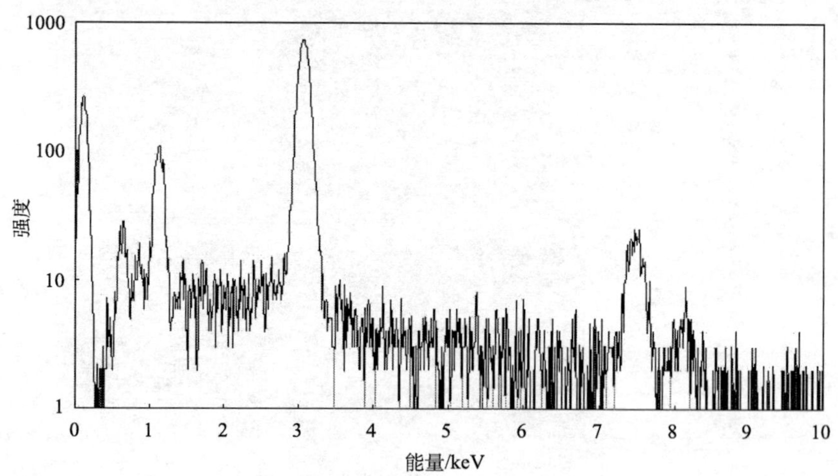

图 4-21　编号#152 的颗粒物能谱图 chart 示例

等效直径 3.61 μm

2) 获得元素净 X 射线峰强度

使用 AXIL (analysis of X-ray spectra by iterative least-squares fitting) 程序通过迭代最小二乘法拟合对各个颗粒物 spe file 格式文件的 X 射线谱进行峰型修正和背景修正，获得各元素的净 X 射线峰强度并转化为数值，数据储存为 asr 格式。

3) AXIL 原理和操作过程[20]

AXIL 程序是定量 X 射线分析系统(QXAS)的重要部分，利用 AXIL 可确定特征线的净峰面积。用户可以根据需要选择量化过程。

AXIL 通过对 X 射线光谱进行评估和处理，获得定量和定性信息。其定量方法主要由三部分组成：①指定测量条件，如发射源、检测器、几何形状等；②输入已知组成的标准样品，输出测量的净强度；③通过检测未知元素的谱峰强度和能量值确定其含量。

AXIL 利用频谱分析处理图像，获得元素 X 射线的一系列谱图，在建立数学模型的基础上，对指定需要分析的区域(region of interest，ROI)选择合适的背景补偿方法和具有固定强度比的若干 X 射线组进行拟合，因为某些元素线组 K 和 L

之间的线比例虽然是基本常数，但在实验条件变化的情况下其实际比例会发生偏离。例如，在样品中发生强吸收，且根据指定样品吸收特性对该吸收没有进行适当的校正时，则观察到的 Fe $K_β/K_α$ 比将高于预期。对于 L 线，该比率取决于激发能量。AXIL 分析流程见图 4-22。

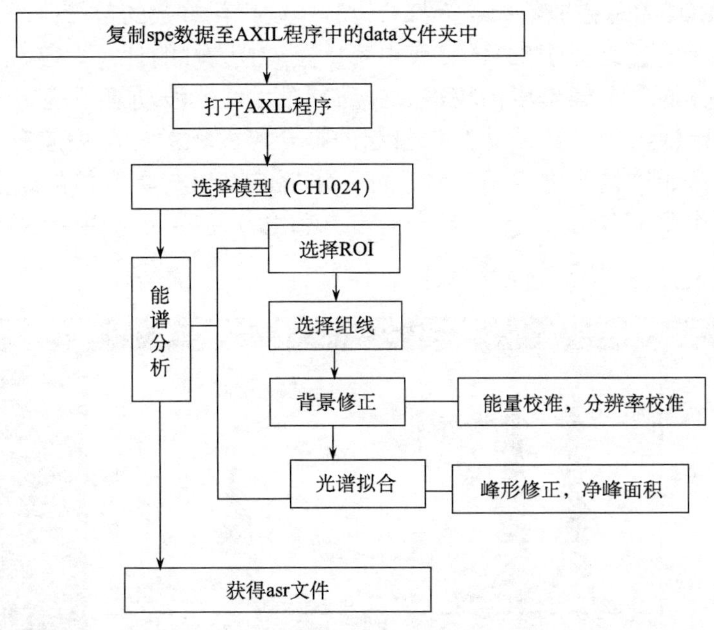

图 4-22　AXIL 分析流程简图

AXIL 含 X 射线库，包括所有化学元素的 X 射线能量和相对强度比。在进行频谱分析时，需设置一系列参数，如背景参数、校准参数、拟合控制参数和样品吸收参数等，见表 4-4。

表 4-4　AXIL 程序频谱分析主要参数

参数类型	种类
背景参数	平滑滤波器背景、正交多项式或线性背景、指数或韧致辐射背景
校准参数	初始标准偏差、增益的标准偏差、噪声的标准偏差、FANO 系数标准偏差
拟合控制参数	最小卡方、最大迭代次数、最小卡方差异、匹配的结果作为下一个匹配的开始值使用
样品吸收参数	样品厚度(g/cm^2)、元素浓度[质量分数(wt%)]等

利用迭代最小二乘法对模型参数进行优化，通过修正计算减少实验数据 y_i 和数学模型 $y_{mod}(i)$ 之间的差异[式(4-35)]，最小二乘拟合方法包括背景贡献和来自所有特征线的贡献[式(4-36)]：

$$\chi^2 = \frac{1}{n-m}\sum_{i=1}^{n}\frac{\left(y_i - y_{\text{mod}}(i)\right)^2}{\sigma_i^2} \tag{4-35}$$

$$y_{\text{mod}}(i) = y_{\text{backgr}}(i) + \sum_{\text{peaks}} y_{\text{peak}}(i) \tag{4-36}$$

式中，n 为 ROI 的总通道数；m 为拟合过程中要优化参数的数量；$y_{\text{mod}}(i)$ 为通道 i 的计算内容；$y_{\text{backgr}}(i)$ 为背景的计算内容；$y_{\text{peak}}(i)$ 为峰的计算内容。

拟合计算的总不确定度由校准、样品制备、仪器波动等不确定性组成，浓度值的不确定性与因计数统计数据引起的拟合峰面积的标准偏差有关，这些效应的量化通常通过精确度表示，由它可以了解浓度值与真实值的偏差，从而对特定类型样品进行准确分析。拟合后卡方值(χ^2)差异为零表示达到最优状况(图 4-23)。

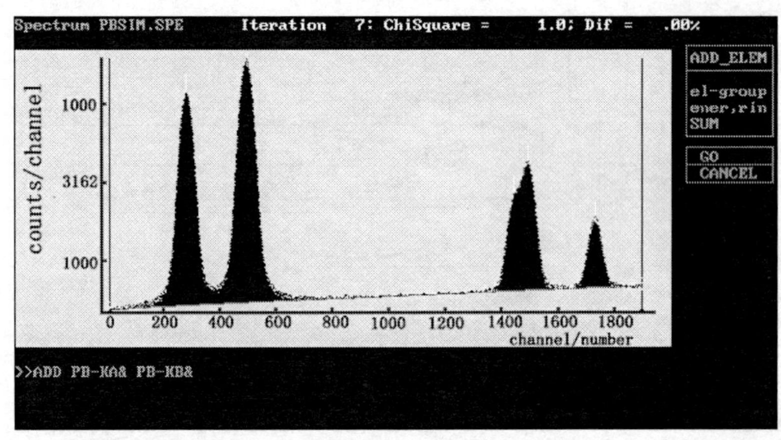

图 4-23　AXIL 拟合完成的图谱示例

AXIL 的分析操作步骤如下：

(1) 加载。新建一个 ASR 文件，通过“batch file”进行批量处理。

(2) 频谱格式转化。由于大多数 X 射线能谱仪以自己的格式存储能谱数据，因此必须将其转换为标准 AXIL 格式。

(3) 选择能量区间(ROI)。确定脉冲通道的起始位置、选择恰当的能量区间是进行能谱最小二乘拟合前的必要准备。手动设置情况下，输入命令“ROI BEG = channel”设置 ROI 的第一个通道，输入命令“ROI END = channel”设置 ROI 的最后一个通道。起始通道选择能量最低处对应的位置，通常为 22 左右，结束(END)一般选择 1024。

(4) 移除添加元素 X 射线。每批测量的颗粒物样品的 X 射线可以看作一个线组，有些元素是确定存在的，有些是肯定没有的，为了减少计算工作量，也为了防止谱线干扰，AXIL 可以根据数据分析的需要移除某些确实不存在的元素，以消除谱线重叠的干扰，也可以再通过添加命令将移除的元素补充回来。

(5) 校准。在最小二乘拟合之前，应优化能量和分辨率校准参数，以获得测量和计算谱之间的最佳一致性。该操作使用校准命令(CALIB)执行(表 4-5)。

表 4-5　校准操作命令

命令	说明
CALIB ZERO=number	选择能量最小的通道
CALIB GAIN=number	选择能量范围
CALIB NOISE=number	校正背景噪声对峰值的影响
CALIB FANO_F=number	设置函数因子

(6) 谱线拟合。利用迭代最小二乘法对测量的 X 射线谱进行拟合。最小二乘拟合通过最小化误差的平方和找到一组数据的最佳函数匹配，此处是基于非线性函数拟合定义的最小卡方，以迭代方式不断改变模型参数直到停止迭代，如果两个连续卡方值之间的百分数差小于预设值(如 0.1%)，则迭代停止；如果到达最大迭代次数(如 20)时两个连续卡方值之间的百分数还未出现小于预设值的情况，可通过改变峰背比重新计算。计算的净峰面积应在其相应标准偏差(3σ 标准)的三倍范围内。

3. 颗粒物元素确定与背景值的消除

利用 AXIL 程序对测量的元素进行校准和拟合后，通过自编的 Excel 宏编辑命令对 ASR 格式的数据进行批处理，将颗粒中的基底干扰元素移除，转化为“dat file”格式数据。

采样中通常所选用的采样膜为铝箔、银箔和铜网(或镍网)支持的方华膜，三种膜都是金属膜，采样膜选择不同，对结果产生的干扰也不同，所以在分析过程中要采取不同的分析方法来消除这些干扰。

(1) 铝箔采集的样品在电子束下进行扫描时，Al 的韧致辐射背景在 X 射线光谱中占主导地位，如果颗粒中含有 Al 元素，则会产生一定误差。因为这种韧致辐射背景主要来源于 Al 箔，所以在计算时要减去空白铝箔产生的 X 射线强度。一般而言，含纯铝或铝氧化物的颗粒在大气中微乎其微，大部分为铝硅酸盐颗粒，通过对银箔采集的 2000 个铝硅酸盐颗粒的实验分析获得铝硅酸盐中 Al/Si 的平均强度比为 0.55±0.06，如果 Al 的 X 射线强度小于“Si 强度×0.55”，则 Al 元素被认为来自于铝箔基体；如果大于它，则减去“Si 强度×0.55”，剩下的是颗粒物中铝的强度[21]。

(2) 银箔所采集的颗粒样品中基底的 Ag 元素会产生干扰。在计算颗粒中 C 的含量时，通过应用纯 Ag 箔的 Ag-L_α 和 Ag-M_β 射线之间的强度比来校正 Ag 的 M 线对 C 的 K 线的影响。同时，用 Ag-L_α 和 Ag-L_β 的强度比来校正钾(K)-K 线与 Ag-L 线的重叠。利用 Excel 中宏编辑命令对数据进行批处理，通过校正基底 Ag 元素 X 射线强度移除银箔的 L 线和 M 线的干扰[22]。

(3) 在 SEM-EDX 和 TEM-EDX 对大气气溶胶单颗粒样品进行测量时，由铜网或镍网支持的方华膜(formvar，成分为聚乙烯醇缩甲醛树脂)也常作为采样膜。这种膜主要由 C、O 和 H 组成，厚度为 30～50 nm。对于采集到这种膜上的大气颗粒物而言，如果颗粒中不含 C 和 O 元素，如 NaCl 和 KCl 等，C、O 元素的 X 射线强度几乎恒定不变；对于含 O 而不含 C 的颗粒，如 SiO_2、Fe_2O_3、K_2SO_4，C 元素的X射线强度恒定不变、O 元素的X射线强度随着颗粒物粒径的增大而增大；对于既含 C 和 O 元素的颗粒，如 $CaCO_3$，C、O 元素的 X 射线强度均随着颗粒物粒径的增大而增大(图 4-24)，说明 C、O 元素的 X 射线强度有一小部分来源于采

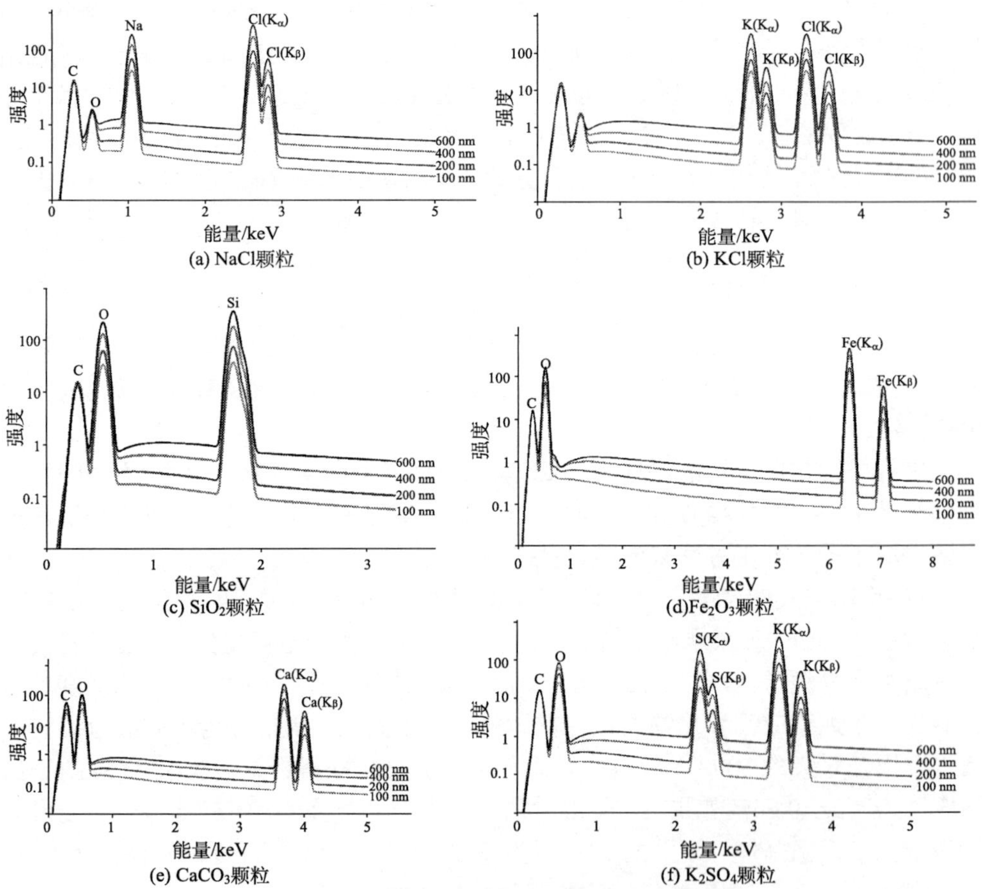

(a) NaCl颗粒　(b) KCl颗粒　(c) SiO_2颗粒　(d) Fe_2O_3颗粒　(e) $CaCO_3$颗粒　(f) K_2SO_4颗粒

图 4-24　方华膜上采集的不同粒径标准颗粒物的 X 射线强度蒙特卡罗模拟结果

样膜基底，一部分来源于颗粒本身，而来源于采样膜基底的值基本是恒定的。因此，当采用方华膜时，可以减去膜基底的 C、O 元素值从而消除对颗粒物特征 X 射线强度的干扰。通过 Excel 宏编辑命令编写的处理程序可区分和纠正来自采样膜基底 X 射线的贡献[23]。

4. 蒙特卡罗模拟计算

去除背景干扰后，选用基于蒙特卡罗原理的 CASINO 程序，通过输入元素个数、各原子序数、颗粒物粒径、密度、颗粒物化学组成、电子束加速电压、检测器检出角及相关参数等，计算得出每个颗粒样品中各元素的原子浓度，储存为 itr 数据格式和 tb 数据格式。

1) 蒙特卡罗模拟计算原理

在低原子序数颗粒物能谱测定的元素定量分析中，蒙特卡罗模拟计算是核心，它克服了以往误差校正只能针对规则矩形样品的弱点，实现了对多边形、球形和半球形颗粒电子轨迹的模拟(图 4-25)，从而可以实现针对各种形状的大气颗粒物中的元素定量计算[16]。

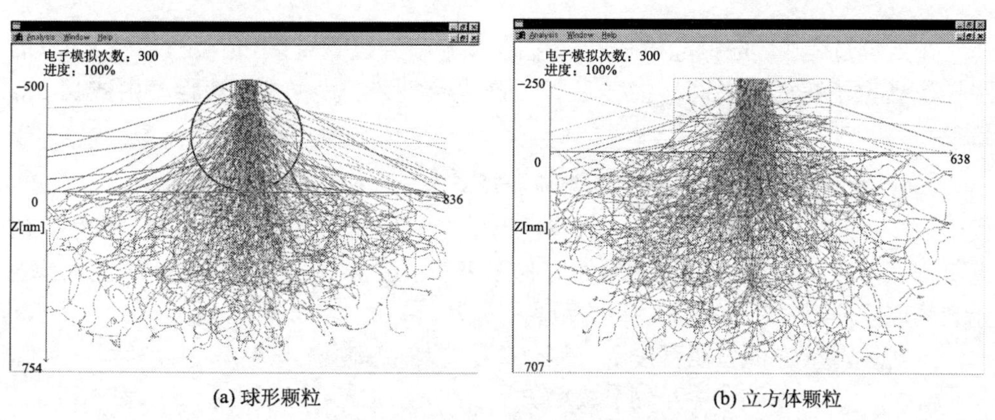

(a) 球形颗粒　(b) 立方体颗粒

图 4-25　不同形状颗粒中利用蒙特卡罗方法模拟的电子轨迹

为了估计颗粒的定量组成，必须考虑颗粒物的大小、形状及轻元素的基体效应，蒙特卡罗方法可以较好地模拟电子与基体原子之间激发的相互作用及大气颗粒中轻元素的荧光信号和几何效应。

当电子通过具有不同化学组成的区域时，为校正电子碰撞区域的特征不同而导致的距离变化，必须通过迭代方法重新计算 L。对于一个球形非均匀介质颗粒(图 4-26)，电子经碰撞通过三个区域(不包括真空区域)，则距离 L_3 的计算公式为

$$L_3 = L_2 - \lambda_3 \left(\ln R + \sum_{i=1}^{i=2} \frac{L_i - L_{i-1}}{\lambda_i} \right) \tag{4-37}$$

式中，L_i为从第一个碰撞区域到第 i 个碰撞区域边界的距离；λ_i为第 i 个区域的平均自由程；$L_0=0$。

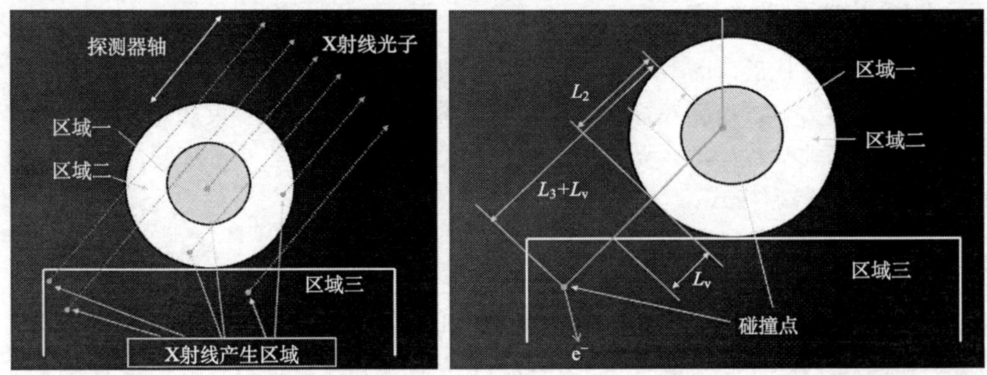

图 4-26　电子在颗粒物样品中的产生和运动区域示意及校正距离计算

在处理过程中，应排除电子和产生的 X 射线经过真空区(颗粒与基底之间)的路径。当电子在样品之间碰撞传递时，产生特征 X 射线并且其强度由式(4-38)给出：

$$I_x = Q_x\left(E_{\mathrm{m}}\right)\omega_x\alpha_x C_x \rho L / A_x \tag{4-38}$$

式中，I_x为强度；$Q_x(E_{\mathrm{m}})$为用平均能量为 E_{m} 的电子计算的碰撞之间元素“x”的电离截面；ω_x为荧光产量；α_x为相对强度因子；C_x为质量分数；ρ 为密度；A_x为元素的原子质量；L 为碰撞之间的距离。

X 射线能量 E 的背景强度 $I_{\mathrm{b}}(E)$ 计算公式为

$$I_{\mathrm{b}}\left(E\right) = Q_{\mathrm{b}}\left(E, E_{\mathrm{m}}, \theta\right)\Delta E \rho L / A$$

$$Q_{\mathrm{b}}\left(E, E_{\mathrm{m}}, \theta\right) = I_x \sin^2\theta + I_y\left(1+\cos^2\theta\right) \tag{4-39}$$

式中，$Q_{\mathrm{b}}(E, E_{\mathrm{m}}, \theta)$为 X 射线光子背景生成的横截面；$E_{\mathrm{m}}$为碰撞之间电子的平均能量；$\theta$ 为检测器的轴与电子轨迹之间的角度；ΔE 为产生光子的能量；ρ 为样品的密度；A 为电子经过区域的平均原子质量；I_x为 Kirkpatrick 参数；I_y为 Weidmann 参数。

当电子离开样品表面或者能量太小而不能激发样品中任何元素时，模拟停止。生成的 X 射线光子被检测器检测之前在样品中运动，根据比尔(Beer’s)定律，它们会被样品本身吸收，因此有必要计算吸收导致的 X 射线的衰减、样品中 X 射线光子的质量吸收系数、样品的密度和光子经过的距离。计算光子经过的距离需要根据颗粒的几何形状考虑各种情况，通过计算光子在不同区域内经过的距离，并且排除真空区域，就可以正确地模拟样品吸收光子的能力。

对于低原子序数颗粒物，蒙特卡罗模拟可以恰当地描述电子束与颗粒物及采样膜上的原子之间的物理过程，所计算的元素浓度与探测的特征能谱强度之间的关系用一系列的非线性函数进行描述。

$$I_{i,\mathrm{meas}} = I_0 I_{i,\mathrm{sim}}\left(C_1, C_2, \cdots, C_n, \cdots\right) \qquad i = 1,2,3,\cdots,n \tag{4-40}$$

$$\sum_{i=1}^{n} C_i = 1 \tag{4-41}$$

式中，n 为样本中的元素编号；$I_{i,\mathrm{meas}}$ 为测量的第 i 个元素的特征谱线强度；$I_{i,\mathrm{sim}}\left(C_1, C_2, \cdots, C_n, \cdots\right)$ 为模拟的第 i 个元素的特征能谱强度；$C_1, C_2, \cdots, C_n$ 为元素 i 的质量浓度或原子浓度；I_0 为涉及的一些基本参数。

模拟函数 $I_{i,\mathrm{sim}}(C_1, C_2, \cdots, C_n, \cdots)$ 对于每一个变量都是单调连续的，因此式(4-41)存在唯一解 $(C_1^*, C_2^*, \cdots, C_n^*)$。现假设存在两个浓度集，并且这两个浓度集的取值和理论解不同：$C_1^* \neq C_i^{(1)}, C_i^{(2)}$，但遵从如下方程式：

$$I_{i,\mathrm{meas}} C_i^{(1)} = I_0 I_{i,\mathrm{sim}}\left(C_1^{(2)}, C_2^{(2)}, \cdots, C_n^{(2)}\right) C_n^{(2)} \tag{4-42}$$

$$\sum_{i=1}^{n} C_i^{(2)} = 1 \tag{4-43}$$

则这个方程式就存在很多解，浓度集是方程式(4-42)一个收敛解的序列。根据方程式(4-43)，一个序列浓度的解可以由式(4-44)得到：

$$C_i^{(k+1)} = C_i^{(k)} \frac{I_{i,\mathrm{meas}}}{I_{i,\mathrm{sim}}^{(k)} \sum_{j=1}^{n} C_i^{(k)} I_{j,\mathrm{meas}} / I_{i,\mathrm{sim}}^{(k)}} \tag{4-44}$$

式中，$C_i^{(k+1)}$ 是对浓度值 i 的一个 k=1 的近似值。归一化的 X 射线强度对于浓度零级近似是十分方便的。当出现如下情况时，迭代终止：

$$\left| C_i^{(k+1)} - C_i^{(k)} \right| < \delta_1 \tag{4-45}$$

$$\sum_{i=1}^{n} \left(I_{i,\mathrm{meas}} - I_{i,\mathrm{sim}}^{(k)} \right)^2 / \sigma_i^2 < \delta_2 \tag{4-46}$$

式中，δ_1、δ_2 为输入迭代步的限制条件；σ_i 为第 i 个元素 X 射线测量强度的标准方差。

依据经验，近似数的收敛速度由模拟的电子数量及颗粒物所含的元素含量决定。迭代的平均数量为 5～10，准确值为 $0.005 < \delta_1 < 0.01$，$1.5 < \delta_2 < 2.0$。这一运算法则的收敛特性可被一个简化的求 $CaCO_3$ 中 Ca 浓度的例子所证明(图 4-27)。

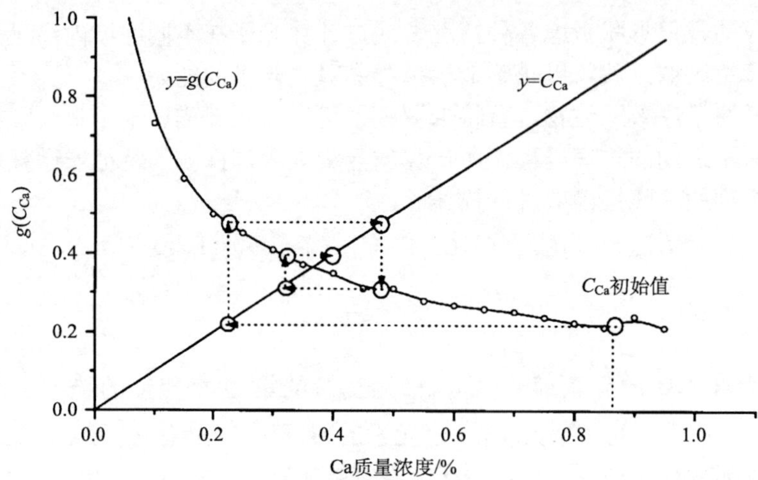

图 4-27　一个 $CaCO_3$ 颗粒中计算 Ca 浓度的迭代过程示意图

颗粒物的形状和大小可以从 SEM 二次电子像或 TEM 图像中测出，但有些参数还有很大的不确定性，需要进一步研究。

另外，还应当考虑荧光加强效应。原子的电离不仅是电子束的作用，同样也有特征 X 射线的韧致辐射所造成的电离，特征 X 射线强度往往依赖于样品组分和激发条件。对于低原子序数元素，连续荧光强度(如二次荧光强度)不会超过一级 X 射线所激发电子的 3%，在进行分析时可以忽略不计；而对于高原子序数元素，特别是在电子束能量十分高的情况下，荧光增强效应则不可忽略。

以采样膜 Al 箔为例，大气颗粒物采集到 Al 箔上以后与 Al 箔一起在 SEM-EDX 上进行测量，颗粒物和基底都会产生连续辐射及特征 X 射线，且随着颗粒物直径的减少，电子到达基底的数量在增加(图 4-28)。

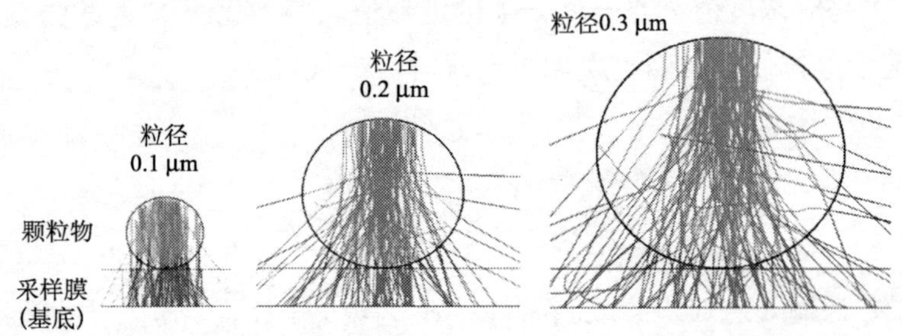

图 4-28　不同粒径颗粒的电子轨迹模拟

为计算 Al-$K_{\alpha,\beta}$ 所造成的荧光加强效应，在每一个迭代步骤中，蒙特卡罗方法计算了每一个颗粒物和基底的 $\phi(\rho z)$ 函数或者在每一平行层的光子生成数。基于此计算数据，颗粒及基底的激发体积可以被分为几个单元。设置足够多的层数作为模拟的输入参数，对数据的二次荧光效应进行适当校正，将得到比较精确的校正计算结果。图 4-29 描述了二次荧光效应从基底产生并作用在颗粒上的过程，同时考虑了以下影响：①X 射线在颗粒物及基底中的能量衰减；②每一个元素在立方体中的固定角度；③颗粒物的形状。校正公式写成以下方程形式：

$$I_{\mathrm{B,sim}}^{*}=I_{\mathrm{B,sim}}k_{\mathrm{B}} \tag{4-47}$$

式中，k_{B} 为校正因子，它的公式为

$$k_{\mathrm{B}}=\frac{\sum_{(2)}\left(N_{x_2,y_2,z_2}^{(\mathrm{B,p})}+N_{x_2,y_2,z_2}^{(\mathrm{B,s})}\right)}{\sum_{(2)}N_{x_2,y_2,z_2}^{(\mathrm{B,p})}} \tag{4-48}$$

校正系数 $N_{x_2,y_2,z_2}^{(\mathrm{B,p})}$、$N_{x_2,y_2,z_2}^{(\mathrm{B,s})}$ 是相对于探测器的坐标为 (x_2,y_2,z_2) 的点上元素 B 所发射出的一次电子(p)和二次电子(s)的数量，二次电子由基底 Al-$K_{\alpha,\beta}$ 的特征线所产生。假设基底上元素 A 可以激发颗粒中的元素 B，则激发谱可以按照如下公式来计算：

$$N_{x_2,y_2,z_2}^{(\mathrm{B,s})}\sim\sum_{(2)}\left\{g_{\mathrm{BA}}N_{x_1,y_1,z_1}^{(\mathrm{A,p})}\exp\left(-\mu_{1\mathrm{B}}\rho_1 s_4\varDelta\right)\cdot\left[1-\exp\left(-\mu_{\mathrm{BA}}\rho_1 C_{\mathrm{B}}\varDelta\right)\right]\right\} \tag{4-49}$$

$$N_{x_1,y_1,z_1}^{(\mathrm{A,p})}\sim\varDelta^3\sum_{(1)}\left(\varphi_{x_1,y_1,z_1}^{(\mathrm{A})}\frac{\exp\left[-\left(\mu_{1\mathrm{A}}\rho_1 S_1+\mu_{2\mathrm{A}}\rho_2 S_2\right)\varDelta\right]}{4\pi\left(S_1^2+S_2^2+S_3^2\right)}\right) \tag{4-50}$$

$$N_{x_2,y_2,z_2}^{(\mathrm{B,p})}\sim\varDelta^3\sum_{(2)}\left[\varphi_{x_2,y_2,z_2}^{(\mathrm{B})}\exp\left(-\mu_{1\mathrm{B}}\rho_1 s_4\varDelta\right)\right] \tag{4-51}$$

式中，$N_{x_1,y_1,z_1}^{(\mathrm{A,p})}$ 为颗粒物上的元素 A 被电子激发的光子数量(由基底上无穷小的体积发射出来)；$\varDelta$ 为元素立方体的尺寸；S_1、S_2、S_3、S_4 分别为基底、颗粒物、真空区的一次 X 射线光子及颗粒物中二次光子的路径长度(图 4-29)。

角标“1”和“2”分别代表了基底和颗粒物。使用前述低原子序数的常规条件来进行校正计算。在标准颗粒中，对于原子序数小于 11 大于 6 的原子浓度校正误差小于 0.1%～0.8%，许多公开的数据也证明了这一点[18, 24]，这意味着在进行低原子序数颗粒物的元素定量分析时可以忽略由基底 Al 产生的荧光增强效应。这也从另一方面表明估计值和真实值之间的差异可能是由以下原因引起的：①颗粒物中存在的水含量未知；②颗粒物的尺寸和密度不够精确；③模拟过程中基本参数(如电离的荧光产率、相对强度、吸收函数)存在相对不确定性。

2) CASINO 程序

CASINO 程序基于蒙特卡罗模拟电子在颗粒物中运行轨迹而用于定量计算，最早由加拿大魁北克省(Quebec)谢布克大学(University of Sherbrooke) Raynald

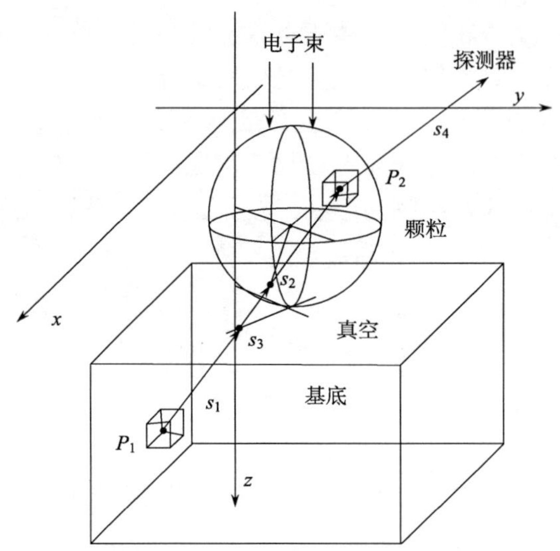

图 4-29　基底、颗粒物和真空区的一次电子和颗粒物的二次电子

Gauvin 教授领导的课题组开发，后经比利时安特卫普大学化学系 R. Van Grieken 教授和韩国仁荷大学 Chul-Un Ro 教授改进，可以模拟位于平坦基底上的球形、半球形和六面体颗粒中的电子轨迹，并使用于计算颗粒物组成的参数优化计算程序能自动进行，最大程度减小从基底材料发射的特征和连续 X 射线能量及基底材料对激发电子的能量分布影响。该程序计算结果已经通过许多实际样品的验证，其准确性可以满足大气颗粒物元素定量分析工作的需要[21-23]。

CASNIO 程序的开发提供了新的轻元素定量分析方法，这为研究大气气溶胶单颗粒分析提供了有效的工具，并为估计其统计特性提供了可能。在处理低原子序数颗粒物的情况下，CASINO 可以恰当地描述电子束与颗粒物及采样膜上的原子之间的物理过程，它通过模拟电子束在颗粒中的扩散路径及 X 射线谱的产生和吸收，并结合实测 X 射线谱和逆向连续逼近算法来实现颗粒元素的无标样定量分析。该方法是大气单颗粒定量分析中较好的校正方法，粒径为 0.5～10 μm 标准颗粒样品的相对分析误差为 5%～15%，优于 *ZAF* 等校正结果。

CASNIO 程序包括三个计算模块，详见图 4-30。

模块 I 是在提供颗粒形状、大小和化学成分等参数的情况下，通过使用单次散射(single-scattering)蒙特卡罗计算程序计算颗粒的特征 X 射线强度和韧致辐射 X 射线强度。

模块 II 是从测出的特征 X 射线强度来计算颗粒的化学组成。首先根据特征 X 射线强度初步判断颗粒的化学成分，然后用此化学成分模拟计算 X 射线强度，如果计算出的 X 射线强度与测量值不同，则重新判断颗粒的化学成分，再使用蒙特卡罗模拟程序进行计算，这一过程反复进行，直到模拟的 X 射线强度和测量值足够接近为止，此时，将蒙特卡罗模拟程序最终判定的化学成分数据确定为颗粒的化学组成。

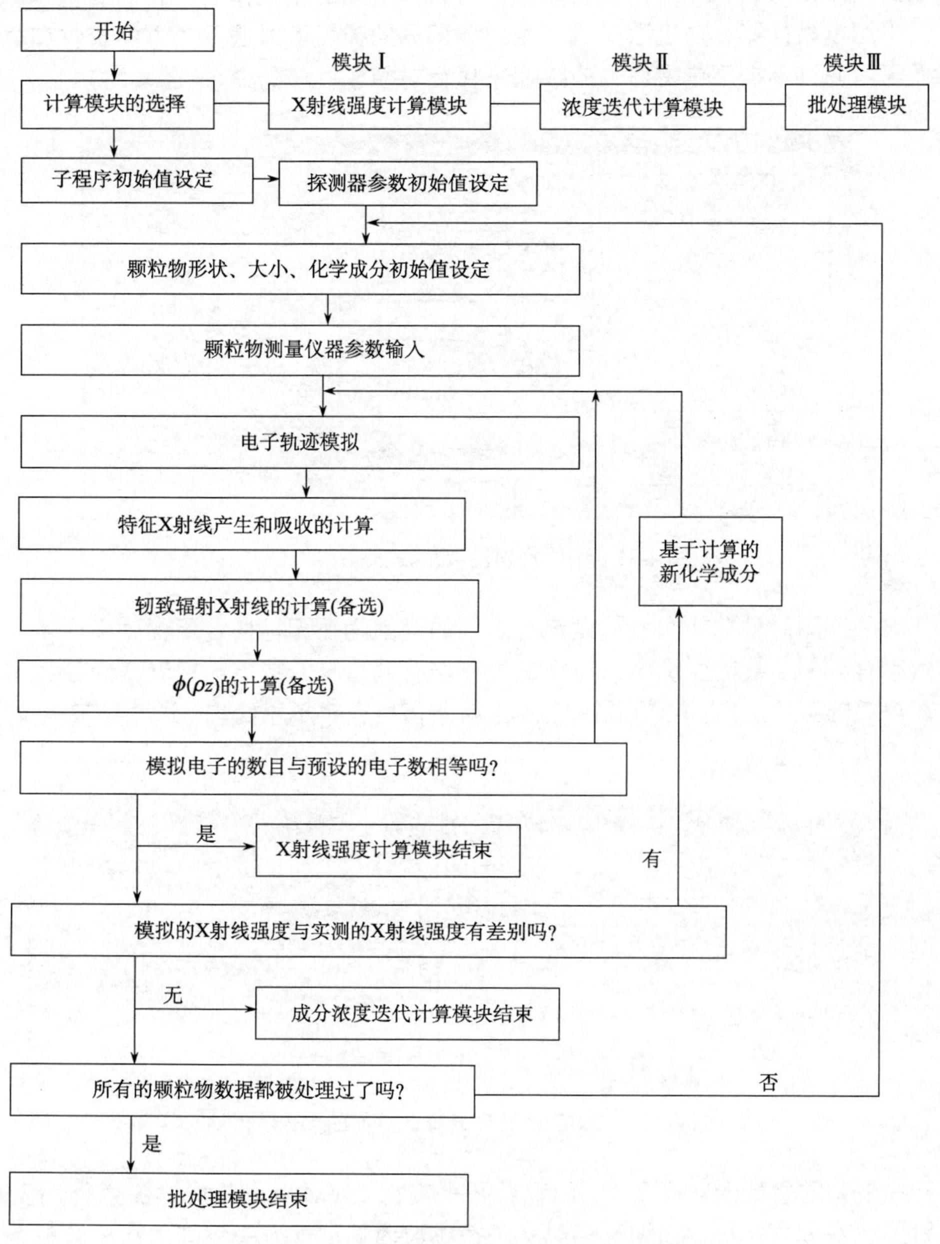

图 4-30　CASNIO 程序计算流程示意图

模块Ⅲ是通过使用模块Ⅱ确定的每个颗粒的化学成分数据来进行批量处理，以计算大量粒子的化学成分。

对于子程序初始值的设定，CASINO 程序给出了可供选择的物理模型(如卢瑟福截面、Mott 截面等)，用以模拟电子与固体之间的相互作用，它们的基本参数包括平均电离计算、随机数生成、全部和部分的弹性散射截面、方向余弦和电离截面等。通过单击菜单窗口上的按钮来执行对应子程序的命令(图 4-31)。

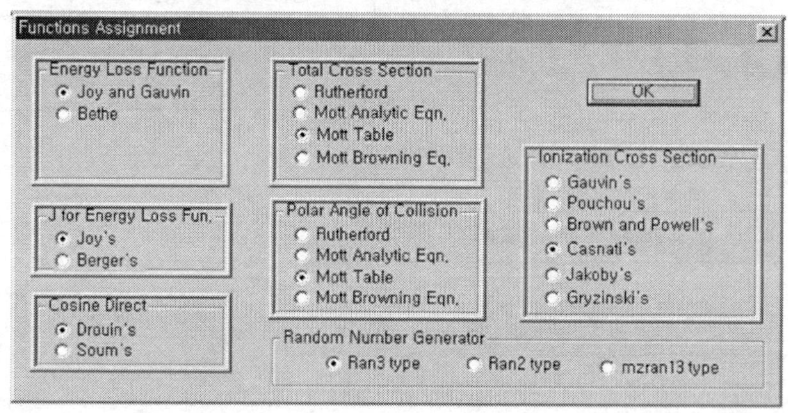

图 4-31　不同物理模型及其功能函数选择

对于探测器参数初始值的设定是必要的，因为在无标样定量程序中许多与探测效率有关的参数需要优化，特定的检测器有其自身的特点，探测器的参数可以放在窗口的菜单上[图 4-32(a)]，它的出射角需要在菜单中给出，这是计算 X 射线强度的重要因素。

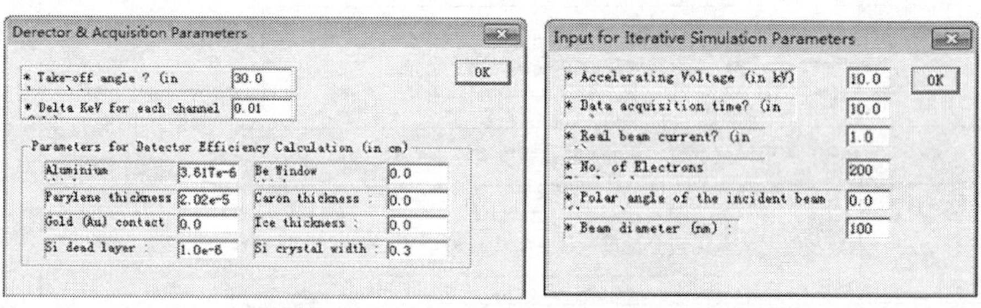

(a) 探测器参数　　(b) 测量仪器的参数

图 4-32　CASINO 程序模拟计算前的参数输入

在现有的蒙特卡罗模型中，由颗粒和采集它的基体共同构成样品系统，因此，X 射线在基体中的特性和韧致辐射光子在颗粒内的处理方式相同。在单散射蒙特卡罗计算方法中，在一个电子进入采样系统到电子从样本系统离开或几乎失去它所有的能量所耗费的时间之内，所有的电子轨迹与电子能量损失变化都会被记录下来，而电子在样品系统中的运动轨迹是用来检验在电子每次散射时出现在什么区域，因为不同的区域有不同的化学成分，所以有时当弹性散射电子跨越到其他区域时需要重新计算散射电子的能量损失和距离，这个过程需要使用不同的基于颗粒类型的子程序。在这一计算过程中，测量仪器的参数设定和选择是必需的，如加速电压的大小、探针的大小、模拟的电子数目及样品与电子束方向的夹角等[图 4-32(b)]。

颗粒的形状可以是球形、半球形、六面体等，计算电子轨迹时，第一步是模拟弹性散射事件来确定哪一个原子负责弹性散射。对每个弹性散射原子，计算出碰撞后新路径的极坐标和方位角值。负责弹性散射原子的角度是利用均匀分布的随机数发生器产生的随机数来确定的。当角度确定后，则计算电子路径的新方向。下一步是确定两个碰撞粒子之间的距离(文本中用“L”表示)。计算距离时首先要根据两个碰撞粒子的化学成分再计算它们之间的平均自由路径的值。

$$\lambda = \frac{1\times 10^{21}\sum_{i=1}^{n}\frac{C_i A_i}{\rho}}{N_0\sum_{i=1}^{n}F_i\sigma_i} \tag{4-52}$$

式中，λ 为电子的平均自由路径值；N_0 为阿伏伽德罗常量；C_i 为元素 i 的质量分数；A_i 为元素 i 的原子质量；ρ 为区域密度；F_i 为元素 i 的原子分数；σ_i 为元素 i 的总截面。

检验电子是否穿过了颗粒中的不同区域。如果是的话，因为不同区域的不同特征，则计算距离时必须考虑距离变化造成的影响。在计算两个碰撞粒子之间的距离时，损失的能量使用能量损失函数来计算。这种计算将持续到电子在样品系统几乎失去了所有的能量，以至于它没有足够的能量来产生 X 射线为止。每次碰撞时电子改变的路径和能量损失等信息将存储在变量数组中。这些信息为后来计算产生的 X 射线、韧致辐射背景值和 $\phi(Z)$ 所使用。特征 X 射线的产生被认为是各向同性的，为了计算在每个样本中 $\phi(Z)$ 曲线的电离事件数，先采用 Kirkpatrick 和 Weidman 参数来计算韧致辐射光子的角分布，再通过计算电子的轨道位置和处于每个位置的能量，然后计算连续碰撞的距离和平均能量，最后用平均能量计算电离截面的电离数。在通往探测器时，它们被样品本身和探测器窗口吸收，因此只有一小部分产生的X射线可以被探测器检测到。用比尔定律计算吸收的X射线，在计算吸收效应时只考虑在探测器中的 X 射线，X 射线在探测器中的路径可以穿过几个区域。利用固体的角度和探测器的出射角及所产生光子的角分布来计算所检测到的 X 射线光子的分数。

CASINO 程序可以将定量计算的结果根据研究的需要，以不同的形式输出，其输出的信息如表 4-6 所示。

表 4-6　CASINO 程序输出类别与信息

输出类别	输出信息
基本模拟信息	样品各区域的元素原子浓度 电镜下样品的几何类型 电子束能量 模拟电子数 电子束直径 电子束位置及与样品的夹角 透射系数
X 射线	轫致辐射强度 达到的平均最大深度 平均最大横向深度 背向散射电子的平均碰撞次数 背向散射和透射电子平均能量
图像和线扫描	每个模拟点的背向散射系数 每个模拟点的背向散射探测器增益 背向散射系数 bmp 图像 背向散射探测器增益 bmp 图像

3) 模拟计算结果

Ro 等[16]运用基于蒙特卡罗模拟的低原子序数 EPMA 技术获得硫酸钙和碳酸钙颗粒的实测与模拟结果，见图 4-33，二者相符性较好，同时，对直径 2 μm 的 CaO 和 SiO_2 的混合颗粒进行了模拟计算。结果显示，随着 SiO_2 含量增加、CaO 含量减少，Si 和 O 的 X 射线强度随着 SiO_2 含量的增加而增加，Ca 的 X 射线强度随着 CaO 含量的减少而减少，基本呈线性关系，与实际相符(图 4-34)。另外，对标准颗粒 A(约含有 93%的 Fe_2O_3 和 7%的 SiO_2)、标准颗粒 B(一种飞灰颗粒，主要含有 Al、Si、O 及少量的 Na、Mg、Ti 和 V 等)进行元素定量分析，分析结果与标准颗粒相比，具有良好的准确性(表 4-7)。

可以用颗粒物化学式固有的理论值(C_n)与蒙特卡罗模拟计算值(C_c)的差异 Δ($\Delta=|C_n-C_c|$)及其标准差 σ_c 表示计算方法的精确度。Osán 等[18]通过对标准颗粒 $CaCO_3$、SiO_2、NaCl、KNO_3、Fe_2O_3、$BaSO_4$ 等的 SEM-EDX 测量值的计算，发现它们的差异为 0.6%～7.84%(表 4-8)，误差的一部分来源于颗粒物内部含有的结晶水，另一部分来源于基底材料的干扰。Szalóki 等[24]用同样方式测得标准颗粒 $CaCO_3$、SiO_2、NaCl、KNO_3、Fe_2O_3、$BaSO_4$、$(NH_4)_2SO_4$、NH_4NO_3 计算值与理论值之间的差异为 0.56%～8.06%(表 4-9)。

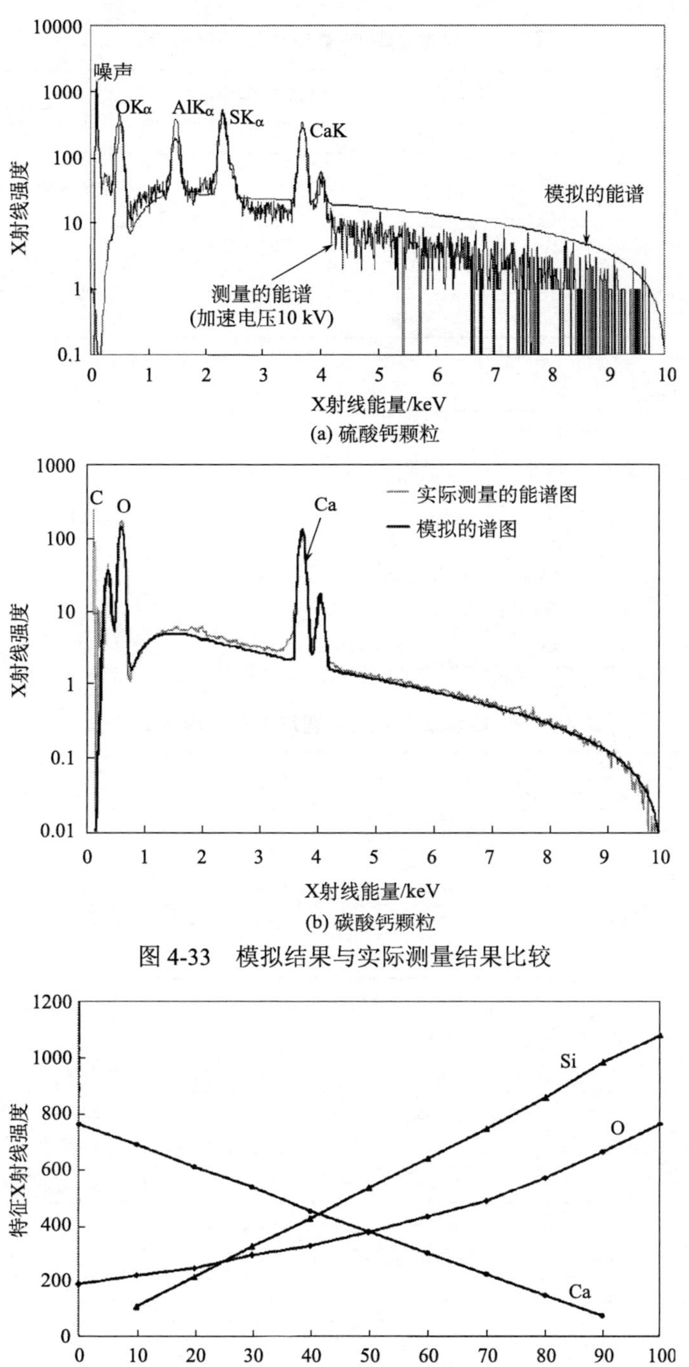

(a) 硫酸钙颗粒

(b) 碳酸钙颗粒

图 4-33　模拟结果与实际测量结果比较

图 4-34　由直径 2 μm 的 CaO 和 SiO_2 球形颗粒组成的混合物质的 X 射线模拟结果

Si 和 O 的 X 射线强度随着 SiO_2 含量的增加而增加

表 4-7　标准颗粒测量与模拟元素强度

元素	X 射线强度		测量和模拟强度的误差/%	质量浓度/%
	测量值	模拟值		
标准颗粒 A（球形，粒径 5 μm）				约含有 93%的 Fe_2O_3 和 7%的 SiO_2
O	22137	21976	0.7	24.4
Si	2748	2715	1.2	3.2
Fe	4704	4641	1.3	72.4
标准颗粒 B（球形，粒径 3 μm）				主要含有 Al、Si、O 及少量的 Na、Mg、Ti 和 V 等
O	35115	33936	3.3	45.2
Na	5204	5033	3.3	5.9
Mg	766	739	3.5	0.8
Al	19976	19433	2.7	21.1
Si	21765	21000	3.5	25.3
Ti	134	131	2.2	0.5
V	202	199	1.5	1.1

表 4-8　标准颗粒化学成分理论值与计算值的比较

颗粒种类	元素	C_n/wt%	C_c/wt%	σ_c/%	Δ/%
$CaCO_3$	C	12.0	12.6	1.0	+0.6
	O	48.0	49.9	3.0	+1.9
	Ca	40.0	37.5	3.6	–2.5
SiO_2	O	53.33	52.0	2.6	–1.33
	Si	46.67	48.0	2.6	+1.33
NaCl	O	0.0	2.8	2.8	—
	Na	39.33	43.9	1.4	+4.57
	Cl	60.67	53.4	2.7	–7.27
KNO_3	N	13.86	12.4	1.2	–1.46
	O	47.52	46.2	2.8	–1.32
	K	38.61	41.4	2.8	+2.79
Fe_2O_3	O	30.0	33.6	3.7	+3.6
	Fe	70.0	66.4	3.7	–3.6
$BaSO_4$	O	27.46	35.3	1.5	+7.84
	S	13.73	11.8	0.5	–1.93
	Ba	58.8	52.9	1.8	–5.90

续表

颗粒种类	元素	C_n/wt%	C_c/wt%	σ_c/%	Δ/%
$CaSO_4$	O	—	—	3.9	0.5
	S	—	—	1.8	0.5
	Ca	—	—	2.4	0.0
$(NH_4)_2SO_4$	N	—	—	1.7	3.4
	O	—	—	3.0	4.8
	S	—	—	1.9	1.5
NH_4NO_3	N	—	—	3.9	2.1
	O	—	—	3.8	2.0
	—	—	—	—	—

注：wt%为元素的质量分数，每一种标准颗粒的样本数均为 n=20；C_n 为标准颗粒化学式中的理论值，C_c 为蒙特卡罗模拟计算值，σ_c 为 C_c 的标准差，Δ 为理论值与计算值的差异(Δ=| $C_n - C_c$ |)，代表这一分析方法的系统误差。$(NH_4)_2SO_4$、NH_4NO_3 置于液氮冷却的–193℃样品室中进行测量。

Geng 等[23]通过 TEM-EDX 测量了 12 种标准颗粒，将它们分为三类，第一类为基本不受电子束损伤或受损伤很小的颗粒，包括 NaCl、KCl、$CaCO_3$、SiO_2、Na_2CO_3、Fe_2O_3、$CaSO_4$、KSO_4、Na_2SO_4，第二类为对电子束比较敏感或受损伤较大的颗粒，如 $NaNO_3$、$Ca(NO_3)_2 \cdot 4H_2O$，第三类为受真空环境影响和电子束损伤非常大的$(NH_4)_2SO_4$ 颗粒。第一类颗粒的 Δ 值为 4.4%～17.4%，第二类 Δ 值大于 30%，第三类 Δ 值大于 47.5%，说明使用电压较高的 TEM-EDX 时，蒙特卡罗模拟方法适用于受损伤很小的颗粒(图 4-35 和表 4-9)。

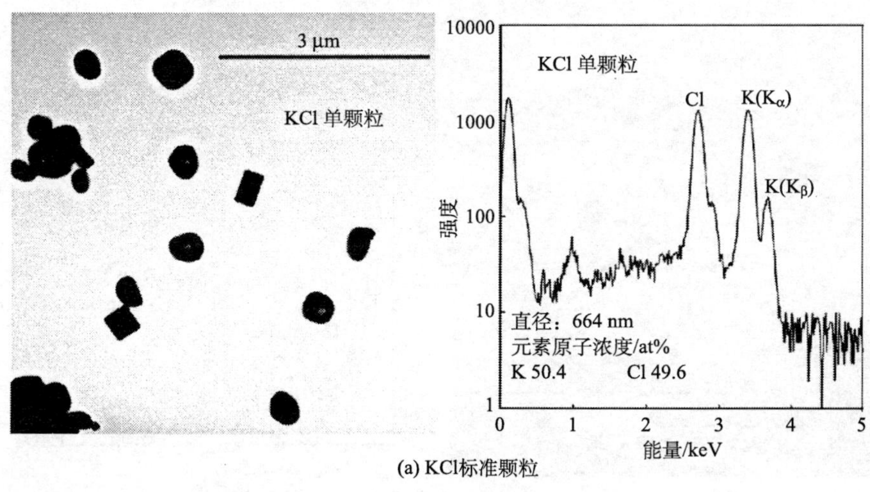

(a) KCl标准颗粒

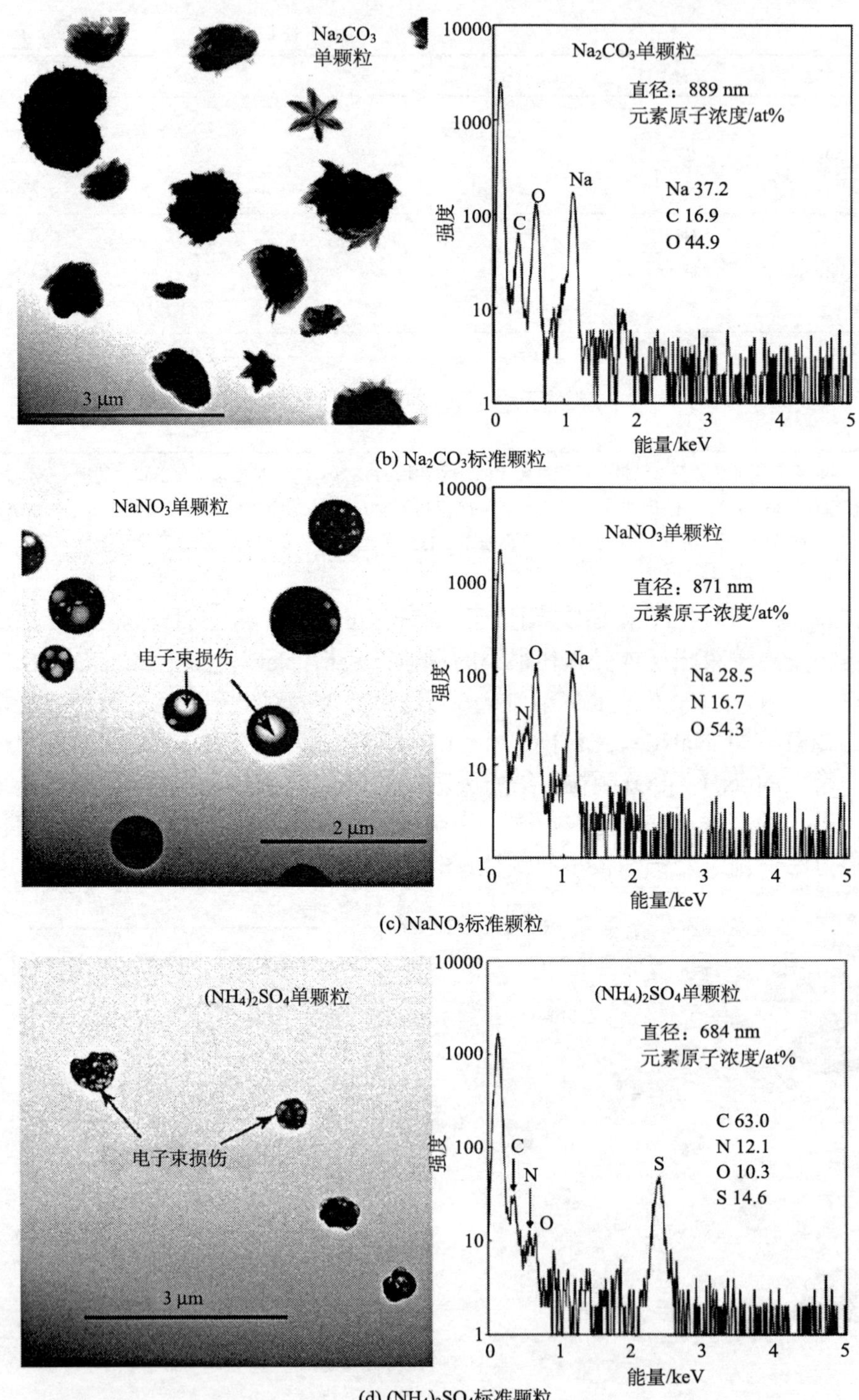

(b) Na_2CO_3标准颗粒

(c) $NaNO_3$标准颗粒

(d) $(NH_4)_2SO_4$标准颗粒

图 4-35　一些标准颗粒的 TEM 图像、X 射线能谱及元素原子浓度计算结果

表 4-9　标准颗粒浓度与测量浓度值偏差

类型	密度/(g/cm^3)	颗粒物数量	直径/μm	C_n/at%	C_e/at%	Δ/%
NaCl	2.165	11	0.2～1.3	Na：50 Cl：50	Na：54.3±1.8 Cl：45.7±2.0	$Δ_{Na}$=7.9 $Δ_{Cl}$=9.4
KCl	1.98	26	0.3～1.1	K：50 Cl：50	K：52：3±1.2 Cl：47.6±1.1	$Δ_{K}$=4.4 $Δ_{Cl}$=5.1
SiO_2	2.32	24	0.2～1.0	Si：33.3 O：66.7	Si：37.2±2.4 O：61.8±2.4	$Δ_{Si}$=10.5 $Δ_{Cl}$=7.9
Fe_2O_3	5.12	22	0.2～0.5	Fe：40 O：60	Fe：37.7±6.1 O：57.2±5.2	$Δ_{Fe}$=6.1 $Δ_{O}$=4.9
Na_2CO_3	2.532	21	0.1～1.2	Na：33.3 C：16.7 O：50	Na：36.9±2.9 C：18.8±4.8 O：44.4±3.3	$Δ_{Na}$=9.6 $Δ_{C}$=11.2 $Δ_{O}$=12.7
$CaCO_3$	2.93	14	0.2～1.1	Ca：20 C：20 O：60	Ca：18.4±5.1 C：24.2±5.7 O：57.4±8.4	$Δ_{Ca}$=8.7 $Δ_{C}$=17.4 $Δ_{O}$=4.5
Na_2SO_4	2.68	17	0.3～0.7	Na：28.6 S：14.3 O：57.1	Na：24.8±2.9 S：15.0±1.6 O：60.2±3.1	$Δ_{Na}$=15.2 $Δ_{S}$=4.8 $Δ_{O}$=5.1
K_2SO_4	2.662	38	0.1～1.2	K：28.6 S：14.3 O：57.1	K：33.2±9.4 S：15.0±4.1 O：51.8±7.7	$Δ_{K}$=13.9 $Δ_{S}$=4.7 $Δ_{O}$=10.2
$CaSO_4$	2.96	16	0.3～0.9	Ca：16.7 S：16.7 O：66.6	Ca：19.1±3.3 S：18.7±3.3 O：62.2±7.1	$Δ_{Ca}$=12.6 $Δ_{S}$=10.8 $Δ_{O}$=7.1
$NaNO_3$	2.261	9	0.5～1.3	Na：20 N：20 O：60	Na：31.7±2.3 N：15.3±0.9 O：53.0±1.9	$Δ_{Na}$=36.9 $Δ_{N}$=30.9 $Δ_{O}$=13.1
$Ca(NO_3)_2·4H_2O$	1.82	12	0.3～1.6	Ca：7.7 N：15.4 O：76.9	Ca：11.7±1.2 N：13.9±2.7 O：74.4±3.4	$Δ_{Ca}$=34.2 $Δ_{N}$=10.8 $Δ_{O}$=3.4
$(NH_4)_2SO_4$	1.769	15	0.2～1.0	N：28.6 S：14.3 O：57.1	N：16.7±16.1 S：44.6±13.8 O：38.7±15.2	$Δ_{N}$=71.3 $Δ_{S}$=67.9 $Δ_{O}$=47.5

5. 元素浓度计算结果

将之前得到的粒径(size 文件)、X 射线谱图(chart 文件)和元素浓度值(itr 文件)综合利用Excel进行批处理，该步骤完成后，可以在Excel中得到一张“result”

表(表 4-10)，表中给出了每个颗粒物的大小和化学组成。

表 4-10　各元素原子浓度计算结果(result)表

颗粒序号	粒径	迭代计算次数	不同种类元素的原子浓度/at%											
			C	N	O	Na	Mg	Al	Si	P	S	Cl	K	Ca
X1	1.49	3	—	—	73.6	—	—	—	—	—	26.4	—	—	—
X2	4.65	7	15.2	—	63.6	—	0.8	—	—	—	—	—	—	20.4
X3	3.84	7	13.7	—	54.9	—	—	—	—	—	—	—	—	31.4
X4	3.20	12	2.7	—	69.4	—	0.4	—	—	—	13.7	—	—	13.8
X5	2.05	4	18.6	2.6	60.5	2.1	0.4	—	0.7	—	—	—	—	15.1
X6	3.17	5	14.1	14.2	60.1	—	—	—	—	1.2	—	1.9	1.1	7.4
X7	2.95	4	—	8.5	68.3	—	1.8	—	5.0	—	14.5	—	—	1.9
X8	1.47	5	9.0	5.9	58.7	0.4	2.1	7.5	14.2	—	0.3	—	0.5	1.5
X9	2.71	11	85.2	—	13.2	—	0.6	—	1.0	—	—	—	—	—
⋮	2.31	8	12.4	5.3	61.5	—	0.8	1.5	2.7	—	—	—	—	15.9

4.2.5　蒙特卡罗模拟与其他定量校正方法的比较

测量光滑平整的材料时，扫描电镜配备的能谱仪微区定量结果具有很高的准确度。例如，对均质的硅酸盐玻璃，含量大于 20%的元素(尤其原子序数大于 11 的元素)的相对误差小于 1%，即使是含量小于 3%的元素，其相对误差也小于 10%。曾毅等[25]运用低电压测量技术以蒙特卡罗模拟入射电子在材料中的扩散情况、特征 X 射线产额分布与吸收路径等，确定能谱实际探测范围，建立纳米尺度材料能谱定量分析方法。结果表明，在 3 kV 的低电压条件下元素定量相对误差小于 2%。

针对不同的分析物，使用不同定量分析方法会有很大的差别。例如，在大气颗粒物等一些形态不规则的颗粒物中，使用蒙特卡罗模拟校正方法的准确度和精密度较其他方法高，而在一些平整的合成材料中蒙特卡罗模拟校正方法的误差较大，而 *ZAF* 方法的计算效果更好[26]。以下介绍在低原子序数颗粒物的情况下，蒙特卡罗较误差校正方法获得的元素测量值与理论值之间的相对偏差，以及与其他定量修正方法的比较。

1. 与 XPP 法比较

CASINO 法不但考虑了基体效应，还能准确模拟颗粒效应，所以对平面抛光厚样品和颗粒样品都能给出准确的分析结果。INCA 软件自带的 XPP 法在计算时需要调用开发商预先存储在数据库里的标准样品谱，为了消除标准样品谱对仪器 X 射线出射角、探测效率、电镜测量时使用的电压、电流、工作距离等因素的依赖，测试开始前需要进行定量分析优化。但是对于特征 X 射线能量与优化元素相差较大的元素而言，定量分析优化的效果并不是很理想[9,27]，且对于颗粒效应的影响也无法消除，因此总体上 XPP 程序的定量分析结果不如 CASINO 程序。

CASINO 和 XPP 法分析结果的相对误差分布见图 4-36，对于用微电子束分析的国家标准样品和颗粒标准样品的计算结果，CASINO 法分别约有 70%和 94%的数据点落在误差范围±10%和±20%内，且相对误差基本符合正态分布；而 XPP 法则分别只有约 46%和 77%的数据点落在误差范围±10%和±20%内，且常见到相对误差大于 50%的数据点。

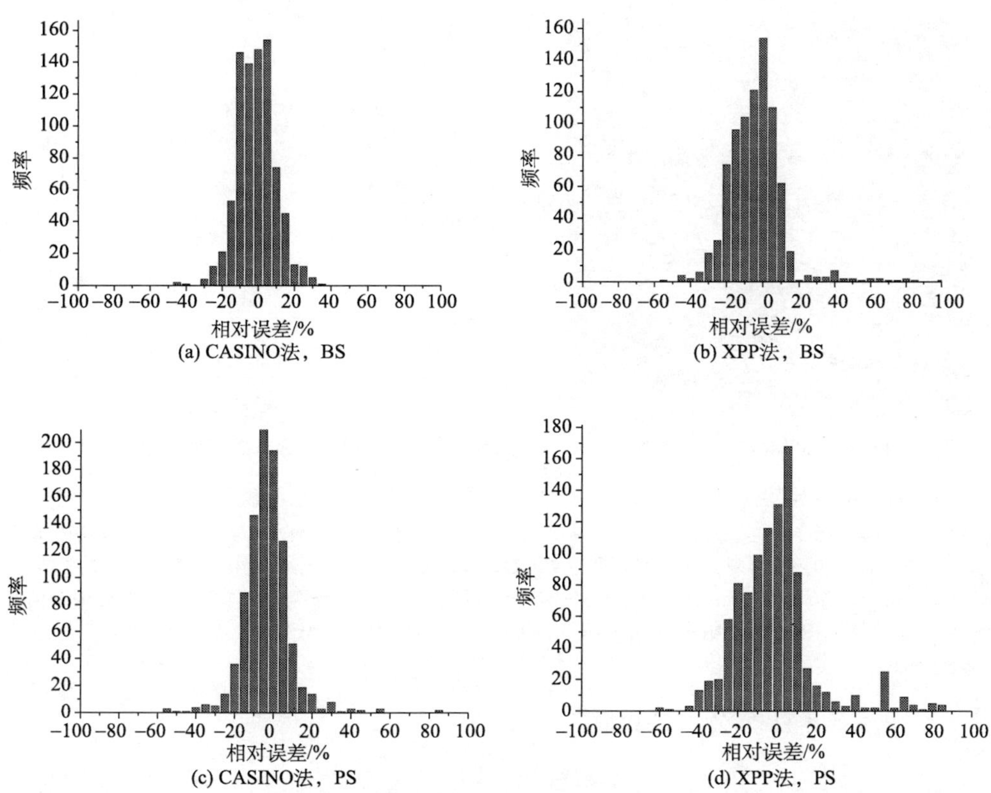

图 4-36　微电子束分析国家标准样品(BS)和颗粒标准样品(PS)定量分析结果的相对误差分布

2. 与简单归一化法定量计算结果比较

为了能直观地展示 CASINO 程序对颗粒效应的校正效果，朱继浩等[9]对 NIST K411 玻璃微球标准样品进行了分析测试，该颗粒为规则球形[图 4-37(a)]，粒径为 0.5～5.0 μm，从元素 K_{α} X 射线相对强度($I_{particle}/I_{bulk}$)随粒径的变化可以看出，特征 X 射线能量分别为 1.254 keV 和 1.740 keV 的 Mg 和 Si 元素的 $I_{particle}/I_{bulk}$ 值分布趋势基本一致，粒径>1.5 μm 时在 0.95～1.05 波动，未见明显的吸收效应，说明此时吸收效应得到校正；对于特征 X 射线能量相对较低(0.525 keV)的 O 元素，其 $I_{particle}/I_{bulk}$ 值在粒径 1.0～5.0 μm 之间先上升后下降，在粒径为 1.66 μm 时达到最大值 1.12，说明 O 受吸收效应的影响比较明显[图 4-37(b)]。粒径＞5.0 μm 的 K411 玻璃微球，简单归一化法的计算结果接近标准值；而当其粒径＜5.0 μm 时，各元素含量的计算值随粒径减小而逐渐偏离标准值，说明简单归一化法无法消除吸收效应的影响。但当粒径≤1 μm 时，O 和 Mg 的 CASNIO 定量计算误差有随粒径减小而增大的趋势，但明显小于归一化法。

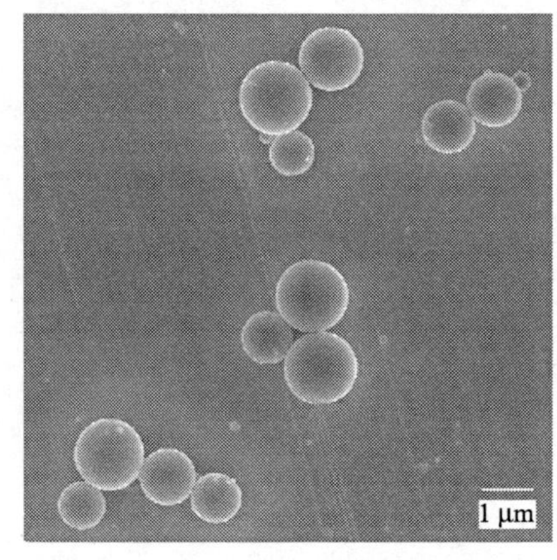

(a) K411玻璃微球二次电子像

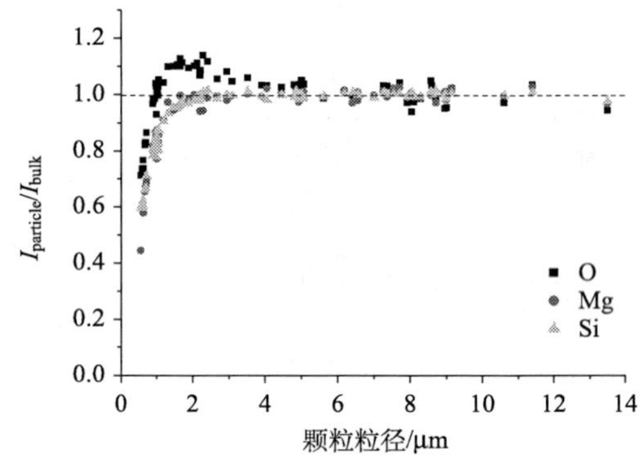

(b) O、Mg和Si的X射线相对强度随颗粒粒径的变化趋势

图 4-37 K411 玻璃微球二次电子像及其主要成分的 X 射线相对强度随颗粒粒径变化图

颗粒购自美国国家标准与技术研究院(NIST)，使用 Ag 箔作为采集基质以增强颗粒的导电、导热性，在颗粒表面蒸镀一层 20 nm 厚的碳膜以避免电子束损伤。使用玛瑙研钵将上述化学试剂磨细(微米～亚微米)，将其制备成 0.01 mol/L 的正己烷悬浮液，超声波振荡，然后使用移液器抽取 10 μL 滴至 Ag 箔上，自然晾干。选择 10 kV 的加速电压，束流和测量时间分别为 1 nA 和 10 s，INCA 软件控制 X 射线谱的采集，点分析模式

3. 与 *k* 比率法和 *ZAF* 法比较

Choël 等[27]以使用 ICP-AES 得到的全样分析的元素浓度作为标准，通过对不同粒径 $CaCO_3$ 和黑云母(biotite)矿物尘的 SEM-EDX 单颗粒分析，比较了 *k* 比率法、经典的 *ZAF* 法与蒙特卡罗模拟方法的优劣。

在测量 $CaCO_3$ 颗粒时发现：元素浓度及 X 射线强度随颗粒物尺寸发生改变，当粒径小于 2～3 μm 时，颗粒物越小，测量的 X 射线强度越小[图 4-38(a)]，因此，在把 X 射线强度换算为浓度时需要考虑几何效应。用三种修正方法对所有检测粒

径范围内(0.3～8 μm)的 $CaCO_3$ 颗粒元素浓度计算表明(表 4-11)：虽然看起来 *k* 比率法计算的 Ca 和 O 的平均浓度与其分子式的标准值基本接近(相对误差分别为 –8%和–4%)，但这一结果并未反映真实 *k* 比率法的缺陷，由于它没有考虑几何效应，因此它在全部检测过程中数值变动很大，受粒径影响明显[图 4-38(b)]。*ZAF* 法的相对误差大于 38%[图 4-38(c)]，它无法消除基底效应产生的影响，且颗粒越小，误差越大。蒙特卡罗方法的计算值在所测粒径范围内(0.3～8 μm)都接近理论值，计算的 C、O、Ca 质量浓度相对误差小于 2.5%[表 4-8、表 4-11 和图 4-38(d)]。因此，考虑到颗粒物的尺寸和形状，蒙特卡罗模拟优于 *k* 比率法和 *ZAF* 法，能够较好地反映颗粒物的几何效应。

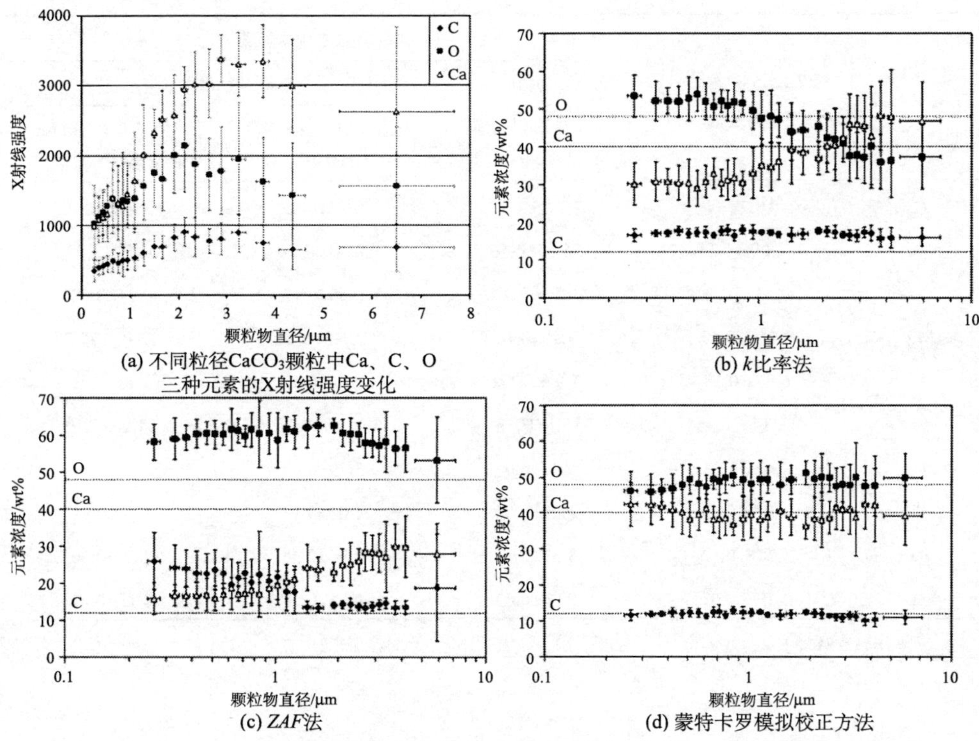

图 4-38　不同粒径 $CaCO_3$ 颗粒物 X 射线强度及三种定量修正方法的比较

表 4-11　三种不同定量校正方法所测定的碳酸钙的平均元素浓度(wt%)

元素	标准浓度	*k* 比率法	*ZAF* 法	蒙特卡罗模拟校正方法
C	12.0	16.9±1.6	16.6±2.7	11.7±1.4
O	48.0	46.2±8.6	56.9±5.0	48.4±5.2
Ca	40.0	37.0±9.5	26.6±5.3	39.9±6.1

注：表中数字为平均值±标准差。

用 *ZAF* 法和蒙特卡罗模拟校正方法与 ICP-AES 法测量黑云母标准矿物尘颗粒(化学分子式为 $K(Mg, Fe^{2+}/Mn^{2+})_3[(OH,F)_2(Al, Fe^{3+}/Ti^{3+})Si_3O_{10}]$)的元素含量进行比较时发现，颗粒中 O、Si、Mg、Al、K、Fe 为主要元素，Ti、Na、Ba 为微量元素，粒径＞30 μm 的颗粒用蒙特卡罗修正方法获得良好结果，尤其是 O、Si、Ti。对于粒径在 0.3～30 μm 的颗粒，除个别微量元素(如 Na、Ba)外，大部分元素用蒙特卡罗模拟校正计算得到的浓度准确度和精密度都较高(表 4-12)，说明蒙特卡罗模拟校正方法能较好地修正几何效应对定量结果的影响，可以定量分析颗粒中同时存在的至少 9 种元素。

表 4-12　测量黑云母标准矿物尘颗粒的元素含量时 *ZAF* 法和蒙特卡罗模拟校正方法结果对比

颗粒中元素	ICP-AES 测量结果(全样分析)	SEM-EDX 测量结果		
		ZAF 法(1 mm 厚的抛光薄层，$45.2\times33.9\ \mu m^2$)	蒙特卡罗模拟校正	
			粒径＞30 μm 的颗粒(平均值)	粒径在 0.3～30 μm 的颗粒(平均值)
C	未检测到	未测	0.54±0.89	3.97±3.17
O	62.09 ±1.23	56.65±0.66	58.40±1.50	55.72±3.99
Na	0.33± 0.03	0.33±0.03	0.53±0.12	0.74±0.52
Mg	9.15 ± 0.19	9.86±0.14	10.40±0.34	10.01±0.87
Al	6.97± 0.18	7.97±0.121	7.84±0.33	8.48±1.11
Si	13.34 ± 0.46	15.18±0.26	14.48±0.71	14.10±1.40
K	3.62± 0.22	5.07±0.07	3.79±0.47	2.86±0.59
Ti	1.19 ± 0.03	1.29±0.04	1.02±0.13	1.04±0.31
Fe	3.25 ± 0.12	3.59±0.16	2.94±0.30	2.66±0.60
Ba	0.05 ± 0.01	0.06±0.02	0.06±0.08	0.12±0.21

注：表中数字为平均值±标准差。

4.3　颗粒物分类及相对丰度计算

4.3.1　颗粒物分类原则

根据样品的形貌、X 射线能谱及元素原子分数，对颗粒物进行分析，判断其种类、含量及来源。分类基本原则如下[21-23]：

(1)如果某种物质的含量占整个颗粒总量的 90%以上，则认为该颗粒主要由该物质组成，它可能是一个单一物质组成的颗粒。

(2) 如果某个颗粒由多种元素组成或某种元素组成，且每种元素在颗粒物组分中所占的比例大于 10%，则该颗粒内部可能混合了两种或更多的组分，可认为该颗粒是一个混合物。

(3) 如果某种元素在颗粒物组分中所占的比例小于 1.0%，则可以忽略，因为它可能是背景噪声引起的。

4.3.2 分类方法

颗粒物进行分类需视研究的颗粒物数量而定。颗粒较少的情况下，根据得到的 result 表格，通过直接计算每个颗粒不同元素之间的原子分数，判断该颗粒种类或可能包含的物质。颗粒多的情况下，上述方法工作量大、持续时间长，因此需要借用一套快速分类的方法——“专家分类系统”。专家分类系统是模仿一个分类专家的思维逻辑，应用 Excel 软件中的宏程序进行编辑，通过输入颗粒物数目、所在粒径范围、起止颗粒物编号及文件所在路径，快速识别、组合，为每个颗粒物进行归类[28]。

该系统通过使用 MS Excel 软件中提供的 MS Visual Basic 编辑器宏编程来实现整个过程。它主要由三部分组成(图 4-39)。

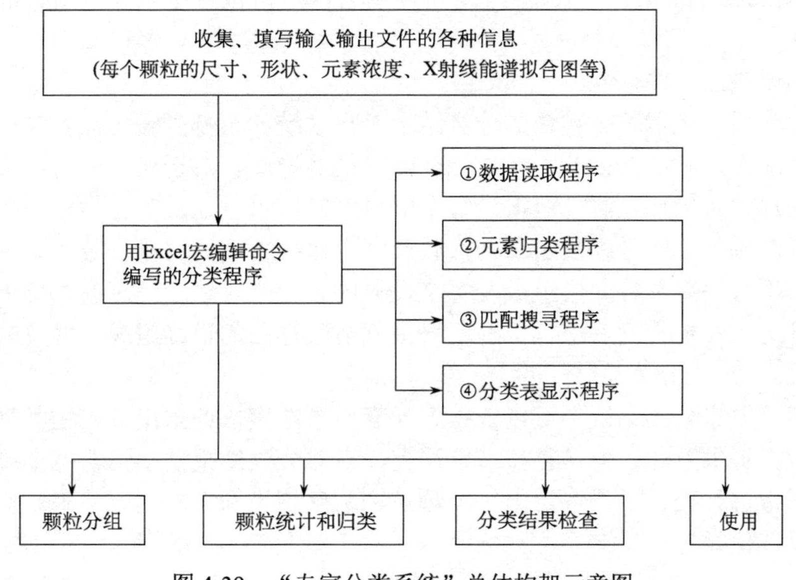

图 4-39 “专家分类系统”总体构架示意图

1) 预处理程序

编写工作表，填写输入和输出文件的各种信息。在该步骤中，提供要输入和输出的文件目录工作表，包括文件名称、路径、每个颗粒物的尺寸、元素组成及其原子浓度、拟合好的 X 射线谱图、每组颗粒的数量、各颗粒的化学成分等。

2) 化学组成分类程序

该部分包括四个子程序，分别是：①数据读取程序；②元素归类程序；③匹配搜寻程序；④分类表显示程序。主要根据颗粒物的元素原子浓度及其组合来进行分类。首先用程序搜索每个颗粒中原子浓度大于 1%的元素，将元素名称和浓度信息按从大到小的顺序排列并储存，其次按照分子组合，把组成分子式后含量最高的化学元素分配到第一级决策树中，再把含量次高的化学元素分配到第二级决策树中，以此类推，直到分配完全部元素，程序终止。例如，一个颗粒物只含 C 和 O，或者 C 和 O 的原子浓度之和大于 90%，则归为含碳或碳质颗粒，如果 C 的原子浓度是 O 的 3 倍以上，则进一步归为元素碳(EC 或 carbon-rich)，否则，归为有机碳(OC)。如果一个颗粒中只含 Na 和 Cl(有时有少量 C 和 O)，则归为新鲜海盐或 NaCl 颗粒。

对于含量较复杂的颗粒，则自动计算出各种可能的组合。例如，颗粒物为“反应或老化的海盐”，则含有阳离子 Na^+和 Mg^{2+}、阴离子 NO_3^- 和 SO_4^{2-} 等，应该包含 $NaNO_3$、$Mg(NO_3)_2$、Na_2SO_4、$MgSO_4$ 等成分，简化表示为(Na,Mg) (NO_3,SO_4)，按照浓度高低次序可以进一步分为 $NaNO_3$-$Mg(NO_3)_2$-Na_2SO_4-$MgSO_4$ 或 Na_2SO_4-$MgSO_4$-$NaNO_3$-$Mg(NO_3)_2$ 等不同组合次序，依赖于构成各组合的元素原子浓度。

3) 结果输出程序

该部分用来显示每个颗粒的分类结果，自动统计出哪类颗粒共有多少数量、在哪个样品中，并在 Excel 中给出它的 X 射线能谱图。对于所有分析的颗粒，每个颗粒的尺寸可以通过测量获得，每个颗粒的密度可以通过其化学成分来估计，同时可以得到每个化学物质出现的次数及每个化学物质的质量分数。

在分析有关单颗粒元素组成及每个颗粒的元素原子浓度信息的基础上，当颗粒统计量达到一定程度后可以了解所采集气溶胶样品的详细组成，并反映样品的不同来源。

虽然“专家分类系统”可以依据各元素原子浓度快速给出颗粒物类型，为处理大量数据提供方便，但是存在一定误差，有时分类结果需要结合每个颗粒物的二次电子像进行校正，最终给出每个颗粒物的确切类别，一些无法确定类型的颗粒归为“其他类”。

4.3.3 计算颗粒物相对丰度

计算各类型颗粒物的数量相对丰度(某一类型颗粒物的数量在全部检测的颗粒数中所占的百分数)，据此分析大气颗粒物的成分特征并推断其来源，有时需结合后向轨迹图以更好地对颗粒物来源进行分析。

4.4 小 结

应用低原子序数颗粒物 EPMA 技术定量分析大气气溶胶单颗粒样品的过程中，一些程序的使用使操作更加简便、获取结果更加快速。例如，用 AXIL 曲线拟合程序可较准确地获得化学元素的净 X 射线强度；以蒙特卡罗计算结合反向连续逼近为基础的CASNIO程序可以根据每个单颗粒的X射线强度迅速确定其元素原子浓度。“专家分类系统”程序可以快速将颗粒分为不同的类型。但是，由于蒙特卡罗所使用的物理模型(如 Mott 弹性散射截面和阻止本领等)和物理参数(如质量吸收系数等)可能与实际的电子-原子相互作用存在一定的偏差，导致其定量计算结果会出现一定的误差，而且大气颗粒物数量、种类较多，有些颗粒物化学成分很复杂，单纯依靠计算机程序并不能解决所有问题，因此，需要结合专业知识和背景对颗粒物的大小、形状及化学组成进行修正，以正确判断大气颗粒物的存在状态、来源及在空气中的迁移转化行为。

参 考 文 献

[1] 焦汇胜, 李香庭. 扫描电镜能谱仪及波谱仪分析技术. 吉林: 东北师范大学出版社, 2011.

[2] 姚立. 低含量、微量元素的电子探针分析方法研究与应用. 吉林: 吉林大学博士学位论文, 2008.

[3] 姚立, 田地, 梁细荣. 电子探针背景扣除和谱线干扰修正方法的进展. 岩矿测试, 2008, 27(1): 49-54.

[4] 材料耐磨抗蚀及其表面技术丛书编委员会. 扫描电镜分析技术与应用. 北京: 机械工业出版社, 1990.

[5] 朱继浩, 初凤友. 单颗粒电子探针能谱定量分析方法研究进展. 岩矿测试, 2010, 29(6): 742-750.

[6] 廖乾初, 蓝芬兰. 扫描电镜分析技术与应用. 北京: 机械工业出版社, 1990.

[7] Bence A E, Albee A L. Empirical correction factors for the electron microanalysis of silicates and oxides. The Journal of Geology, 1968, 76(4): 382-403.

[8] 李香庭, 刘文英. 电子探针定量修正的一种新方法——δ 修正法. 无机材料学报, 1981, z1: 23-30.

[9] 朱继浩, 初凤友, 耿红. 蒙特卡罗模拟在单颗粒扫描电镜-能谱定量分析中的应用研究. 电子显微学报, 2012, 31(1): 30-35.

[10] Ro C U, Osán J, Szalóki I, et al. A Monte Carlo program for quantitative electron-induced X-ray analysis of individual particles. Analytical Chemistry, 2003, 75(4): 851-859.

[11] 康崇禄. 蒙特卡罗方法理论和应用. 北京: 科学出版社, 2015.

[12] 张大同. 扫描电镜与能谱仪分析技术. 广州: 华南理工大学出版社, 2009.

[13] Godoi R H M, Potgieter-Vermaak S, de Hoog J, et al. Substrate selection for optimum

qualitative and quantitative single atmospheric particles analysis using nano-manipulation, sequential thin-window electron probe X-ray microanalysis and micro-Raman spectrometry. Spectrochimica Acta Part B: Atomic Spectroscopy, 2006, 61(4): 375-388.

[14] Maskey S, Choël M, Kang S, et al. The influence of collecting substrates on the single-particle characterization of real atmospheric aerosols. Analytica Chimica Acta, 2010, 658(2): 120-127.

[15] Eom H, Gupta D, Li X, et al. Influence of collecting substrates on the characterization of hygroscopic properties of inorganic aerosol particles. Analytical Chemistry, 2014, 86(5): 2648-2656.

[16] Ro C U, Osán J, van Grieken R. Determination of low-*Z* elements in individual environmental particles using windowless EPMA. Analytical Chemistry, 1999, 71(8): 1521-1528.

[17] Szalóki I, Osán J, Worobiec A, et al. Optimization of experimental conditions of thin-window EPMA for light - element analysis of individual environmental particles. X-Ray Spectrometry, 2001, 30(3): 143-155.

[18] Osán J, Szalóki I, Ro C U, et al. Light element analysis of individual microparticles using thin-window EPMA. Microchimica Acta, 2000, 132(2-4): 349-355.

[19] Worobiec A, de Hoog J, Osán J, et al. Thermal stability of beam sensitive atmospheric aerosol particles in electron probe microanalysis at liquid nitrogen temperature. Spectrochimica Acta Part B: Atomic Spectroscopy, 2003, 58(3): 479-496.

[20] Vekemans B, Janssens K, Vincze L, et al. Analysis of X-ray spectra by iterative least squares(AXIL): new developments. X-Ray Spectrometry, 1994, 23(6): 278-285.

[21] Geng H, Jung H J, Park Y M, et al. Morphological and chemical composition characteristics of summertime atmospheric particles collected at Tokchok Island, Korea. Atmospheric Environment, 2009, 43(21): 3364-3373.

[22] Geng H, Park Y P, Hwang H J, et al. Elevated nitrogen-containing particles observed in Asian dust aerosol samples collected at the marine boundary layer of the Bohai Sea and the Yellow Sea. Atmospheric Chemistry and Physics, 2009, 9(18): 6933-6947.

[23] Geng H, Kang S, Jung H J, et al. Characterization of individual submicrometer aerosol particles collected in Incheon, Korea, by quantitative transmission electron microscopy energy-dispersive X-ray spectrometry. Journal of Geophysical Research Atmospheres, 2010, 115(D15): 4447-4458.

[24] Szalóki I, Osán J, Ro C U, et al. Quantitative characterization of individual aerosol particles by thin-window electron probe microanalysis combined with iterative simulation. Spectrochimica Acta Part B: Atomic Spectroscopy, 2000, 55(7): 1017-1030.

[25] 曾毅, 吴伟, 刘紫微. 低电压扫描电镜应用技术研究. 上海: 上海科学技术出版社, 2015.

[26] Pfeiffer A, Schiebl C, Wernisch J. Continuous fluorescence correction in electron probe microanalysis applying an electron scattering model. X-Ray Spectrometry, 1996, 25(3): 131-137.

[27] Choël M, Deboudt K, Flament P. Evaluation of quantitative procedures for X - ray microanalysis of environmental particles. Microscopy Research and Technique, 2007, 70(11):

996-1002.

[28] Ro C U, Kim H, van Grieken R. An expert system for chemical speciation of individual particles using low-*Z* particle electron probe X-ray microanalysis data. Analytical Chemistry, 2004, 76(5): 1322-1327.

第 5 章　EPMA 在大气气溶胶单颗粒分析中的应用实例

本章将结合在科研工作中取得的成果详细介绍低原子序数颗粒物电子探针微区分析技术在分析特殊天气(沙尘暴、灰霾)和特殊场所(南北极、地铁站、海岛等)中大气气溶胶样品形貌、成分、混合状态，为进一步研究颗粒物的来源、转化机理并推测它们的环境效应和健康效应奠定基础。

5.1　分析亚洲沙尘颗粒样品

亚洲沙尘暴期间沙尘颗粒中矿物颗粒达 90%以上，包括黏土、石英、方解石、斜长石等，在其传输行程中可以与空气污染物(如 SO_2、NO_x、O_3 等)发生反应，导致其光学和吸湿性质发生改变，对气候变化、辐射平衡及人体健康都可能产生影响[1,2]。

5.1.1　沙尘暴期间北京市和仁川市大气颗粒物形貌和成分特点分析

1. 样品采集

2005 年 4 月底在亚洲发生了较大的沙尘暴，裹携沙尘颗粒的强风穿越中国西部、中部、东部，并向韩国和日本移动，在 4 月 28～29 日沙尘暴发生期间同时从中国和韩国进行大气气溶胶样品采集。北京的采样点位于中国环境科学研究院(39.98°N, 116.42° E)，韩国采样点位于仁川市仁荷大学(37.45° N, 126.73° E)(表 5-1)[3]，所用仪器为 MAY 七级冲击式采样器(从采样台 1#～7#切割直径依次为 16 μm、8 μm、4 μm、2 μm、1 μm、0.5 μm、0.25 μm)，采样膜为纯度＞99%的铝箔和银箔(英国顾特服剑桥有限公司，Goodfellow Cambridge Limited)，采样期间大气 PM_{10} 质量浓度高于非沙尘期(图 5-1)。

表 5-1　采样地点、时间

样品	采样地点	日期	采样时间(UTC)	北京时间(BST)	采样点距地面高度
S1	北京市	2005-04-28	00:45～2:00	08:45～10:00	约 30 m
S2	仁川市	2005-04-28	06:00～9:55	14:00～17:55	约 25 m
S3	仁川市	2005-04-29	00:25~2:45	08:25～10:45	约 25 m

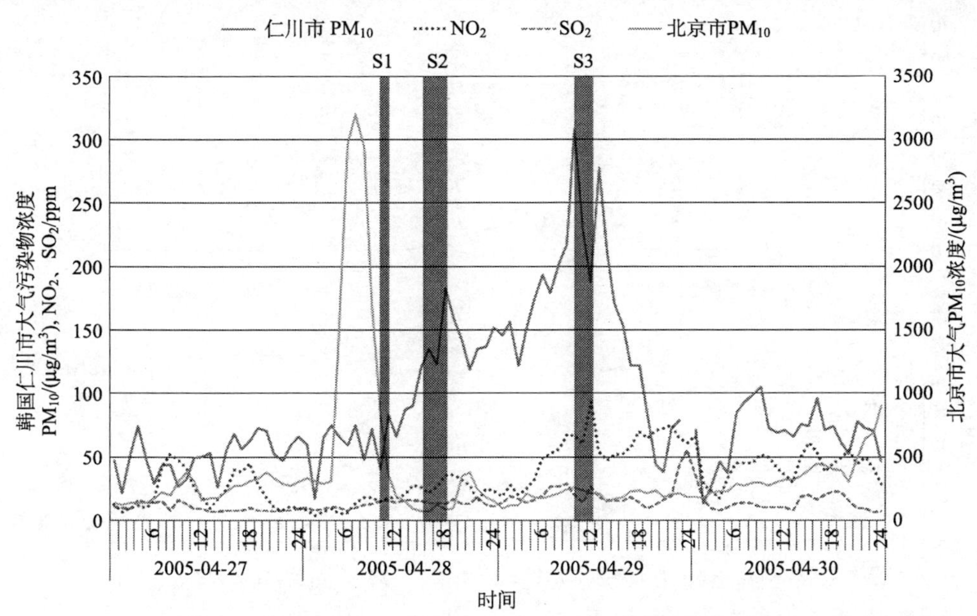

图 5-1　样品采集期间北京和仁川两地常规大气污染物浓度

2. 样品粒径分析

对采样台 1#～6#上颗粒等效直径进行分析，共测量了 4200 个颗粒(表 5-2)。经计算，颗粒平均直径分别为(15.6±7.0) μm、(7.5±2.6) μm、(3.8±1.4) μm、(2.3±1.0) μm、(1.3±0.6) μm、(0.9±0.6) μm，基本接近采样器各级的切割粒径(图 5-2)。只有采样台 6#上的颗粒直径偏大，主要是 S2 和 S3 上的颗粒增大所致。

表 5-2　不同采样台上颗粒等效直径(μm)

样品	采样台 1# (n =300)	采样台 2# (n=900)	采样台 3# (n =900)	采样台 4# (n =900)	采样台 5# (n =900)	采样台 6# (n =300)
S1	15.6±7.0	8.2±2.5	4.3±1.4	1.7±0.7	1.3±0.5	0.4±0.2
S2	15.3±6.9	7.2±2.6	3.7±1.4	2.7±0.9	1.3±0.6	0.9±0.3
S3	16.0±7.3	7.0±2.6	3.5±1.3	2.5±1.0	1.4±0.7	1.4±0.6
平均值±标准值	15.6±7.0	7.5±2.6	3.8±1.4	2.3±1.0	1.3±0.6	0.9±0.6

3. 样品颗粒的分类与化学组成分析

1) 分类原则

在 EPMA 测量颗粒物化学成分过程中，基于 X 射线能谱和二次电子图像对颗粒物进行分类，分类基本原则如下：

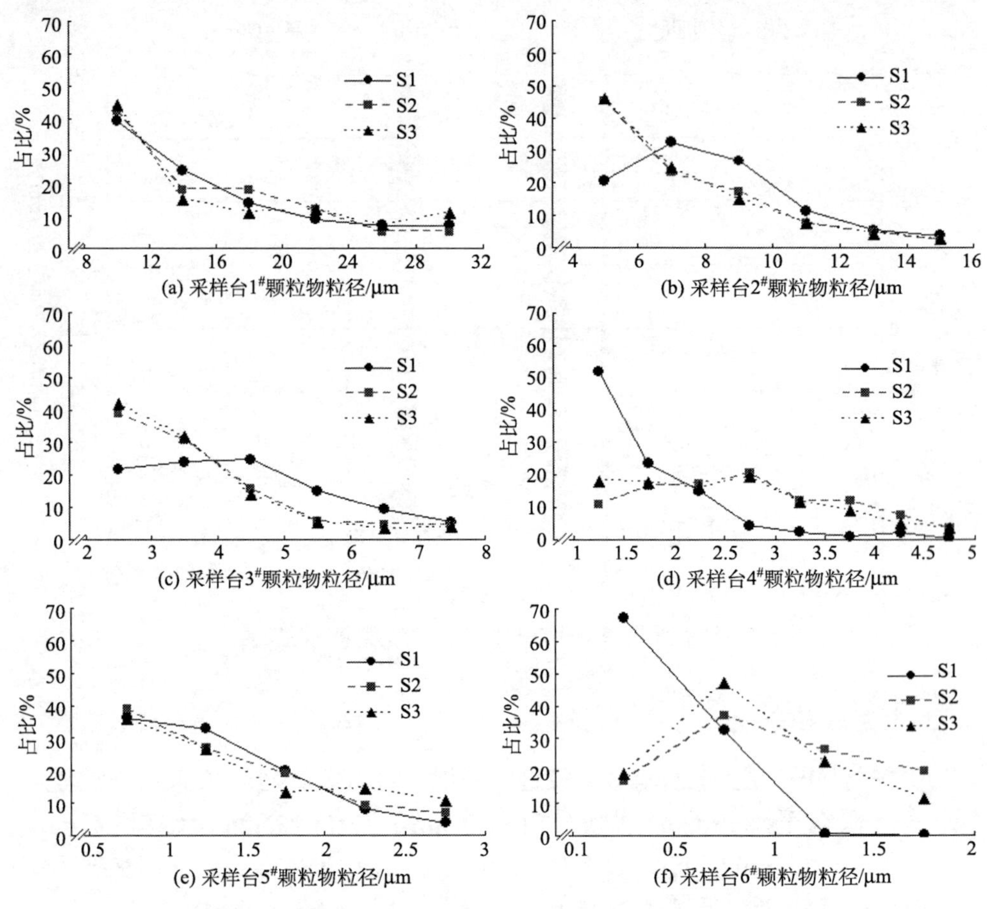

图 5-2　样品 S1～S3 中 6 个采样台上颗粒物平均粒径分析

(1) 如果某种化学成分占了这个颗粒的 90%以上，则认为这个颗粒仅由这种化学成分组成，可以看作一个单一成分的颗粒。

(2) 如果一个颗粒内部有两种或更多的组分，每种元素在颗粒物组分中所占的比例至少大于 10%，则认为这种颗粒是由不同组分混合而成。

(3) 如果某种元素在颗粒物组分中所占的比例小于 1.0%，则可以忽略，因为它可能是背景噪声引起的。

2) 颗粒物类别

基于以上分类原则将 S1～S3 样品中的颗粒物分为十大类。各类型的名称和特点见表 5-3，它们的二次电子像见图 5-3。根据颗粒类型计算它们在某一粒径范围内占测量颗粒总数的百分数，获得各类型颗粒物的相对丰度(图 5-4)。

表 5-3　颗粒物的类别及特点

种类		SEI 特征	X 射线能谱特征	主要来源
1.有机碳	水溶性有机颗粒	圆形或液滴状、发暗	以 C、O 为主且 C 和 O 含量接近，有时可检出 S、N	来源复杂，人工或自然源均有，有很多是二次有机碳颗粒
	固态有机颗粒	不规则形状、光亮		
2.元素碳	烟炱（烟尘集合体）(soot)	絮状或分支状	以 C、O 为主，且 C 含量 >3 倍的 O 含量	主要来源于燃烧产物
	焦油球（tar ball）	球形、明亮		
	煤尘或炭片（char）	不规则、较光亮		
3.初级矿物尘	石英（SiO_2）	形状不规则、发亮	Si 和 O 原子浓度比约为 1∶2，有时含少量 Al_2O_3、CaO	主要来源于土壤、风化的岩石、建筑工地等
	方解石或白云石[$CaCO_3$/$CaMg(CO_3)_2$]	形状不规则、发亮	含 Ca、C、O 或 Ca、Mg、C、O	
	铝硅酸盐（AlSi）	形状不规则、发亮	以 Al、Si、O 为主，含少量的 Na、K、Ca、Fe 等	
	二氧化钛（TiO_2）	形状不规则、发亮	以 Ti、O 为主，Ti∶O 原子浓度比约为 1∶2	
4.反应或老化的矿物尘	反应或老化的铝硅酸盐颗粒[AlSi+(N,S)]	形状不规则，局部地方发暗	以 Al、Si、O 为主，含有硫酸盐或硝酸盐	主要是矿物尘颗粒与硫氧化物或氮氧化物发生反应的产物，有些虽未反应，但覆盖或黏附有 $(NH_4)_2SO_4$ 或 NH_4NO_3 等二次气溶胶
	反应的 $CaCO_3$ 或 $CaMg(CO_3)_2$	产物包含硫酸钙、硝酸钙、硫酸镁、硝酸镁等，形状不规则或棒状，发暗	能谱图中含 Ca、Mg、O 外，可检测出明显的 N、S 谱峰（单独或者同时都有）	
5.二次颗粒	主要为含 CNOS 的颗粒，为 $(NH_4)_2SO_4$ 或 NH_4HSO_4 与水溶性有机物的混合产物，有时含有 NH_4NO_3	液滴状，发暗	含有 C、N、O、S 或只含 O、S，易受电子损伤	空气中 SO_2、NO_x、NH_3 等气态污染物反应生成的颗粒物，$(NH_4)_2SO_4$ 和 NH_4NO_3 是典型代表
6.海盐或含 NaCl 颗粒	新鲜海盐	明亮的立方体，周围有发暗的胶状物	Na、Cl 占比较大，原子浓度约为 1∶1，含有 C、O 及少量的 Ca、K 等	主要来源于海洋飞沫
	含 NaCl 的颗粒	明亮的立方体	主要为 Na、Cl，原子浓度约为 1∶1	来源于烹饪、沙漠岩盐、含盐土壤等
	由海盐或 NaCl 与硫氧化物、氮氧化物反应产生的 $NaNO_3$ 或 Na_2SO_4，或二者的混合物	颗粒发暗，为立方体、圆形或针状，视反应程度而变化	原子浓度 Na∶N∶O≈1∶1∶3 或 Na∶S∶O≈2∶1∶4，有时有 Cl、C、K、Mg 等	在空气中发生化学反应或老化的产物，有些与 NaCl 共存，是未完全反应的颗粒

续表

种类		SEI 特征	X 射线能谱特征	主要来源
7.富 K 颗粒	KCl、$KHSO_4$、K_2SO_4等	形状不规则，较亮	K 浓度＞10%，含 K、S、O 或 K、Cl 等	主要来源于生物质燃烧
8.富 Fe 颗粒	铁氧化物或铁氢氧化物，如 Fe_2O_3、Fe_3O_4、$Fe(OH)_3$等	形状不规则，明亮	以 Fe、O 为主，Fe 浓度＞20%	人为源和自然源均有，以人为源为主
9.飞灰	粉煤灰等	球形、光亮	含 Al、Si、O 及少量 Fe、Ca	矿物质高温熔融冷却的产物
10.其他	仅含 O 元素的颗粒	形状不规则	X 射线中只有 O 元素	
	仅含 Mg 元素的颗粒		X 射线中只有 Mg 元素	

3）主要类型颗粒物的化学组成与分布特征

（1）矿物尘颗粒。二次电子像中，矿物尘颗粒呈明亮不规则形貌，如图 5-3（a）～（c）中的颗粒#1、#3、#11、#13、#18、#32、#41 和#47。S1 中矿物尘颗粒的相对丰度超过了 88%，大于 S2、S3。在 S1 中未发现海盐和矿物尘颗粒的混合物，但这种混合物在 S2 和 S3 中却大量出现，说明沙尘传输过程中颗粒物成分发生了变化。在采样台 $1^{\#}$～$5^{\#}$中反应的矿物尘颗粒占有较大比重也说明了这个问题[图 5-4（a）]，S1、S2、S3 中反应的矿物尘颗粒平均相对丰度与初级矿物尘（即未反应的矿物尘）颗粒的比例分别为 71∶17、50∶6、48∶13。

在反应或老化的矿物尘颗粒中（不排除颗粒表面吸附 NH_4NO_3 的情况），无论是对 $CaCO_3$ 和 $CaMg(CO_3)_2$，还是对铝硅酸盐而言，含硝酸盐的颗粒远多于含硫酸盐的颗粒（表 5-4 和表 5-5），几乎不存在仅含硫酸盐而不含硝酸盐的颗粒，表明空气中氮氧化物比硫氧化物对沙尘的影响更大一些。

铝硅酸盐颗粒是矿物尘的重要组成部分，包括钠长石、钾长石、云母石、蒙脱石、伊利石、蛭石、高岭石、滑石、叶蜡石等。许多铝硅酸盐都含有镁（Mg），S1、S2、S3 样品中含镁铝硅酸盐在未反应的铝硅酸盐颗粒中所占比例分别为 73%、46%、40%，在反应的铝硅酸盐颗粒中分别占 74%、63%、63%。含镁铝硅酸盐在我国黄土高原和沙漠地区的土壤中广泛存在[4,5]，在沙尘暴发生期间的大气气溶胶中常能检测到这类颗粒[6-8]。因此，它们很大一部分可能是来源于沙尘区的土壤。根据 X 射线能谱，把这类含镁铝硅酸颗粒分为两类，一类只含 Al、Si、O、Mg 四种元素，另一类除 Al、Si、O、Mg 外，还含 Na、Fe、Ca、K、Cl、P、Ti 的一种或几种元素，它们在 S1 中的平均相对丰度（73.8%）大于 S2（54.6%）和 S3（51.8%）（表 5-5）。经计算，S2、S3 样品中无论是未反应的还是老化或反应的含镁铝硅酸盐颗粒中，Mg 与 Al、Mg 与 Si 的原子浓度比（[Mg]/[Al]、[Mg]/[Si]）均显著高于 S1 样品（图 5-5）。这表明北京和仁川的矿物尘颗粒在化学组成上存在差异，Mg 元素的浓度变化起着重要的指示作用，可能原因是矿物尘颗粒在海洋上空传输过程中与海盐颗粒发生相互碰撞或凝结，海盐中的 Mg 对含镁铝硅酸盐颗粒中[Mg]/[Al]、[Mg]/[Si] 原子浓度比的增加做出了贡献，该比值的增加或许可以作为沙尘颗粒在海上传输过程中发生老化的标志。

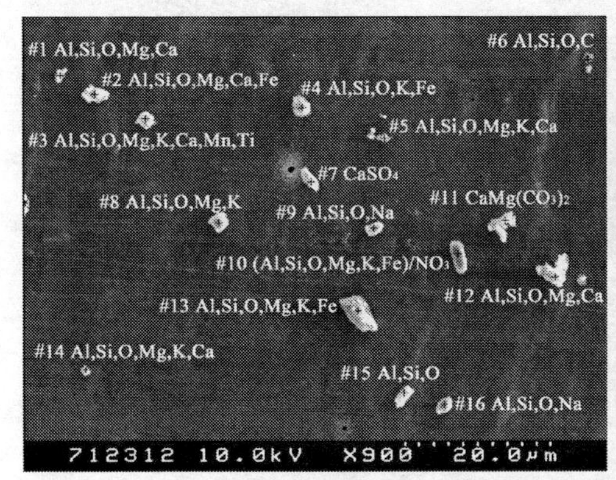

(a) 采样台4#采集的S1样品

(b) 采样台4#采集的S2样品

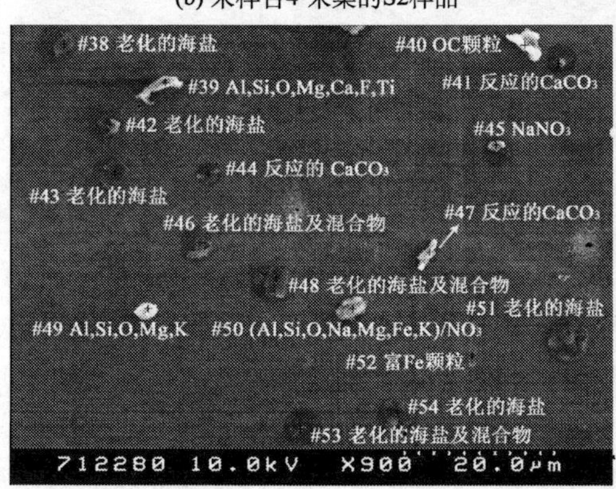

(c) 采样台4#采集的S3样品

(d) 采样台6#采集的S1样品

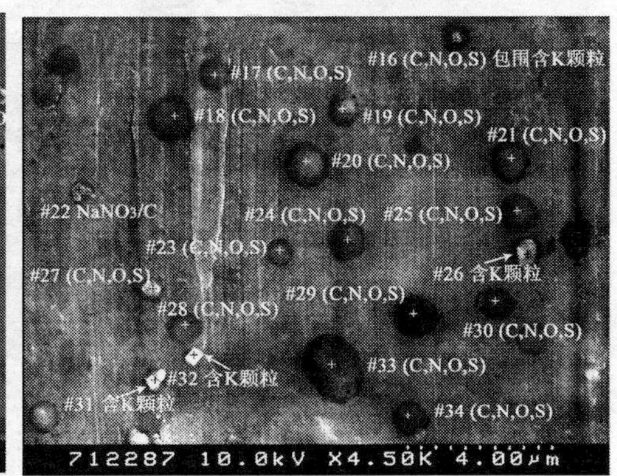

(e) 采样台6#采集的S2样品

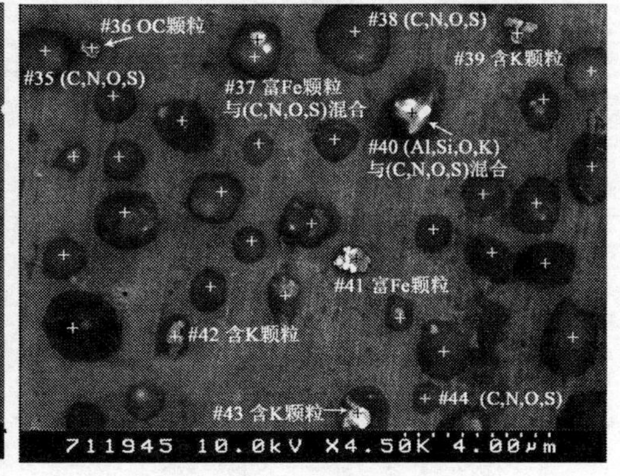

(f) 采样台6#采集的S3样品

图 5-3　S1～S3 样品中不同粒径范围典型颗粒的二次电子像

采样膜为铝箔，图(f)中做标记的颗粒全部为富含 CNOS 的颗粒，因空间有限未在图中标出

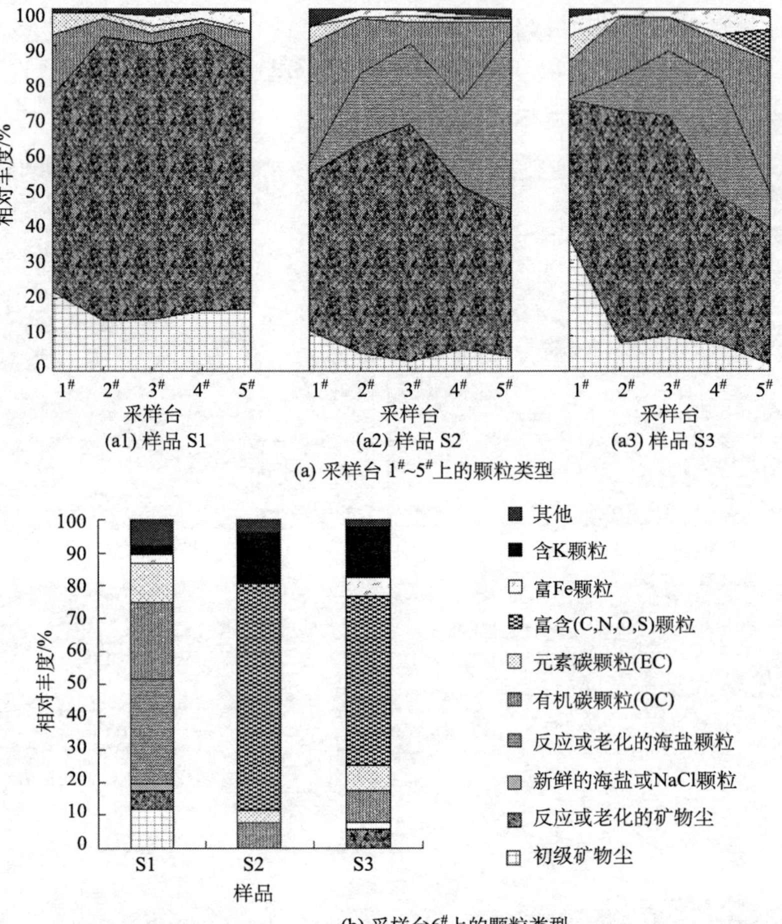

图 5-4　样品 S1～S3 中各类型颗粒物的相对丰度

表 5-4　样品 S1～S3 中 $CaCO_3$ 和 $CaMg(CO_3)_2$ 颗粒的数量相对丰度

颗粒物种类	相对丰度/%														
	S1					S2					S3				
	1#	2#	3#	4#	5#	1#	2#	3#	4#	5#	1#	2#	3#	4#	5#
1. 未反应的 $CaCO_3$ 或 $CaMgCO_3$	8	4	4	4	1	2	1	0	2	0	10	0	0	0	0
2. 反应的 $CaCO_3$ 或 $CaMgCO_3$	2	3	5	2	4	11	18	17	12	6	15	12	17	7	1
含硝酸盐	1	3	4	2	3	11	7	3	2	1	5	5	0	0	0
含硫酸盐	0	0	1	0	0	0	1	5	0	1	8	4	9	5	1
两者均含	1	0	0	0	1	0	10	9	10	4	2	3	8	2	0
3. 合计(1+2)	10	7	9	6	5	13	19	17	14	6	25	12	17	7	1

表 5-5 样品 S1～S3 中各类铝硅酸盐颗粒的相对丰度(%)

颗粒物种类	S1					S2					S3				
	1#	2#	3#	4#	5#	1#	2#	3#	4#	5#	1#	2#	3#	4#	5#
1. 未反应的铝硅酸盐	13	9	10	12	14	4	4	2	4	3	20	6	8	5	2
(1) Al Si O(有些含少量 Ca、P、Ti), 可能为高岭石	1	1	0	3	0	0	0	0	1	1	2	0	1	1	2
(2) Al Si O Fe,可能为铁铝榴石	1	0	0	0	0	0	0	0	0	0	1	0	0	0	0
(3) Al Si O K(有些含少量 Ca、Ti、Na), 可能为钾长石或伊利石	2	1	1	0	1	2	0	0	0	0	3	1	1	0	0
(4) Al Si O Na(有些含少量 Cl、Ca、Ti), 为钠长石	0	1	1	1	1	1	2	0	0	1	3	1	1	2	0
(5) Al Si O Mg, 可能为蛇纹石或镁铝榴石	1	1	3	4	7	0	0	0	0	0	3	0	1	0	0
(6) Al Si O Mg/含 Na、Fe、Ca、K、Cl、P、Ti 的一种或几种, 可能为蒙脱石或蛭石	8	4	5	4	5	1	1	1	2	1	8	3	3	1	0
2. 反应或老化的铝硅酸盐	40	66	61	66	57	26	35	46	28	31	23	45	40	32	33
(1) 含硝酸盐	38	65	61	64	56	20	33	38	25	26	21	41	29	27	19
Al Si O N(有些含少量P 或Ca)	2	4	3	2	2	1	3	4	5	3	2	1	0	3	5
Al Si O N Fe(有些含少量 Ti)	5	3	4	3	3	0	0	0	0	0	3	0	0	0	2
Al Si O N K(有些含少量 Fe、 Ca)	1	5	5	3	4	3	1	1	1	0	0	2	0	0	1
Al Si O N Na(有些含少量 Cl、K、Ca、P、Fe)	2	6	10	5	3	5	12	5	5	4	4	16	4	7	2
Al Si O N Mg	7	9	6	20	21	4	1	2	6	1	3	1	0	1	4
Al Si O N Mg/含 Na、Fe、Ca、K、Cl、P、Ti 的一种或几种	21	38	33	32	23	7	16	26	9	17	9	21	25	15	5
(2) 含硫酸盐	1	0	0	0	0	1	0	1	0	0	1	0	2	0	0
Al Si O S	0	0	0	0	0	0	0	0	0	0	0	0	1	0	0
Al Si O Mg S/含 Na、Fe、Ca、K、Cl、P、Ti 的一种或几种	1	0	0	0	0	1	0	0	0	0	1	0	2	0	0
(3) 同时含硫酸盐和硝酸盐	1	0	0	1	1	5	2	7	3	4	1	4	9	5	14
Al Si O N S(有些含少量 Na、Fe、Ca、K、P 或 Cl ,不含 Mg)	0	0	0	0	1	2	1	2	0	1	0	3	3	1	4
Al Si O N S Mg/含 Na、Fe、Ca、K、Cl、P、Ti 中的一种或几种	1	0	0	1	0	3	1	5	3	3	1	2	6	4	10

续表

颗粒物种类	S1					S2					S3				
	1#	2#	3#	4#	5#	1#	2#	3#	4#	5#	1#	2#	3#	4#	5#
3. 合计(1＋2)	53	75	71	78	71	30	39	47	32	33	43	51	48	37	35
4. 反应或老化的铝硅酸盐中含硝酸盐的颗粒占比/%	98	100	100	100	99	96	100	99	100	99	96	100	94	99	100
5. 未反应的铝硅酸盐中含镁颗粒的占比/%	69	63	83	68	83	25	33	81	54	37	55	56	61	27	0
6. 反应或老化的铝硅酸盐中含镁颗粒的占比/%	75	73	64	81	77	58	52	73	62	69	61	53	81	64	57
7. 所有铝硅酸盐(反应和未反应的)中含镁颗粒的占比(即5和6栏中的平均值)/%	72	68	74	75	80	42	43	77	58	53	58	55	71	46	29

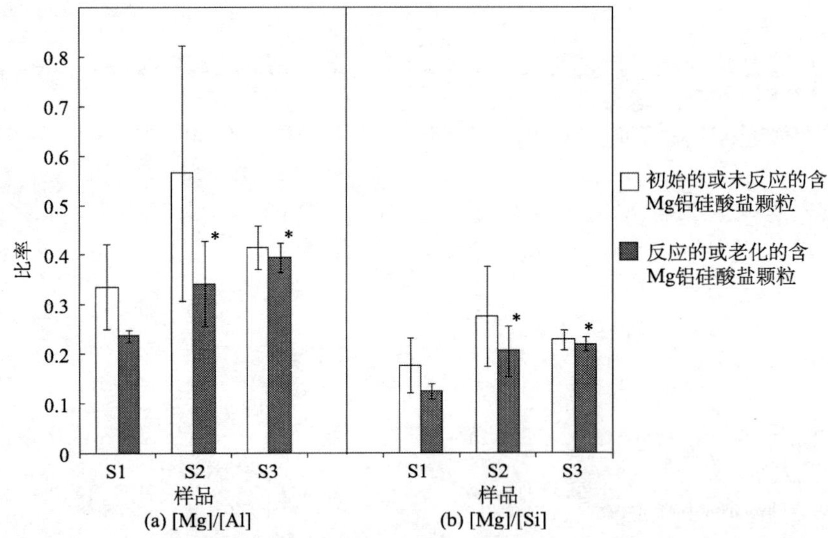

图 5-5　样品 S1～S3 中含 Mg 铝硅酸盐颗粒中 Mg 与 Al、Mg 与 Si 原子浓度的比值变化

图中结果为平均值±标准差，未反应的含 Mg 铝硅酸盐颗粒有 182 个，反应或老化的含 Mg 铝硅酸盐颗粒有 1152 个，[Mg]/[Al]、[Mg]/[Si]在不同样品中相互比较的统计学检验用学生氏 t 检验，$p<0.05$ 表示差异显著，有统计学意义

(2)海盐或含 NaCl 的颗粒。新鲜海盐或含 NaCl 的颗粒呈较规则的形式，在其能谱图上显示 Na、Cl 峰很高，且常含有少量的 C、O、Mg、Ca，新鲜海盐颗粒仅在 S2 中存在，且相对丰度很小：采样台 2#、采样台 4#、采样台 5#中的相对丰度均小于 1%。新鲜海盐易与空气中硫氧化物和氮氧化物发生反应，且可吸收

空气中的有机物或二次气溶胶发生老化。各样品中反应或老化的海盐颗粒的相对丰度结果(图 5-6)表明 S2、S3 样品中存在大量老化或反应的海盐，平均相对丰度分别为 24%和 14%。

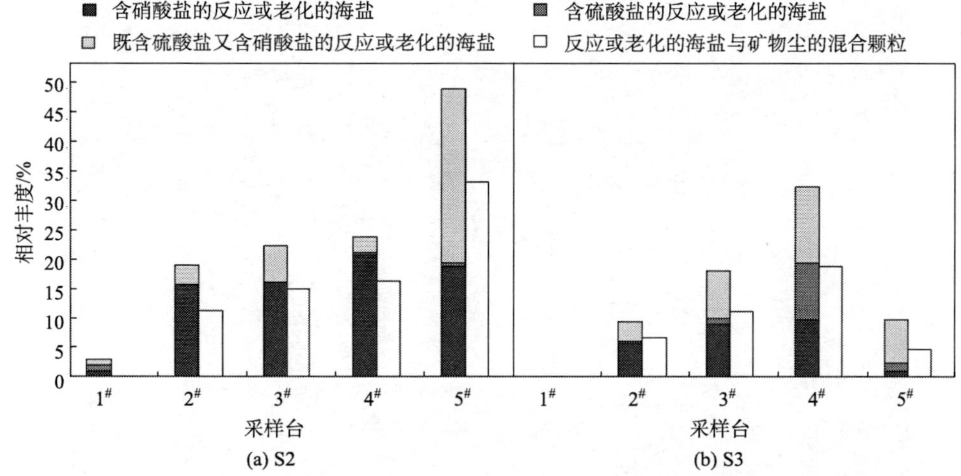

图 5-6　样品 S2 和 S3 中采样台 1#～采样台 5#各类反应或老化的海盐颗粒的相对丰度

根据颗粒物的二次电子像及 X 射线能谱数据，反应或老化的海盐颗粒可分为三类：第一类是含硝酸盐(NO_3^-)的，如 $NaNO_3$、$Mg(NO_3)_2$ 及其与 NaCl 的混合物，是海盐颗粒与空气中氮氧化物的反应产物；第二类是含硫酸盐(SO_4^{2-})或甲磺酸盐($CH_3SO_3^-$)类的，如 Na_2SO_4、$MgSO_4$ 及其与 NaCl 的混合物，主要是由海盐颗粒与空气中 SO_2、H_2SO_4 或二甲基硫醚(DMS)氧化产生的甲磺酸反应生成的产物[9]。在黄海和渤海上空，与人为排放的 SO_2 或 NO_x 相比，主要由海洋生物释放的 DMS 氧化作用对于海盐中硫酸盐的形成可以忽略；第三类是既含 NO_3^- 又含 SO_4^{2-} (或 $CH_3SO_3^-$)、成分比较复杂的混合颗粒物。这三类颗粒物的相对丰度表明，反应或老化的海盐中绝大部分都含有硝酸盐(图 5-6)。另外，对于反应的海盐与矿物尘的混合颗粒也做了统计，它们在 S2 中相对丰度为 65%(采样台 2#～采样台 5#分别为 58%、67%、68%、67%)，在 S3 中的相对丰度为 60%(采样台 2#～采样台 5#分别为 71%、61%、58%、48%)，表明沙尘暴在海面传输时沙尘颗粒与海盐颗粒会发生充分混合，混合模式可总结为以下三种(图 5-7)：①大颗粒矿物尘与小颗粒海盐碰撞(或大量矿物尘颗粒与少量海盐混合)；②矿物尘与海盐颗粒尺寸相近；③小颗粒矿物尘与大颗粒海盐碰撞(或少量矿物尘与大量海盐混合)。第三种情况就是上面提到的“反应的海盐与矿物尘的混合物”，其成分包括 $NaNO_3$、$Mg(NO_3)_2$、Na_2SO_4、$MgSO_4$、SiO_2、$CaCO_3$、铝硅酸盐等。当第一种和第二种情况出现时，会出现含海盐成分的矿物尘颗粒，推测 $NaNO_3$ 和 $Mg(NO_3)_2$

等成分黏附在矿物尘的表面，甚至会与矿物尘中的一些离子发生部分反应，导致这些颗粒中 Mg 含量增加，从而使 Mg/Al、Mg/Si 原子浓度比值增大(图 5-5)，这类颗粒中常伴随有 Na 的存在。

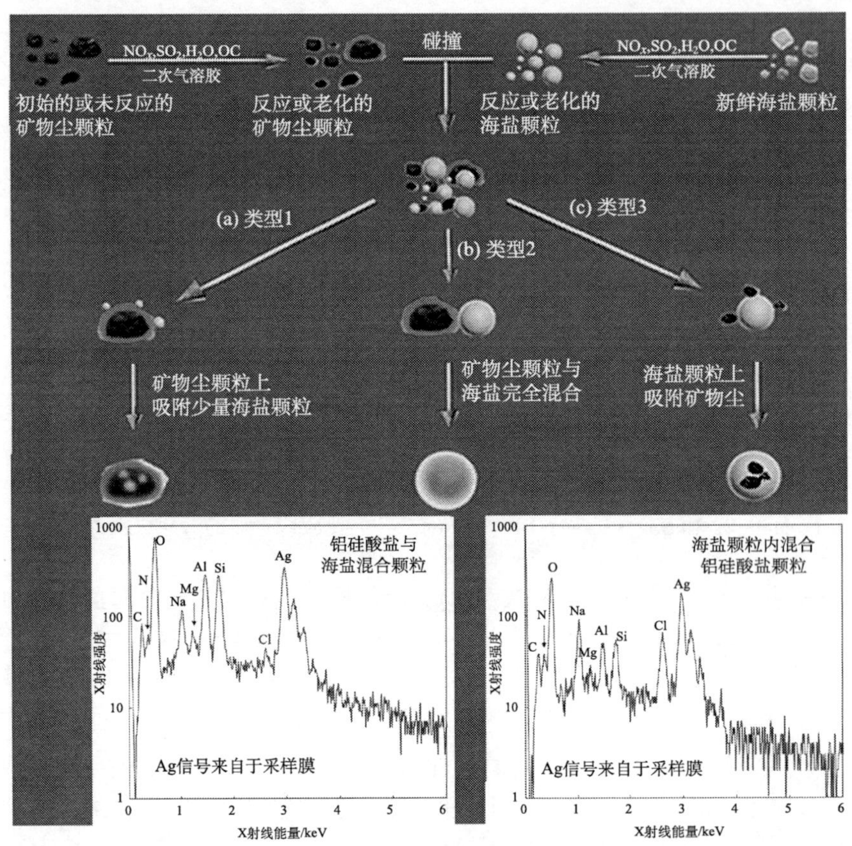

图 5-7 海盐颗粒与矿物尘颗粒混合模式的示意图及混合物的 X 射线能谱图

定量 EPMA 技术可以清晰地区分海盐的存在状况：是否为新鲜海盐，是否为部分反应(或老化)的或是反应完全的海盐。通过计算海盐颗粒中 [Cl]/[Na]、[Cl]/[N]、[Cl]/[S]原子浓度比值的改变可以观察 Cl 元素的损耗和反应的进展程度(表 5-6 和表 5-7)。反应或老化的海盐颗粒中[Na]/[S]比值为 0.5～1.08，远大于海水中[Na]/[S]比值(0.083)，表明绝大部分硫酸盐不是来自海水中，而是在空气中发生反应的产物。样品 S2、S3 中，反应或老化的海盐中含硝酸盐的颗粒[N]/[Na]比值分别为 1.14、0.88，与 $NaNO_3$ 中的[N]/[Na]比值接近。

表 5-6　样品 S2 反应或老化的海盐颗粒中 Na、N、S、Cl 的原子浓度及其比值

采样台	元素原子浓度/at%					元素原子浓度比值			
	n	Na	N	S	Cl	Cl/Na	Cl/N	Cl/S	S/Na
(1) 反应或老化的海盐中含硝酸盐的颗粒									
st1	1	17	18	—	0	0	0		
st2	47	13	17	—	2	0.15	0.12		
st3	48	10	17	—	2	0.20	0.12		
st4	62	13	15	—	2	0.15	0.13		
st5	56	16	12	—	2	0.13	0.17		
平均		14	16	—	2	0.13	0.11		
(2) 反应或老化的海盐中含硫酸盐的颗粒									
st 1	1	17		2	4	0.24		2	0.12
st2	1	16		6	0	0		0	0.38
st3	0								
st4	1	9		11	0	0		0	1.22
st5	2	16		8	0	0		0	0.50
平均		15		7	1	0.06		0.50	0.55
(3) 反应或老化的海盐中既含硝酸盐又含硫酸盐的颗粒									
st 1	1	19	3	11	1	0.05	0.33	0.09	0.58
st2	9	10	11	5	2	0.20	0.18	0.40	0.50
st3	19	9	9	5	1	0.11	0.11	0.20	0.56
st4	8	8	10	5	0	0	0	0	0.63
st5	88	14	8	4	1	0.07	0.13	0.25	0.29
平均		12	8	6	1	0.09	0.15	0.19	0.51

表 5-7　样品 S3 反应或老化的海盐颗粒中 Na、N、S、Cl 的原子浓度及其比值

采样台	元素原子浓度/at%					元素原子浓度比值			
	n	Na	N	S	Cl	Cl/Na	Cl/N	Cl/S	S/Na
(1) 反应或老化的海盐中含硝酸盐的颗粒									
st1	0					0.25	0.21		
st2	17	12	14		3	0.05	0.06		
st3	26	22	17		1	0.06	0.06		
st4	29	18	17		1	0	0		
st5	3	16	12		0	0.09	0.08		
平均		17	15		1	0.13	0.11		
(2) 反应或老化的海盐中含硫酸盐的颗粒									
st 1	0								
st2	1	8		12	0	0		0	1.5

续表

采样台	元素原子浓度/at%					元素原子浓度比值			
	n	Na	N	S	Cl	Cl/Na	Cl/N	Cl/S	S/Na
(2) 反应或老化的海盐中含硫酸盐的颗粒									
st3	3	8		12	1	0.13		0.08	1.5
st4	29	12		11	1	0.08		0.09	0.92
st5	4	18		7	0	0		0	0.39
平均		12		11	1	0.05		0.04	1.08
(3) 反应或老化的海盐中既含硝酸盐又含硫酸盐的颗粒									
st 1	0								
st2	10	11	7	7	1	0.09	0.14	0.14	0.64
st3	23	15	10	5	1	0.07	0.10	0.20	0.33
st4	39	14	10	6	1	0.07	0.10	0.17	0.43
st5	22	13	15	8	0	0	0	0	0.62
平均		13	11	7	1	0.06	0.09	0.13	0.50

S1 样品采样台 6#中出现的含 NaCl 颗粒(直径小于 1 μm)的相对丰度为 32%，这些颗粒的二次电子像与来自黄海的海盐颗粒不同，比较图 5-3(d)颗粒#3 和图 5-8，它们看起来较干燥，粒径也比同级别的海盐颗粒小，可能是来自沙漠的岩盐，研究期间的气团后向轨迹(air-mass backward trajectories)显示含沙尘气团经过位于北京北部的浑善达克沙漠及内蒙古呼伦贝尔湖[3]，干涸的盐湖或富盐土壤中的岩盐颗粒在传输过程中，也可与 NO_x/HNO_3 反应生成 $NaNO_3$，它们穿过黄海海面时会与海盐颗粒混合，使在下游采集的颗粒样品(S2 和 S3)中，无法通过 EPMA 辨别它们是否最初来自于岩盐或富盐土壤。

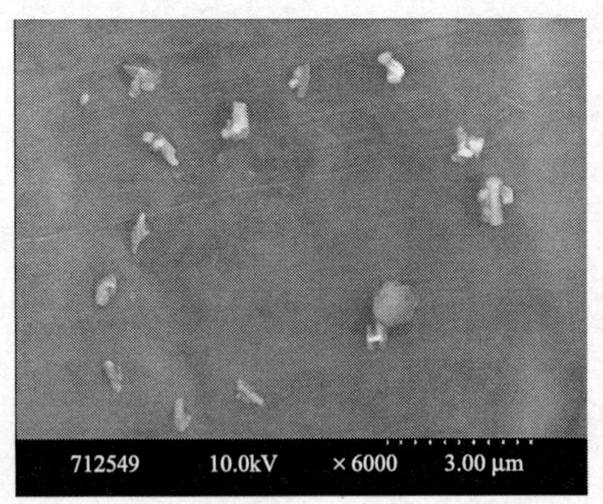

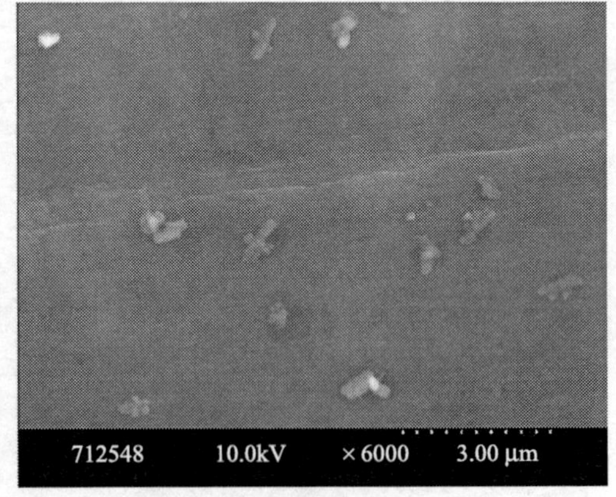

图 5-8 北京样品中含 NaCl 和 $NaNO_3$ 颗粒的二次电子像

(3)含碳颗粒和富含 CNOS 的颗粒。含碳颗粒主要包括元素碳(EC)和有机碳(OC)两大类。所测样品采样台 1#～采样台 5#中 EC 的相对丰度平均约为 2%，小于 OC 在 S1、S2、S3 的平均相对丰度(分别为 7%、16%、17%)。仁川采集的样品中 OC 的相对丰度大于北京，可能一部分 OC 颗粒是在沙尘暴通过黄海海面时形成的。此外，样品 S1 的采样台 6#中 OC 颗粒的相对丰度为 23.6%，比 S2、S3 中的高(S2、S3 中分别为 7.7%、9.6%)。

富含 CNOS 的颗粒二次电子像呈圆形或液滴状，X 射线能谱显示出较强的 C、N、O、S 峰，很少有其他元素存在，目前认为这些颗粒为含碳物质与 $(NH_4)_2SO_4$ 或 NH_4HSO_4 的混合物，是二次颗粒的典型代表，主要由空气中的硫氧化物或氮氧化物与氨气反应形成，由于它们吸湿性较强，易与空气中水溶性有机碳相混合。通常情况下该类颗粒物中可检测出的 N 含量较低，因为 NH_4^+、NO_3^- 等易受电子损伤，真空环境中也易挥发，但有时也发现 N 浓度远大于 S 浓度的情况(图 5-9)，可能该类颗粒物中含有较多的 NH_4NO_3 或有机氮。

富含 CNOS 的颗粒集中在样品 S2、S3 的采样台 6#中，说明这种颗粒粒径较小，在空气湿度较大的环境中容易产生。OC 颗粒在穿越海洋上空过程中，有些也可能因湿度增大而溶解于水，与 $(NH_4)_2SO_4$ 或 NH_4NO_3 混合后转化为富含 CNOS 的颗粒。

(4)富 Fe 颗粒和含钾颗粒。富 Fe 颗粒的二次电子像呈现明亮且不规则状，能谱图中显示较强的 Fe、O 峰，有时有少量的 C、Si、Al 等，如图 5-3(c)颗粒#52、图 5-3(d)颗粒#2 及#5、图 5-3(f)颗粒#41。它们可能来自针铁矿石(goethite)、赤铁矿石(hematite)或磁铁矿石(magnetite)，既有人为源也有自然源，在 S1、S2、S3 样品采样台 1#～采样台 5#的平均相对丰度分别为 2%、1%、4%。富 Fe 颗粒随沙尘暴传输，其中一部分可能会沉降于黄海中，为海水补充 Fe 离子，为海洋生物提供营养元素[4]。

含 K 颗粒主要来自生物质的燃烧[5]，全部集中在采样台 6#中，说明它们粒径较小，在 S1 中的相对丰度(2.4%)小于 S2 和 S3(均为 15.4%)，可能与沙尘暴传输到韩国境内吸收较多含 K 颗粒有关，大气中较多含 K 颗粒可能与韩国当地饮食结构有关(如烤肉比较普遍)。

4. 沙尘暴传输过程中大气颗粒物老化或反应机理总结

通过美国国家海洋和大气管理局网站(http://www. noaa.gov/web.html)计算的气团后向轨迹显示本次沙尘暴起源于蒙古戈壁，经过中国干旱和半干旱地区(包括内蒙古自治区和河北省)到达北京，然后穿过黄海上空和韩国仁川市继续向东，海面上停留的时间为 5～8 h。沙尘颗粒在传输过程中一部分沉降到地面或海里，一部分在空气中发生各种转化和反应，其反应过程总结于图 5-10 中，其中沙尘颗粒与海盐颗粒的碰撞、含硝酸盐的反应或老化颗粒的增加及富含 CNOS 颗粒的形成是颗粒物传输过程中发生的主要变化。

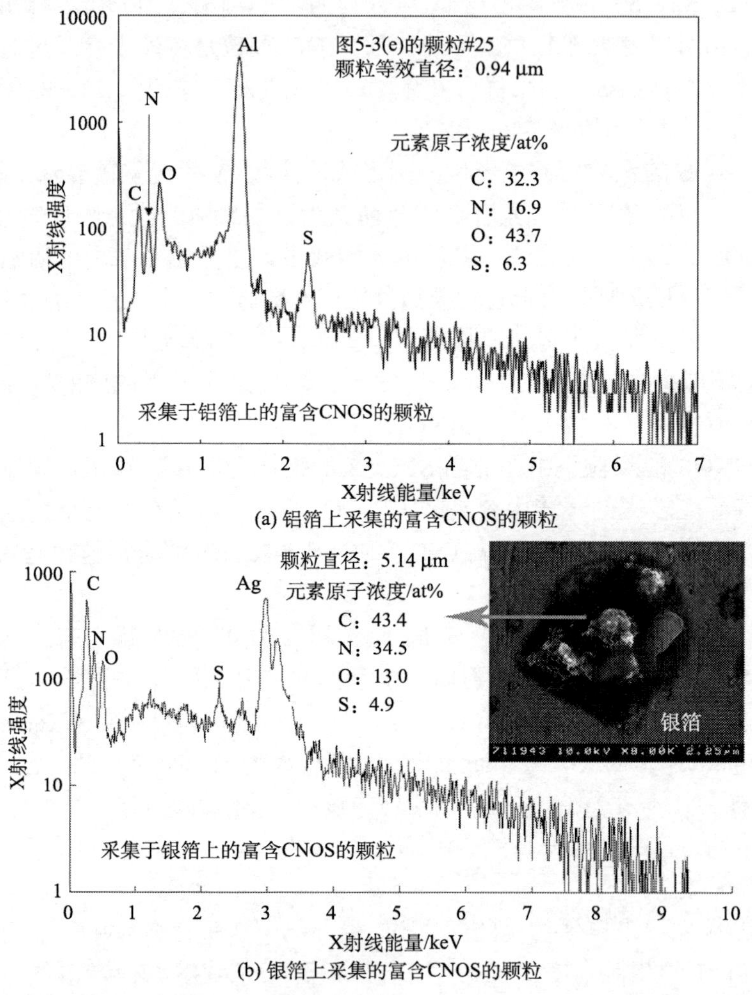

图 5-9　典型的富 CNOS 颗粒中 N 含量高于 S 含量的情况

5.1.2　沙尘暴期间海洋大气边界层气溶胶形貌和成分特点分析

1. 样品采集与测定分析

2006 年 4 月底至 5 月初亚洲发生较大的沙尘暴，经过蒙古、内蒙古、京津冀等地到达渤海湾和黄海，研究者在沙尘暴到达前一天及沙尘暴经过期间于一艘来往于韩国仁川港和中国天津港的客船上采集海洋大气边界层气溶胶颗粒样品[6]。

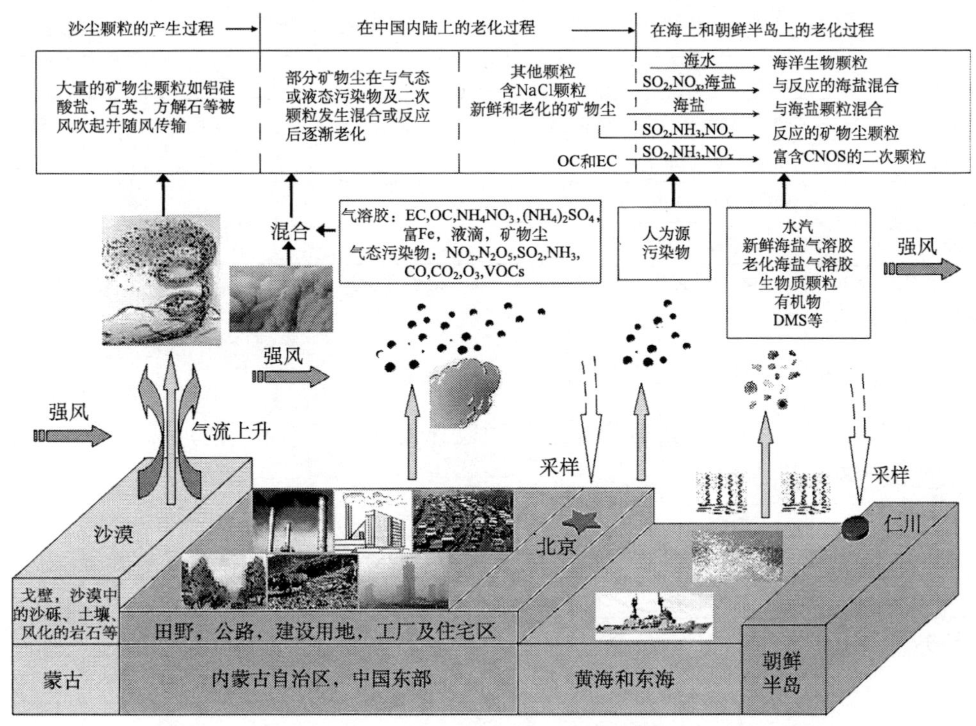

图 5-10　沙尘暴期间沙尘传输过程中的混合与老化过程示意图

使用 Dekati PM_{10} 分级采样器采集采样台 2#和采样台 3#的样品，切割直径分别为 2.5～10 μm、1.0～2.5 μm，采样膜为洁净的银箔(纯度 99.9%)。将采样器置于船舷侧面，避开船体本身排放的大气污染物的影响，采样点距海平面大约 15 m，采好的样品保存在密封的塑料盒内。

选择三个采样区采集六组样品，第一个在天津塘沽口附近的渤海湾，代表受中国大陆影响较大的上风向区；第二个在渤海和黄海交界的渤海海峡，代表相对清洁的海洋环境；第三个在仁川港附近的京畿湾(Kyonggi-man)，代表受海洋及首尔、仁川等城市影响较大的下风向区(表 5-8)。选择 1800 个颗粒物进行测量和分析，测量仪器为带超薄窗口能谱仪的扫描电镜(Hitachi S-3500N)，探测器分辨率为 133 eV(Mn K_α 的 X 射线)，加速电压 10 kV，电子束电流 1.0 nA，分析流程见第 4 章 4.2 节。

表 5-8　样品名称与采样时间、地点

样品	采样时间(北京时间)	采样地点
N1	2006-04-28　21:30～00:30	韩国京畿湾：距仁川港很近，为黄海的一部分
D3	2006-05-01　06:50～12:00	

续表

样品	采样时间(北京时间)	采样地点
N2	2006-04-29 09:20～15:00	渤海海峡：位于辽东半岛和山东半岛之间，连接着渤海和黄海
D2	2006-04-30 20:00～21:40	
N3	2006-04-29 15:00～18:00	天津塘沽口附近的渤海湾
D1	2006-04-30 13:00～16:05	

注：N1、N2、N3 为非沙尘暴天气样品， D1、D2、D3 为沙尘暴天气下采集的样品。

2. 颗粒物的类型与特征

根据二次电子像和能谱图将测定的颗粒分为 15 类，它们的形貌特征和元素组成见表 5-9 和图 5-11。

表 5-9 图 5-11 中各颗粒元素原子浓度

类型	样品 N3 和 D3 中颗粒物元素原子浓度/at%
1.初级矿物尘颗粒	
(1)铝硅酸盐颗粒(以 Al、Si、O 为主，简写为 AlSi)	**N3:** **#1**(C：7.5；O：61.2；Al：8.1；Si：19.5；K：3.5)；**#5**(C：9.9；O：54.8；Na：5.2；Mg：2.2；Al：8.0；Si：11.6；K：2.1；Ti：1.2；Fe：4.9)；**#14**(C：7.0；O：55.6；Al：8.5；Si：23.8；K：5.1)；**#17**(C：7.0；O：57.7；Na：1.8；Mg：1.5；Al：7.4；Si：17.2；Ca：5.9；Fe：1.4)；**#22**(O：60.2；Mg：2.7；Al：11.9；Si：19.7；K：2.9；Fe：2.1)；**#27**(C：2.9；O：64.0；Mg：2.3；Al：11.2；Si：17.2；K：2.5)；**#30**(O：52.6；Mg：4.5；Al：16.1；Si：22.5；Fe：4.3)；**#31**(C：5.3；O：57.6；Al：13.7；Si：20.3；Ca：1.1；Ti：1.3)；**#34**(C：18.3；O：54.3；Mg：1.6；Al：6.9；Si：10.3；K：1.3；Ca：5.9)；**#46**(C：15.7；O：50.2；Al：11.8；Si：20.6) **D3：** **#52**(C：9.7；O：53.6；Na：3.2；Al：8.8；Si：16.5；Ca：3.0；K：2.2；Fe：2.4)；**#54**(C：1.8；O：61.7；Na：5.1；Al：9.2；Si：21.3)；**#62**(C：5.7；O：63.7；Al：10.7；Si：15.5；K：2.8)；**#73**(C：1.2；O：53.6；Mg：2.4；Al：13.2；Si：22.0；Ca：7.3)； **#81**(C：7.4；O：57.7；Na：2.9；Mg：1.7；Al：8.9；Si：15.1；Ca：5.9)；**#83**(C：8.8；O：60.0；Mg：2.6；Al：8.8；Si：14.1Ca：4.1)；**#87**(O：66.5；Al：8.5；Si：22.3；K：2.6)
(2) SiO_2	**N3：** **#15**(C：6.6；O：62.4；Si：30.0)；**#25**(C：3.1；O：66.0；Si：30.0)；**#33**(C：7.0；O：61.9；Si：29.8)； **D3：** **#53**(C：2.3；O：66.7；Si：31.0)；**#65**(C：1.4；O：65.1；Si：33.4)；**#76**(C：4.0；O：64.3；Si：31.5)
(3) $CaCO_3$ 或 $(Ca,Mg)CO_3$	**N3：** **#9**(C：21.7；O：48.7；Mg：4.7；Si：1.0；Ca：20.5)；**#13**(C：17.1；O：58.0；Mg：1.1；Ca：20.4)；**#40**(C：19.8；O：60.1；Ca：20.0)；**#43**(C：17.4；O：59.8；Mg：1.4；Al：1.7；Si：2.8；Ca：16.8) **D3：** **#49**(C：19.1；O：61.6；Ca：18.5)

续表

类型	样品 N3 和 D3 中颗粒物元素原子浓度/at%
2.反应或老化的矿物尘颗粒	
(1)反应或老化的铝硅酸盐颗粒[AlSi+(N,S)]	**N3：#3**(C：4.1；N：7.1；O：53.6；Na：5.9；Mg：3.5；Al：6.8；Si：12.5；K：2.1；Fe：3.7)；**#7**(C：2.5；N：7.2；O：51.2；Na：4.3；Mg：3.0；Al：7.7；Si：17.9；Fe：1.8)；**#12**(C：11.9；N：3.7；O：49.4；Na：2.7；Mg：3.1；Al：8.8；Si：18.9；Fe：1.1)；**#21**(C：4.7；N：4.9；O：65.1；Mg：1.5；Al：5.0；Si：14.2；S：2.0；Ca：2.1)；**#28**(C：13.1；N：6.6；O：52.4；F：2.4；Mg：3.7；Al：5.8；Si：11.8；Cl：1.0；K：1.4；Ca：1.3)；**#39**(C：6.0；N：3.4；O：64.9；Na：1.2；Mg：2.8；Al：4.9；Si：9.5；S：3.4；Ca：3.9)；**#44**(N：3.7；O：64.3；Na：2.1；Mg：10.2；Al：5.2；Si：14.2) **D3：#48**(C：6.0；N：4.7；O：62.9；Na：1.7；Al：8.1；Si：11.1；S：3.9；Ca：1.4)；**#51**(C：6.7；N：5.4；O：57.1；Mg：1.7；Al：9.5；Si：15.7；K：1.1；Fe：1.8)；**#58**(C：11.9；N：7.1；O：54.3；Na：2.8；Mg：2.1；Al：6.6；Si：14.0)；**#84**(C：8.1；N：4.3；O：56.5；Al：8.3；Si：19.2；K：1.0；Ti：1.0)；**#88**(C：8.0；N：5.0；O：55.5；Mg：1.7；Al：9.0；Si：17.0；K：2.2；Fe：1.1)
(2)反应的 $CaCO_3$ 或 $(Ca,Mg)CO_3$	**N3：#20**(C：20.3；N：2.9；O：46.8；Na：3.7；Mg：2.5；S：4.2；Ca：19.0)；**#26**(C：13.0；N：4.5；O：65.3；Mg：1.8；S：2.2；Ca：12.7)；**#36**(C：5.6；O：67.1；Si：1.4；S：9.2；Cl：1.2；Ca：14.5)；**#42**(C：4.2；N：4.6；O：63.5；Al：1.6；Si：1.8；S：7.9；Ca：15.7) **D3：#70**(C：9.7；N：4.7；O：59.9；Mg：2.2；S：9.1；Ca：14.3)；**#77**(C：21.3；N：5.3；O：47.8；Na：3.7；Mg：2.5；S：4.2；Ca：15.0)
3.海盐颗粒	
(1)新鲜海盐 (2)反应或老化的海盐	**N3：#6**(O：11.9；Na：45.3；Mg：4.3；Cl：38.5)；**#8**(C：1.8；O：6.9；Na：37.8；Mg：10.8；Cl：42.6)；**#10**(C：1.8；O：36.9；Na：27.8；Mg：10.8；Cl：22.6) **N3：#2**(N：18.5；O：50.3；Na：22.8；Mg：1.3；S：3.8；Cl：3.1)；**#18**(N：19.5；O：58.4；Na：20.1；Mg：1.9)；**#23**(N：18.8；O：59.3；Na：20.2；S：1.7) **D3：#60**(C：1.4；N：18.8；O：59.5；Na：19.6)；**#67**(N：18.1；O：57.6；Na：19.0；Mg：5.2)
(3)反应或老化的海盐及混合物	**N3：#19**(O：58.8；Na：15.3；S：11.7；Cl：3.7；Ca：9.9) **D3：#59**(C：14.9；N：13.4；O：37.4；Na：13.5；Cl：4.9；Ca：12.2)；**#61**(C：9.2；N：4.9；O：46.3；Na：20.2；S：2.4；Cl：7.1；Ca：4.7)；**#64**(C：6.6；N：3.8；O：51.5；Na：13.7；S：1.1；Cl：11.5；Ca：11.7)；**#71**(C：8.8；N：6.9；O：53.7；Na：12.8；Mg：1.8；S：3.9；Ca：12.0)；**#82**(C：11.1；N：7.7；O：61.8；Na：7.3；Al：1.2；Si：2.4；S：3.7；Cl：1.0；Ca：3.8)
4.含碳或碳质颗粒	
(1)元素碳(EC)	**N3：#16**(C：83.1；O：16.9)；**#35**(C：86.8；O：12.7) **D3：#79**(C：93.0；O：7.0)
(2)有机碳(OC)	**N3：#37**(C：49.4；N：2.9；O：43.4；Na：1.3；Mg：1.4) **D3：#75**(C：37.7；N：9.1；O：43.8；P：2.3；K：2.1；Ca：1.0)；**#91**(C：64.1；O：35.9)
5.富含 CNO 的液滴颗粒	**N3：#32**(C：18.6；N：22.7；O：53.0；Mg：5.1)；**#45**(C：16.9；N：24.8；O：51.6；Mg：5.8) **D3：#50**(C：32.0；N：33.6；O：29.9；Mg：3.4)；**#55**(C：34.0；N：25.6；O：35.1；Mg：5.3)；**#56**(C：31.6；N：34.3；O：28.1；Mg：5.9)；**#57**(C：32.7；N：33.1；O：28.6；Mg：5.6)；**#63**(C：23.4；N：30.5；O：39.9；Na：1.6；Mg：4.6)；**#68**(C：33.2；N：29.2；O：28.7；Na：2.0；Mg：5.9)；**#72**(C：22.2；N：23.8；O：48.8；Na：1.3；Mg：3.1)；**#78**(C：22.8；N：23.8；O：48.7；Mg：3.8)；**#89**(C：19.4；N：32.6；O：41.8；Mg：5.2)；**#90**(C：22.1；N：29.4；O：41.9；Na：2.8；Mg：3.8)；**#92**(C：22.1；N：25.0；O：49.2；Mg：3.7)

续表

类型	样品 N3 和 D3 中颗粒物元素原子浓度/at%
6.富 Fe 颗粒	**N3**：**#11**（C：2.2；O：69.3；Na：1.0；Mg：1.4；Al：1.0；Si：2.8；Fe：22.2）；**#41**（C：1.5；O：64.5；Fe：34.0） **D3**：**#66**（C：8.5；O：54.5；S：6.5；Ca：5.7；Fe：23.5）；**#85**（O：56.2；Fe：43.8）
7.飞灰	**N3**：**#4**（C：2.8；O：63.4；Si：1.8；Ti：12.4；Mn：4.0；Fe：12.2）；**#47**（C：3.6；O：62.0；Fe：34.4） **D3**：**#80**（C：1.4；O：65.5；Al：15.2；Si：15.4；Fe：2.5）；**#86**（C：2.1；O：61.9；Na：1.4；Mg：1.0；Al：12.1；Si：19.4）
8.其他	**N3**：**#24**（O：21.7；Cl：78.3）；**#29**（O：19.8；Na：4.4；Cl：75.8）；**#38**（O：11.3；Cl：88.7） **D3**：**#69**（C：7.8；O：62.8；Cl：1.3；Ti：27.1）(TiO_x)；**#74**（C：46.9；N：29.8；Cl：23.3）

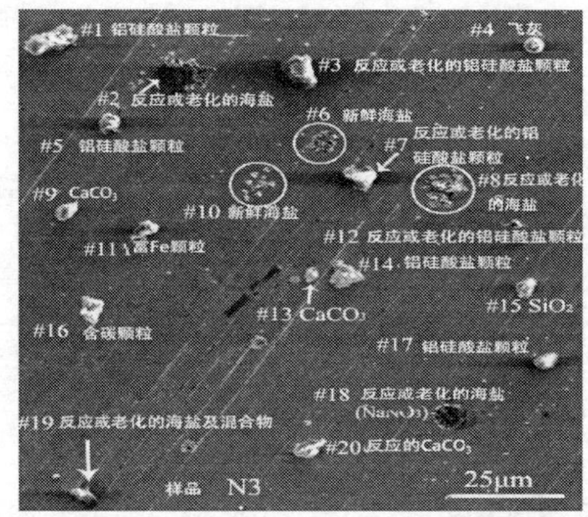

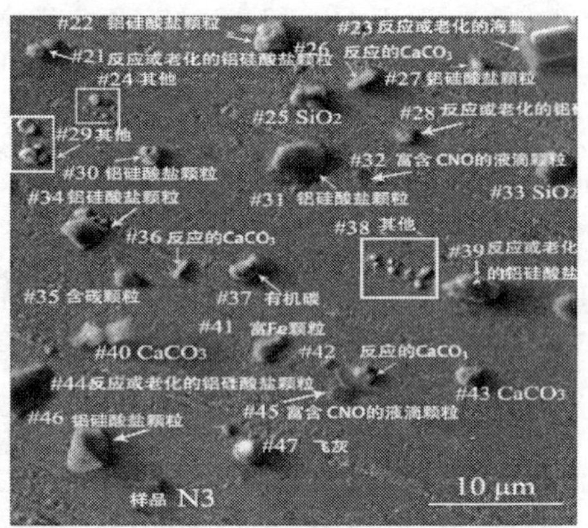

(a) 非沙尘暴样品

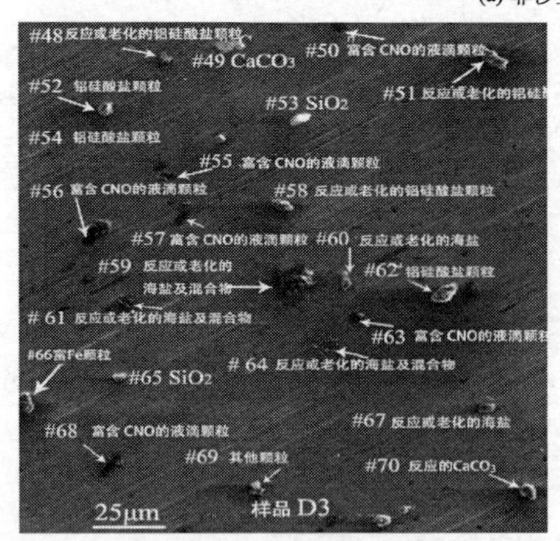

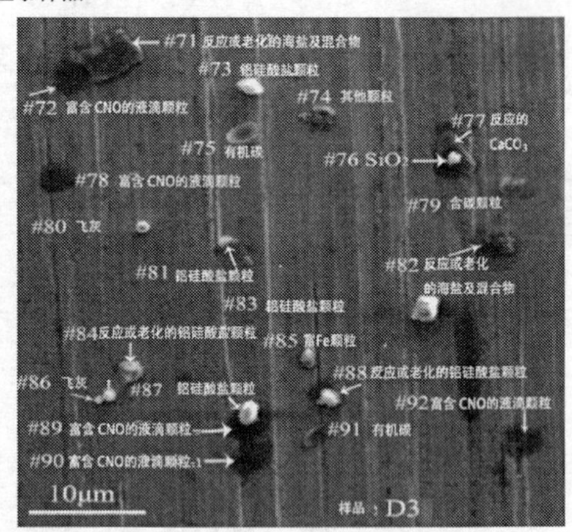

(b) 沙尘暴样品

图 5-11　非沙尘暴和沙尘暴天气下典型颗粒的二次电子像

显示了 14 种典型颗粒，每种颗粒的元素构成及原子浓度见表 5-9。(N, S) 表示含硝酸盐或硫酸盐或二者兼有的复合物

1）矿物尘颗粒

初级矿物尘颗粒主要来源于采石场或农田土壤，代表类型有铝硅酸盐、石英（SiO_2）、方解石（$CaCO_3$）、白云石[$CaMg(CO_3)_2$]等，如图 5-11 的#1、#5 和#15 颗粒等。反应或老化的矿物尘颗粒，主要是“反应的 $CaCO_3$ 或 $CaMg(CO_3)_2$”，如 $CaSO_4$、$Ca(NO_3)_2$ 等（图 5-11 的颗粒#20、#26、#36、#42、#70、#77），以及“反应或老化的铝硅酸盐”（图 5-11 的颗粒#3、#12、#21、#39、#44、#58、#84、#88）。

由于铝硅酸盐矿物尘包含多种类型，如长石、云母、高岭土、沸石及其他含 Al 和 Si 的矿石颗粒，不同类型其含有的阳离子不同，从而导致 O、Si、Al 原子浓度并不固定。沙尘暴样品 $PM_{1.0\sim2.5}$ 中 [Si+Al]/[O]的比值显著低于非沙尘暴样品（$p<0.05$），但[Al]/[Si]的比值与非沙尘暴样品相比没有明显的不同（表 5-10），说明沙尘暴样品中粒径较小的铝硅酸盐颗粒更易与空气中 SO_2、NO_x 等发生反应，或者更容易老化，从而使氧含量增加相对较快。

表 5-10　铝硅酸盐颗粒中 Al 与 Si 及（Al+Si）与 O 的原子浓度比值（包括所有未反应和反应的铝硅酸盐颗粒）

颗粒	[Al]/[Si]		[Si+Al]/[O]	
	$PM_{2.5\sim10}$	$PM_{1.0\sim2.5}$	$PM_{2.5\sim10}$	$PM_{1.0\sim2.5}$
非沙尘暴天气下的样品（N1、N2、N3）	0.534±0.188 （n=211）	0.556±0.183 （n=225）	0.428±0.188 （n=211）	0.396±0.152 （n=225）
沙尘暴期间的样品（D1、D2、D3）	0.520±0.182 （n=246）	0.542±0.184 （n=214）	0.453±0.151 （n=246）	0.333±0.142$^{\#*}$ （n=214）

注：（1）结果用平均值±标准差（x±sd）表示。“n”代表测量的颗粒数。

（2）用双因素方差分析（two-way ANOVA）比较颗粒大小差异（#：$p\leqslant0.05$）和样品间的差异（*：$p\leqslant0.05$）。

矿物尘颗粒中铝硅酸盐的含量远大于 SiO_2 和 $CaCO_3$，其中未反应的矿物尘在采样台 $2^{\#}$（$PM_{2.5\sim10}$）中的相对丰度大于采样台 $3^{\#}$（$PM_{1.0\sim2.5}$），在沙尘暴样品中分别是 43.8%和 14.0%，在非沙尘暴样品中分别是 46.9%和 26.2%；而反应或老化的矿物尘颗粒分布趋势与之相反，对沙尘暴样品，反应或老化的矿物尘颗粒在 $PM_{2.5\sim10}$ 和 $PM_{1.0\sim2.5}$ 的相对丰度分别为 24.2%和 46.9%；在非沙尘暴样品中， 这一比例分别为 19.2% 和 37.3%。这一结果表明大气中细矿物尘颗粒比粗矿物尘颗粒更容易与空气污染物或由气态物质形成的次级酸（如 HNO_3 或 H_2SO_4）发生混合或反应，与表 5-10 的结论一致。

沿渤海湾、渤海海峡、黄海方向，未反应的矿物尘颗粒相对丰度逐渐降低，说明它们在随沙尘暴传输过程中可能发生了沉降或者成分改变。相应地，黄海海面上反应或老化的矿物尘颗粒在沙尘暴期间的相对丰度（在 $PM_{2.5\sim10}$ 中是 30.0%；

$PM_{1.0\sim2.5}$ 中是 62.0%）比非沙尘暴天气下（在 $PM_{2.5\sim10}$ 中是 12.0%；$PM_{1.0\sim2.5}$ 中是 32.0%）增加一倍左右，说明沙尘暴携带的矿物尘颗粒在海洋大气边界层较易与空气中的污染物发生反应。进一步分析这些反应或老化的矿物尘颗粒是受硫氧化物的影响大还是受氮氧化物的影响大。图 5-12（a）显示，在反应或老化的矿物尘颗粒中，绝大多数均含硝酸盐，远远超过只含硫酸盐及硫酸盐和硝酸盐都有的颗粒，沙尘暴期间这种情况更加明显，尤其是在较小粒径的颗粒中。一方面说明空气中的 NO_x 或 HNO_3 对矿物尘成分的影响比 SO_2 或 H_2SO_4 大，另一方面说明本次沙尘暴主要促进了含硝酸盐的反应或老化的矿物尘颗粒的形成。

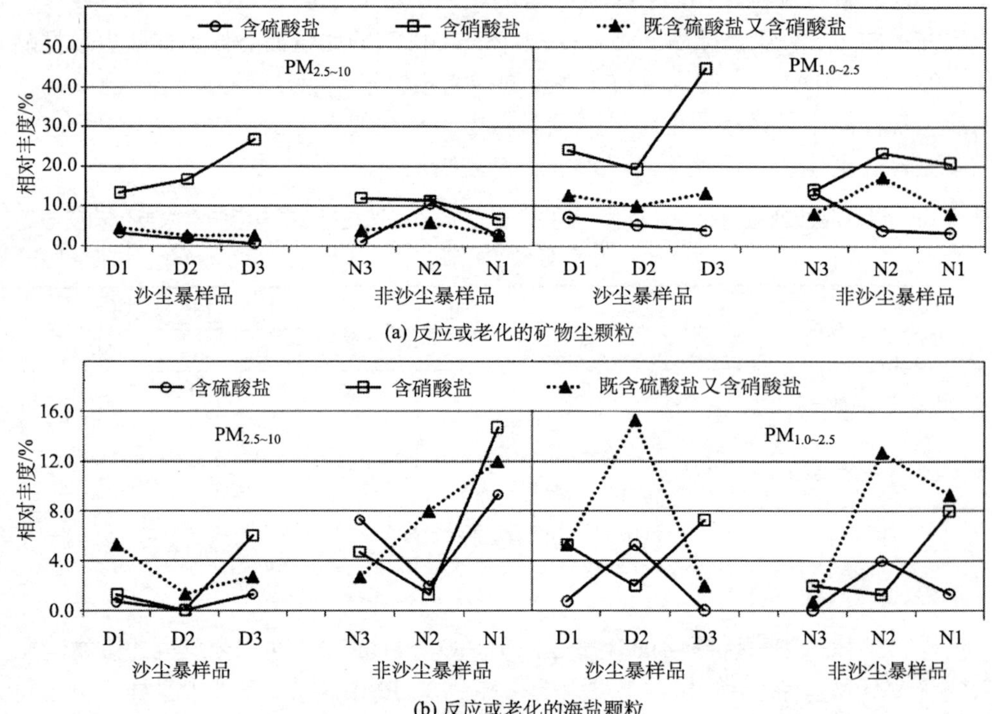

(a) 反应或老化的矿物尘颗粒

(b) 反应或老化的海盐颗粒

图 5-12　不同样品中各类型反应或老化的矿物尘颗粒及海盐颗粒的相对丰度

2）海盐颗粒

图 5-11 中颗粒#6、#8、#10 为未发生化学反应的新鲜海盐，颗粒#2、#18、#60、#67 为反应或老化的海盐，一些反应的海盐与矿物尘颗粒发生混合，如颗粒#59、#61、#64、#71、#82，这些混合颗粒可能包含 $NaCl$、$NaNO_3$、Na_2SO_4、$MgSO_4$、$MgCl_2$、$Mg(NO_3)_2$ 及铝硅酸盐、$CaSO_4$、$Ca(NO_3)_2$ 等成分。

反应或老化的海盐(含与矿物尘混合的颗粒)又进一步分为三类：①含硝酸盐的；②含硫酸盐的；③二者都有的颗粒。总体而言，此次沙尘暴对三种反应或老化的海盐在渤海湾、渤海海峡、黄海的分布趋势没有产生大的影响[图 5-12(b)]，仅使 $PM_{2.5\sim10}$ 的海盐颗粒相对丰度减少(表 5-11)。在 $PM_{1.0\sim2.5}$ 中未发现新鲜海盐，所有的海盐颗粒均已发生反应或老化。

3)碳质颗粒与二次颗粒

碳质颗粒分为两类，一类是元素碳(EC)，C 含量远大于 O 含量(C 和 O 原子浓度之和≥90%，C 浓度至少是 O 浓度的 3 倍)，根据其 SEI 形态分为链状结构的炭黑颗粒或烟尘集合体(soot)、球状的焦油颗粒(tar ball)、不规则形状的煤尘或炭片颗粒(char)三种。另一类是有机碳颗粒(OC)，含大量的 C 和 O(C 和 O 原子浓度之和≥90% ，C 和 O 的浓度相近)，有些含少量的 N、P、S、K、Cl 等，如图 5-11 中颗粒#37、#75、#91。本次样品中未发现炭黑和焦油球颗粒，只观察到少量的炭片($PM_{2.5\sim10}$ 有 11 个，$PM_{1.0\sim2.5}$ 有 3 个，见图 5-11 中颗粒#16、#35、#79)和 OC 颗粒。沙尘暴样品中碳质颗粒在 $PM_{2.5\sim10}$ 和 $PM_{1.0\sim2.5}$ 中的相对丰度分别为 1.1%和 0.9%，大大低于非沙尘暴样品中的丰度：$PM_{2.5\sim10}$ 中为 4.0%，$PM_{1.0\sim2.5}$ 中为 4.5%　(表 5-11)，说明来自沙漠和戈壁的沙尘携带较多的是来自土壤的矿物尘颗粒而不是燃烧产物。

富含 CNO 和 CNOS 的液滴颗粒中都有含碳物质，普遍认为是水溶性二次有机物，N 元素来自有机氮和二次无机盐，如 $(NH_4)_2SO_4$ 和 NH_4NO_3 等。NH_4NO_3 和 $(NH_4)_2SO_4$ 的吸湿性很强，含这类物质的颗粒采集时呈液滴状，其扫描电镜二次电子像多数为黑色、圆形。富含 CNO 的颗粒中还含有少量的 Na 和 Mg(原子浓度一般小于 6 %)，可能有海水成分，未检测到硫元素，如图 5-11 和表 5-9 中的颗粒 #32、#45、#50、#57、#68、#78、#89、#90 等。它们在 $PM_{2.5\sim10}$ 和 $PM_{1.0\sim2.5}$ 中大量存在(表 5-11)，在沙尘暴天气下含量显著上升，相对丰度分别是非沙尘暴天气下的 5 倍($PM_{2.5\sim10}$ 中)和 2 倍($PM_{1.0\sim2.5}$ 中)，说明沙尘暴使黄海大气边界层含氮颗粒大量增加，海洋大气边界层较高的相对湿度为气溶胶与含氮污染物的反应及硝酸盐形成提供了有利的环境。

富含 CNOS 颗粒可能是有机物和 $NH_4HSO_4/(NH_4)_2SO_4$ 的混合物，它们只在样品 N1、N2 的 $PM_{1.0\sim2.5}$ 中检测到，沙尘暴样品中未发现富含 CNOS 颗粒，提示沙尘期间含 NH_4HSO_4 或 $(NH_4)_2SO_4$ 的颗粒在减少，一方面可能是沙尘期间 NH_4HSO_4 或 $(NH_4)_2SO_4$ 难形成；另一方面可能是其粒径太小或数量太少，Dekati PM_{10} 采样器未能采集到。

表 5-11　沙尘暴和正常情况下的颗粒类型及其相对丰度[6]

类型	$PM_{2.5\sim10}$ 中各类型颗粒的相对丰度/%								$PM_{1.0\sim2.5}$ 中各类型颗粒的相对丰度/%							
	沙尘暴样品				非沙尘暴样品				沙尘暴样品				非沙尘暴样品			
	D1	D2	D3	平均	N3	N2	N1	平均	D1	D2	D3	平均	N3	N2	N1	平均
1.未反应或初级矿物尘颗粒	57.3	54.0	20.0	43.8	58.7	50.7	31.3	46.9	18.0	21.3	2.7	14.0	48.7	16.7	13.3	26.2
(1)铝硅酸盐	45.3	46.7	13.3	35.1	36.7	34.7	25.3	32.2	12.0	18.7	1.3	10.7	39.3	12.0	12.0	21.1
(2)SiO_2	9.3	5.3	6.0	6.9	8.7	9.3	3.3	7.1	3.3	2.7	1.3	2.4	4.0	3.3	1.3	2.9
(3)$CaCO_3$或(Ca, Mg)CO_3	2.7	2.0	0.7	1.8	13.3	6.7	2.7	7.6	2.7	0	0	0.9	5.3	1.4	0	2.2
2.反应或老化的矿物尘颗粒	21.3	21.3	30.0	24.2	17.3	28.0	12.0	19.2	44.0	34.7	62.0	46.9	35.3	44.7	32.0	37.3
(1)反应或老化的铝硅酸盐	15.3	16.7	30.0	20.7	15.3	22.0	9.3	15.6	28.0	32.0	54.0	38.0	26.7	32.7	30.7	30.0
(2)反应的 $CaCO_3$或(Ca, Mg)CO_3	6.0	4.7	0	3.6	2.0	6.0	2.7	3.6	16.0	2.7	8.0	8.9	8.7	12.0	1.3	7.3
3. 海盐	7.3	2.7	10.0	6.7	16.7	11.3	38.0	22.0	11.3	22.0	9.3	14.3	2.7	18.0	18.7	13.1
(1)新鲜海盐	0	0.7	0	0.2	2.0	0.7	4.0	2.2	0	0	0	0	0	0	0	0
(2)反应或老化的海盐	4.0	1.3	4.0	3.1	10.0	5.3	26.0	13.8	5.3	14.0	6.7	8.7	2.0	7.3	11.3	6.9
(3)反应或老化的海盐及混合物	3.3	0.7	6.0	3.3	4.7	6.0	8.0	6.2	6.0	8.0	2.7	5.6	0.7	10.7	7.3	6.2
4. 碳质颗粒	1.4	1.3	0.7	1.1	4.7	4.0	3.3	4.0	0	2.0	0.7	0.9	4.0	4.0	5.4	4.5
(1)元素碳	0.7	0	0	0.2	2.7	2.7	1.3	2.2	0	0	0.7	0.2	0.7	0	0.7	0.5
(2)有机碳	0.7	1.3	0.7	0.9	2.0	1.3	2.0	1.8	0	2.0	0	0.7	3.3	4.0	4.7	4.0
5. 富含 CNO 颗粒	12.7	12.0	35.3	20.0	1.3	2.0	10.0	4.4	26.0	17.3	18.0	20.4	3.3	8.7	18.7	10.2
6. 富含 CNOS 颗粒	0	0	0	0	0	0	0	0	0	0	0	0	0	5.3	8.0	4.4
7.富 Fe 颗粒	0	2.7	1.3	1.3	0.7	2.7	4.0	2.4	0.7	1.3	3.3	1.8	1.3	1.3	1.3	1.3
8.飞灰颗粒	0	0	2.0	0.7	0.7	0	0.7	0.4	0	0.7	3.3	1.3	0	0	1.3	0.4
9. 其他	0	6.0	0.7	2.2	0	1.3	0.7	0.7	0	0.7	0.7	0.4	4.7	1.3	1.3	2.4

4) 富 Fe 颗粒、飞灰颗粒

富 Fe 颗粒形状不规则，Fe 的原子浓度一般大于 20%，如图 5-11 和表 5-9 中的颗粒#11、#41、#66、#85。它们主要是铁的氧化物或氢氧化物，主要来源于钢铁冶炼、交通、煤矿开采等过程。

飞灰颗粒的二次电子像为光亮的球状，含 Si、Al、Fe、Ca、O 等元素，在扫描电镜下很容易分辨。它们是矿物质经高温煅烧产生的(如粉煤灰)，可在大气中长期存在，见图 5-11 中颗粒#4、#47、#80、#86。富 Fe 颗粒和飞灰颗粒的含量不多，沙尘暴样品中相对丰度平均为 1.5%和 0.9%，在非沙尘暴样品中的相对丰度平均为 1.7%和 0.4%，对大气颗粒物的总体构成基本没有影响。

5) 其他

不属于以上类型的颗粒划分为“其他”类，它们的含量很少，包括 TiO_x、CuO_x、MgO、含(O, Cl)及含(C, N, Cl)的颗粒，如图 5-11 中颗粒#24、#29、#38、#69、#74。目前，含(O, Cl)和(C, N, Cl)的颗粒尚无法确定它们的成分。

5.2 分析城市灰霾颗粒样品

城市灰霾天气在我国已是比较普遍的现象，定量 EPMA 技术能够直观、形象地分析单个灰霾颗粒的大小、形貌、混合状态、化学组分，推测它们的来源和在大气中的演化过程，为阐明灰霾颗粒的环境影响机制和毒理机制奠定基础。

5.2.1 韩国仁川市秋季灰霾期间大气颗粒物形貌和成分特点分析

1. 样品的采集与测量

仁川市是韩国第二大港口城市，位于韩国西北部，毗邻黄海，面积约 958 km^2，人口约 270 万，随着经济发展和人口增长，尤其是机动车的大量增加，常出现灰霾天气。在 2008 年 10 月 15～18 日灰霾天气发生前后进行了大气颗粒物采样[7]，采样地点在距离仁川港不远的仁荷大学 5 号馆 5 楼楼顶(37.45°N, 126.73°E)，距地面约 20 m，使用 Dekati PM_{10} 分级采样器采集采样台 $2^{\#}$($PM_{2.5\sim10}$)和采样台 $3^{\#}$($PM_{1.0\sim2.5}$)大气颗粒物样品，采样膜为高纯度的铝箔与银箔(Goodfellow 公司)，连续 6 天每天上下午各采一次，共收集 12 份样品。采样日期及天气状况见表 5-12。

利用带超薄窗口能谱仪的扫描电镜(Hitachi S-3500N)对采集的颗粒物进行测量，共测量 3600 个颗粒，加速电压 10 kV，利用定量 EPMA 技术计算颗粒物中各元素原子浓度，具体方法见第 4 章。

表 5-12 采样时间及天气状况

采样日期	韩国标准时间(KST)	温度/℃	RH/%	风速/(m/s)	天气状况
2008-10-13	10:15~11:45	17.9	56	2.0	非霾天
	19:00~20:11	16.8	68	1.9	非霾天
2008-10-14	10:05~11:50	19.3	58	2.1	非霾天
	19:03~20:00	17.7	69	1.8	非霾天
2008-10-15	10:10~11:30	19.4	73	1.5	非霾天
	18:55~20:30	18.1	81	1.1	霾天
2008-10-16	10:10~11:00	19.8	67	0.8	霾天
	19:12~20:34	18.6	92	1.2	霾天
2008-10-17	10:10~11:30	18.9	79	2.0	霾天
	19:30~21:05	18.7	90	1.4	霾天
2008-10-18	10:06~10:50	20.1	68	0.7	霾天
	19:40~20:45	20.0	75	1.0	霾天

2. 颗粒物的分类及基本特点

基于颗粒物二次电子像和 X 射线能谱，将它们分为矿物尘、海盐、碳质、富含 CNOS、富铁、富钾颗粒六大类，每类的特点和可能来源见表 5-3。典型颗粒物的二次电子像见图 5-13。对于颗粒物的分类，必须将显微图像与 X 射线能谱结合起来进行分析，有时甚至要了解各元素之间的定量关系。单凭一种方法无法准确区分颗粒物类型。例如，焦油球主要来源于生物质的焖烧(图 5-13 的颗粒#26、#39、#129)、飞灰主要来源于矿物质高温煅烧(图 5-13 的颗粒#76、#85、#97)，它们的二次电子像几乎完全一样，但能谱显示它们的成分存在很大差异，前者以 C 和 O 为主，而后者以 Al、Si、O 为主(图 5-14)。又如，焦油球、炭片(或煤尘)(图 5-12 的颗粒#56)、烟炱(或烟尘集合体)(图 5-13 的颗粒#16、#68、#82)的形态完全不同，但它们的 X 射线能谱测量结果却是基本相同的，仅凭能谱图无法区分它们(图 5-14)。

3. 灰霾天气下大气颗粒物的成分特点

通过比较灰霾天气和非灰霾天气下主要颗粒物类型的相对丰度(表 5-13)，可以初步了解大气颗粒物成分在灰霾期间的改变程度及机理。

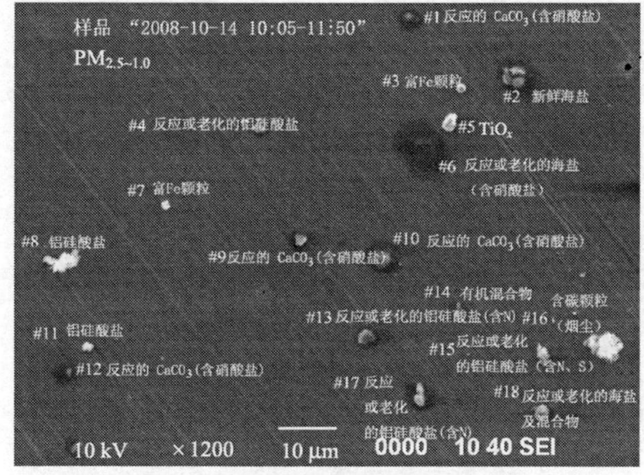

(a) 2008年10月14日上午$PM_{2.5\sim10}$样品

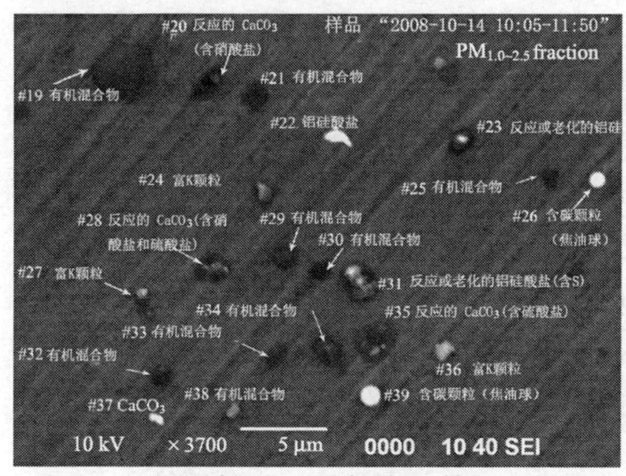

(b) 2008年10月14日上午$PM_{1.0\sim2.5}$样品

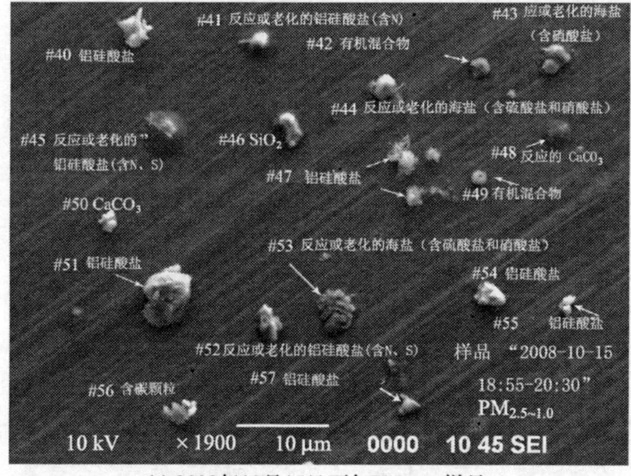

(c) 2008年10月15日下午$PM_{2.5\sim10}$样品

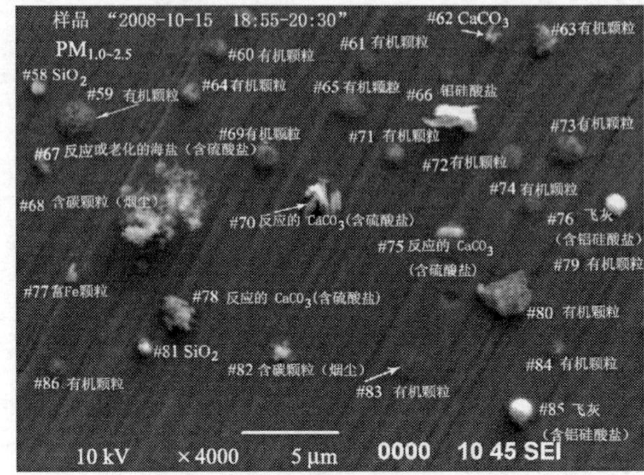

(d) 2008年10月15日下午$PM_{1.0\sim2.5}$样品

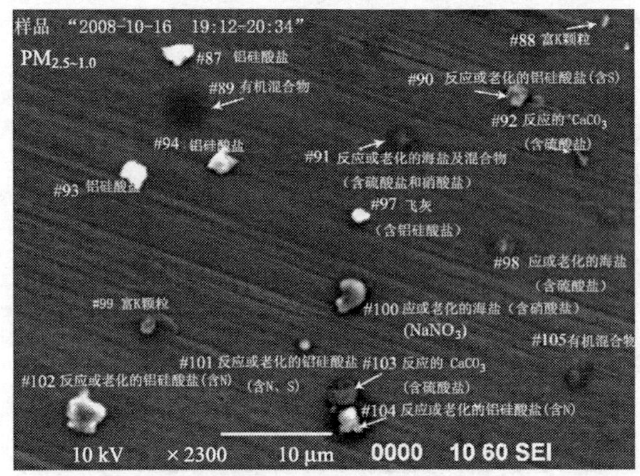

(e) 2008年10月16日下午$PM_{2.5\sim10}$样品

(f) 2008年10月16日下午$PM_{1.0\sim2.5}$样品

图 5-13 韩国仁川市大气 $PM_{2.5\sim10}$ 和 $PM_{1.0\sim2.5}$ 的典型二次电子像

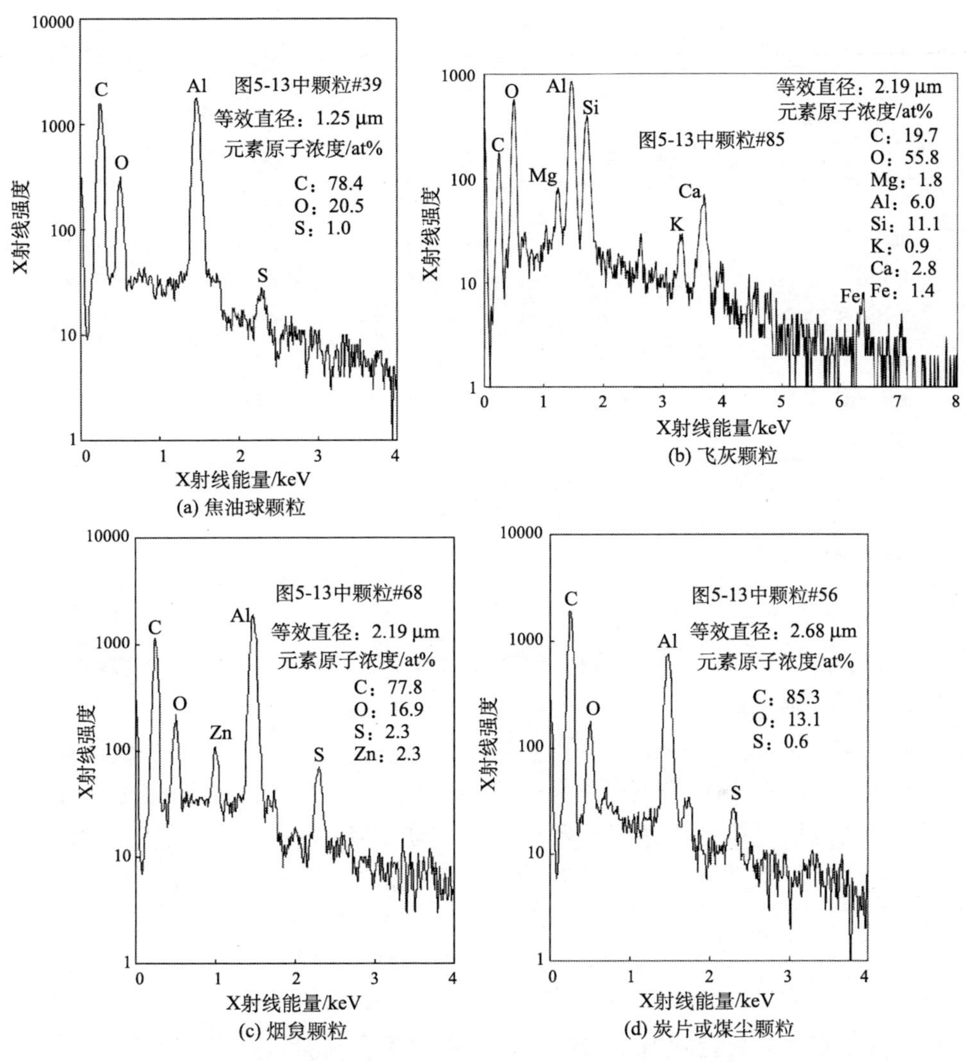

图 5-14　元素碳颗粒和飞灰颗粒的 X 射线能谱和原子浓度

Al 峰来自采样的铝箔

表 5-13　灰霾天气和非灰霾天气主要颗粒物的相对丰度

颗粒类型	颗粒物的相对丰度			
	$PM_{2.5\sim10}$ /%		$PM_{1.0\sim2.5}$/%	
	非灰霾天气	灰霾天气	非灰霾天气	灰霾天气
初级矿物尘颗粒	10.3±3.4	12.7± 5.4	9.3 ±5.0	5.8 ±5.5
反应的矿物尘颗粒	46.0± 2.7	49.5± 9.2	29.7 ±11.2[a]	10.6 ±8.6
初级海盐颗粒	1.1 ±1.6	0.5± 0.9	0.8 ±1.1	0.6± 1.1

续表

颗粒类型	颗粒物的相对丰度			
	$PM_{2.5\sim10}$ /%		$PM_{1.0\sim2.5}$/%	
	非灰霾天气	灰霾天气	非灰霾天气	灰霾天气
反应的海盐颗粒	25.1± 6.9	15.5± 9.6	28.0±8.5	6.9± 3.7
元素碳	2.8± 2.1	3.2 ±2.1	5.9 ±4.4	5.1±3.1
有机碳	3.0 ±2.2[a]	9.8± 4.9	13.1 ±7.0[b]	58.7 ±19.8
含 CNOS 颗粒	0.5± 0.7	1.4 ±1.8	2.4± 1.7	5.5± 4.3
飞灰	3.8 ±2.8	2.5 ±1.7	4.3 ±2.6	1.2± 1.5
富 K 颗粒	2.0 ±1.5	1.9± 3.1	4.2 ±4.3	3.8 ±2.3
富 Fe 颗粒	5.4 ±1.5[a]	3.0 ±1.5	2.3± 1.9	1.9± 2.8

注：(1)表内数据以“平均值±标准差” 表示。

(2)灰霾天和非灰霾天各类型颗粒相对丰度的差异比较通过学生氏 t 检验。

a. $p\leqslant0.05$ 表示有统计学意义，差异显著。

b. $p\leqslant0.01$ 表示差异极显著。

对于 $PM_{2.5\sim10}$，与空气中 NO_x 和 SO_2 发生反应的海盐和矿物尘颗粒比未发生反应的初级颗粒含量多，二者在非灰霾天气和灰霾天气下的相对丰度之和分别为 71.1%和 65.0%，是颗粒中的主要成分。灰霾天气中，除 OC 颗粒相对丰度与非灰霾天气下相比有显著差异外($p<0.05$)，其余类型的颗粒在两种天气下的含量差异均无统计学意义(表 5-13)。对于 $PM_{1.0\sim2.5}$，灰霾天气中 OC 颗粒的相对丰度显著增加，大约是非灰霾天气的 4.5 倍，特别是 10 月 16 日下午的样品，几乎所有的颗粒物都是 OC(图 5-15)。受此影响，反应的海盐颗粒和反应的矿物尘颗粒在灰霾天气中的相对丰度反而明显减少(表 5-13)，初级海盐、初级矿物尘、EC、飞灰、富 Fe、富 K 和富含 CNOS 的颗粒在灰霾和非灰霾天气中无显著差别。灰霾天气下 OC 含量增加一方面可能与仁川市机动车数量增速快、尾气排放多有关，另一方面与风速低、相对湿度高、大量二次有机气溶胶容易生成有关。

对反应的海盐和反应的矿物尘颗粒成分的进一步分析表明，非灰霾天气下，$PM_{2.5\sim10}$、$PM_{1.0\sim2.5}$ 中含硝酸盐的颗粒物比含硫酸盐的颗粒多，但随着灰霾的进展， $PM_{1.0\sim2.5}$ 中硝酸盐的颗粒逐渐减少而含硫酸盐的颗粒逐渐增加(图 5-16 和图 5-17)，表明细颗粒受空气中 SO_2 和 NO_x 的影响机理可能与粗颗粒不同。

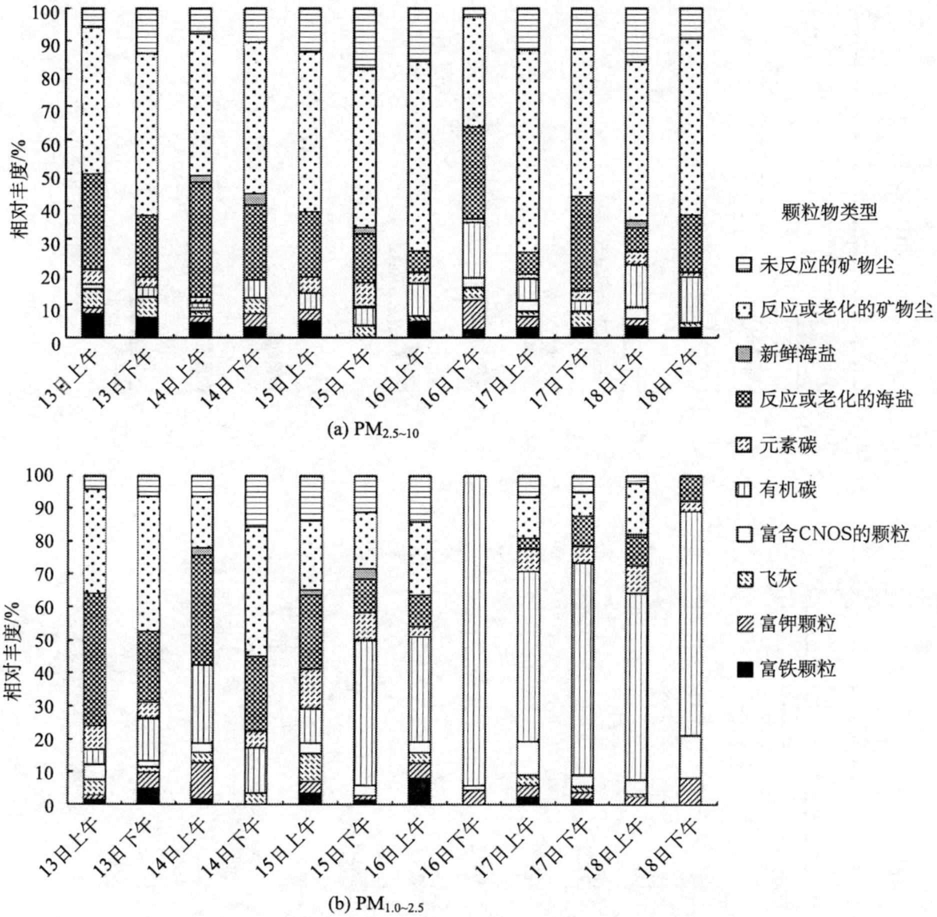

相对丰度/%
100 90 80 70 60 50 40 30 20 10 0
13日上午 13日下午 14日上午 14日下午 15日上午 15日下午 16日上午 16日下午 17日上午 17日下午 18日上午 18日下午

(a) $PM_{2.5\sim10}$

颗粒物类型
未反应的矿物尘
反应或老化的矿物尘
新鲜海盐
反应或老化的海盐
元素碳
有机碳
富含CNOS的颗粒
飞灰
富钾颗粒
富铁颗粒

相对丰度/%
100 90 80 70 60 50 40 30 20 10 0
13日上午 13日下午 14日上午 14日下午 15日上午 15日下午 16日上午 16日下午 17日上午 17日下午 18日上午 18日下午

(b) $PM_{1.0\sim2.5}$

图 5-15 采样台 2[#]、采样台 3[#]样品中不同类型颗粒的相对丰度柱状图

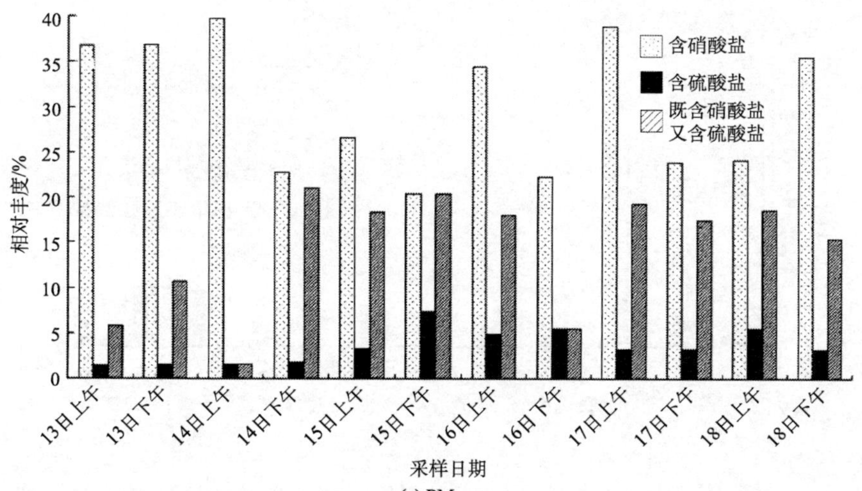

(a) $PM_{2.5\sim10}$

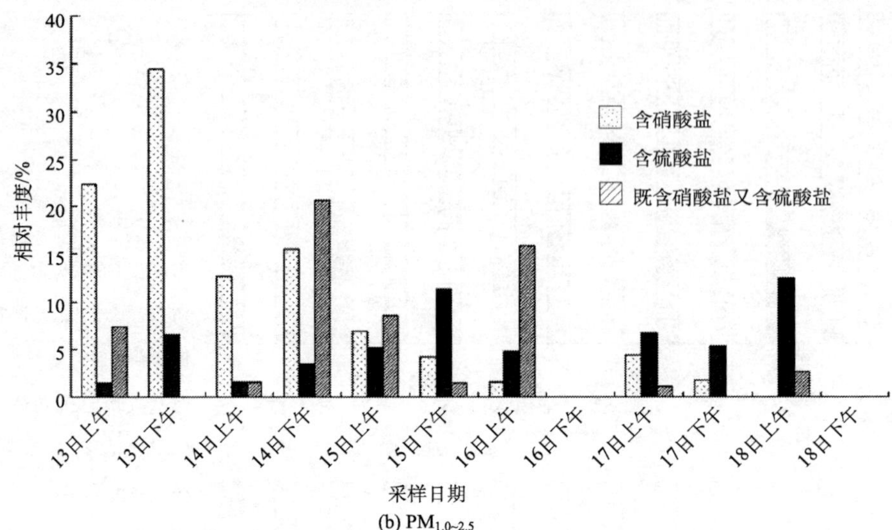

(b) $PM_{1.0\sim2.5}$

图 5-16 各类反应的矿物尘颗粒相对丰度比较

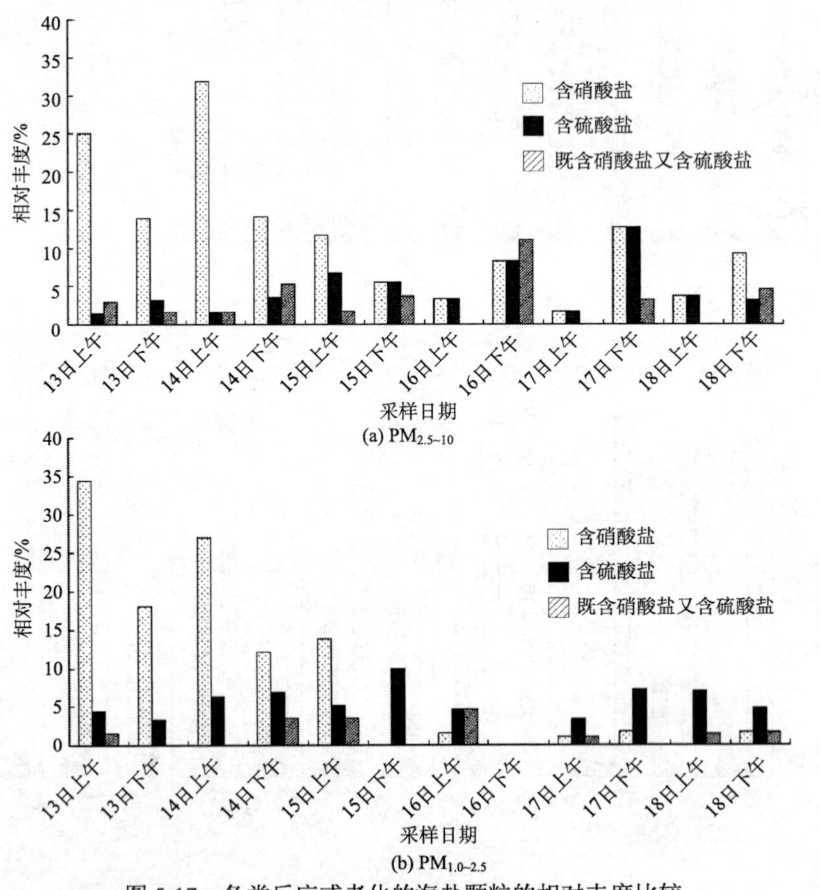

(a) $PM_{2.5\sim10}$

(b) $PM_{1.0\sim2.5}$

图 5-17 各类反应或老化的海盐颗粒的相对丰度比较

另外，通过 TEM-EDX 对仁川市春、夏、秋、冬四季采集的粒径 1 μm 以下的 1638 个大气颗粒物的成分分析表明[8](图 5-18 和图 5-19)，富含 CNOS 的二次颗粒含量丰富，且粒径越小，相对丰度越高(平均在 55%以上)；其次是碳质颗粒，占 5%～45%，冬春季大于夏秋季，与取暖季燃烧产物增加有关；海盐和矿物尘颗粒虽然丰度不高，但反应的海盐和反应的矿物尘数量明显多于未反应的，典型的反应矿物尘能谱图及各元素相对原子浓度见图 5-20；富钾颗粒比较普遍，平均相对丰度约 8.8%，主要由生物质燃烧产生，常与有机物质混合在一起，也是冬春季大于

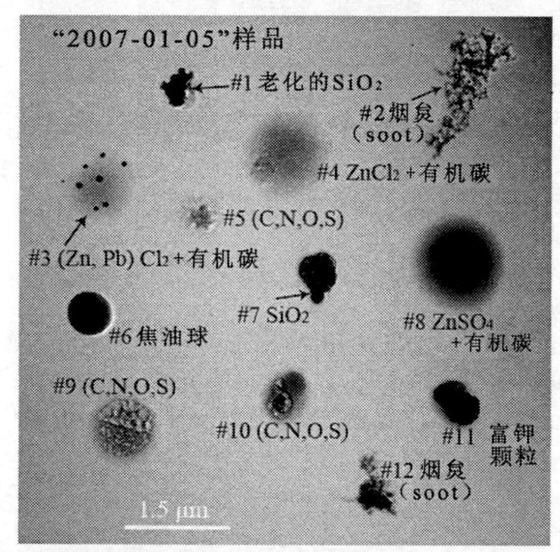

(a) 冬天样品，取自采样台6#

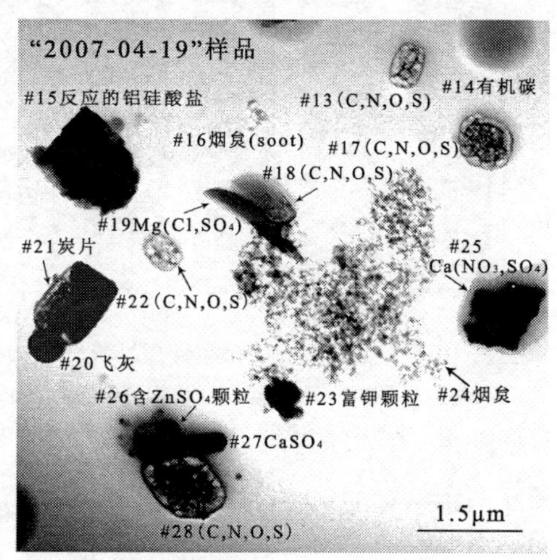

(b)春天样品，取自采样台6#

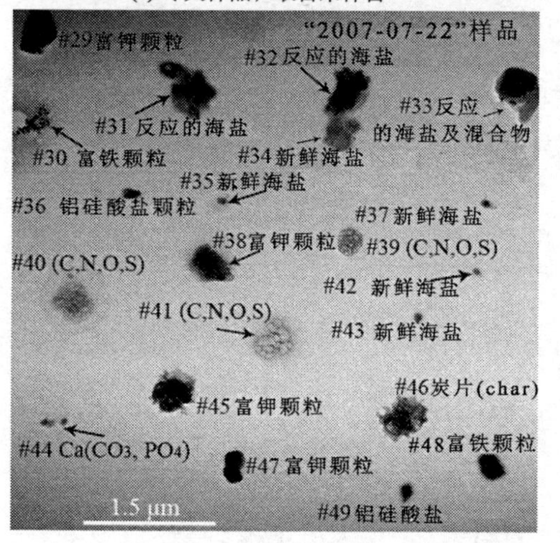

(c) 夏天样品，取自采样台7#

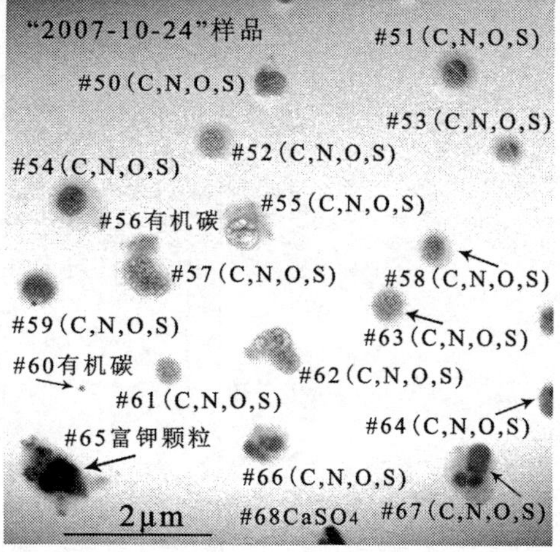

(d)秋天样品，取自采样台7#

图 5-18　仁川市 1 μm 以下典型大气颗粒物的 TEM-EDX 测量结果

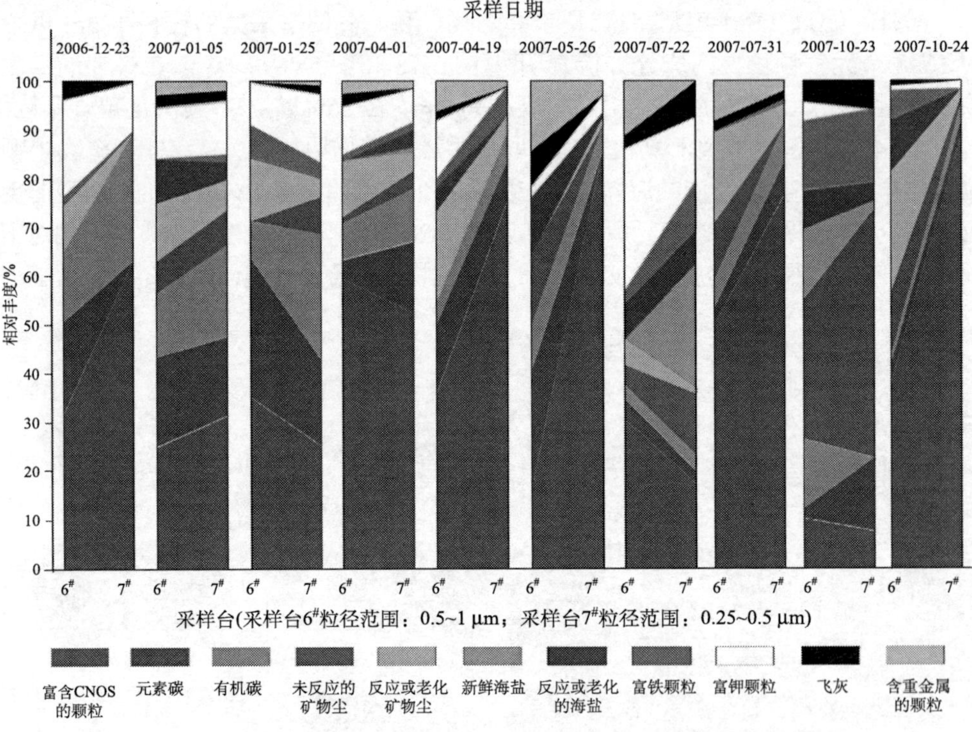

图 5-19 TEM-EDX 测量的仁川市 1 μm 以下各类型大气颗粒物的相对丰度(%)

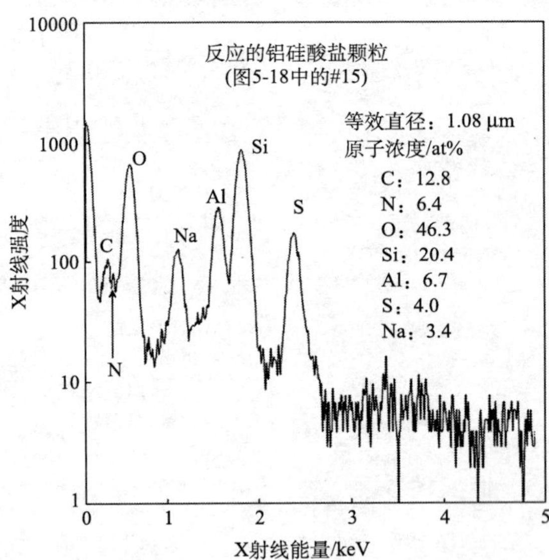

图 5-20 反应或老化的铝硅酸盐颗粒的 X 射线能谱图及各元素相对原子浓度(at%)

夏秋季，与燃烧增加有关；飞灰、富铁颗粒、含重金属的颗粒相对丰度为 1%～5%，绝大部分是人为源产生的，重金属主要是 Zn 和 Pb，常与水溶性有机质、硫酸盐、氯离子同时检测到，推测其成分可能包含 $ZnCl_2$、$PbCl_2$、$ZnSO_4$、$PbSO_4$ 等（图 5-21），其来源可能有轮胎磨损、机动车尾气、燃煤电厂、市政垃圾焚烧等。

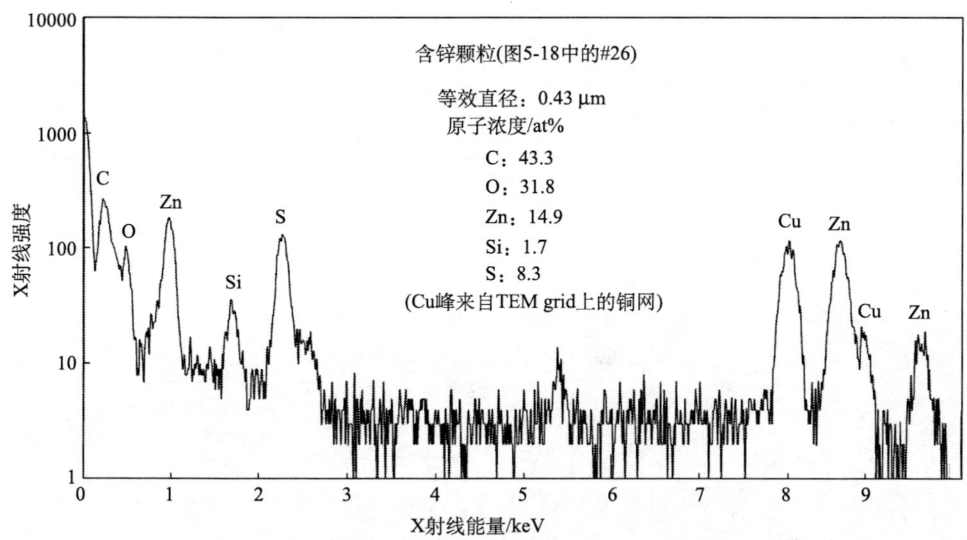

图 5-21　仁川市典型的含重金属颗粒的 X 射线能谱图及各元素相对原子浓度（at%）

5.2.2　太原市冬夏季灰霾期间大气颗粒物形貌和成分特点

1. 样品采集和测量

使用 MAY 七级冲击式采样器采集位于山西大学环境与资源学院五层楼顶（37.79°N, 112.58°E）的大气颗粒物样品[9]，采样信息见表 5-14。使用带超薄窗口 EDX 的扫描电镜（JEOL JSM-6390 SEM）测量采样台 4#～采样台 6#上约 3000 个颗粒，加速电压 10 kV，电子束电流 1.0 nA，每个颗粒 EDX 测量时间 10 s；使用带超薄窗口 EDX 的透射电镜（JEOL JEM-2100F）测量采样台 7#上 752 个颗粒，加速电压 200 kV，电子束电流 120 μA，每个颗粒 EDX 测量时间 20 s。分析方法见第 4 章。

2. 颗粒物分类

根据表 5-3 分类标准，将测量这些颗粒共分为八大类，分别是：①碳质颗粒；②矿物尘颗粒；③含 NaCl 颗粒；④富含 CNOS 的颗粒；⑤富铁颗粒；⑥飞灰；⑦富钾颗粒；⑧其他（主要为仅含 O 的颗粒）。灰霾和非灰霾天气典型颗粒的二次电子像见图 5-22，透射电镜像见图 5-23，不同粒径下各种颗粒物的相对丰度见图 5-24。

表 5-14 采样时间、天气条件、常规大气污染物浓度

类型	样品	采样日期	温度/℃	相对湿度/%	风速/(m/s)	PM_{10} 浓度/(μg /m³)	SO_2 浓度/(μg/m³)	NO_2 浓度/(μg/m³)
冬季灰霾	WH1	2010-01-08	–2.0	44.6	1.5	241	316	53
	WH1	2010-01-09	–8.9	39.1	2.0	208	281	51
冬季非灰霾	WNH1	2009-12-29	–6.0	19.3	5.0	160	279	42
	WNH2	2009-12-30	–1.7	21.0	4.8	57	84	21
夏季灰霾	SH1	2010-07-11	28.1	54.1	1.5	91	11	12
	SH2	2010-07-12	31.2	60.1	1.3	95	14	15
夏季非灰霾	SNH1	2010-07-13	36.9	35.7	3.0	79	12	13
	SNH2	2010-07-14	37.1	39.2	2.0	86	11	11

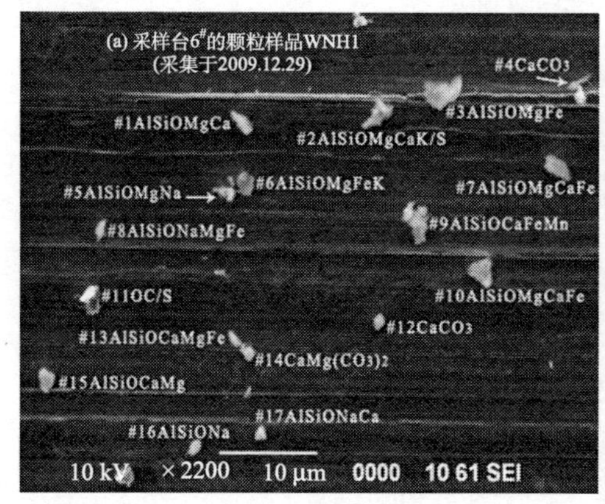

(a) 冬季非灰霾样品

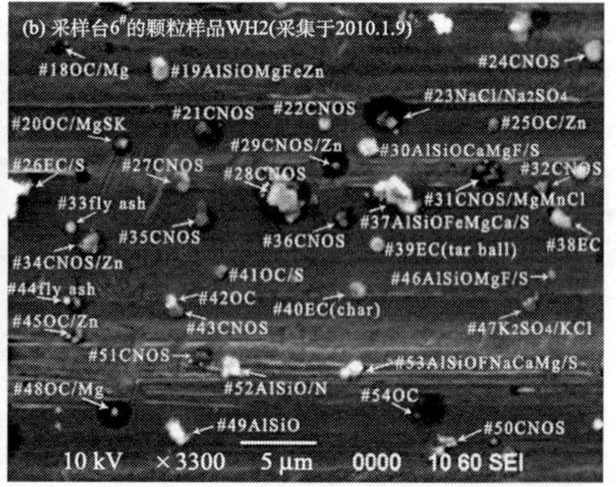

(b) 冬季灰霾样品

图 5-22 灰霾和非灰霾天气大气细颗粒物典型二次电子像

3. 夏冬季节灰霾颗粒的成分特征分析

1) 矿物尘颗粒

灰霾天反应或老化的矿物尘颗粒明显增加，它与未反应的矿物尘颗粒的数量比远高于非灰霾天(表 5-15)，其中含 Ca 的矿物尘颗粒如 $CaCO_3$、$CaMg(CO_3)_2$ 钙长石等几乎全部发生了反应。冬季灰霾天采集的样品中，含硫酸盐的反应矿物尘颗粒数量是含硝酸盐的 2 倍；而夏季与之相反，表明不同季节灰霾的起因及主要污染物不同，因此造成矿物尘的成分变化也不同。

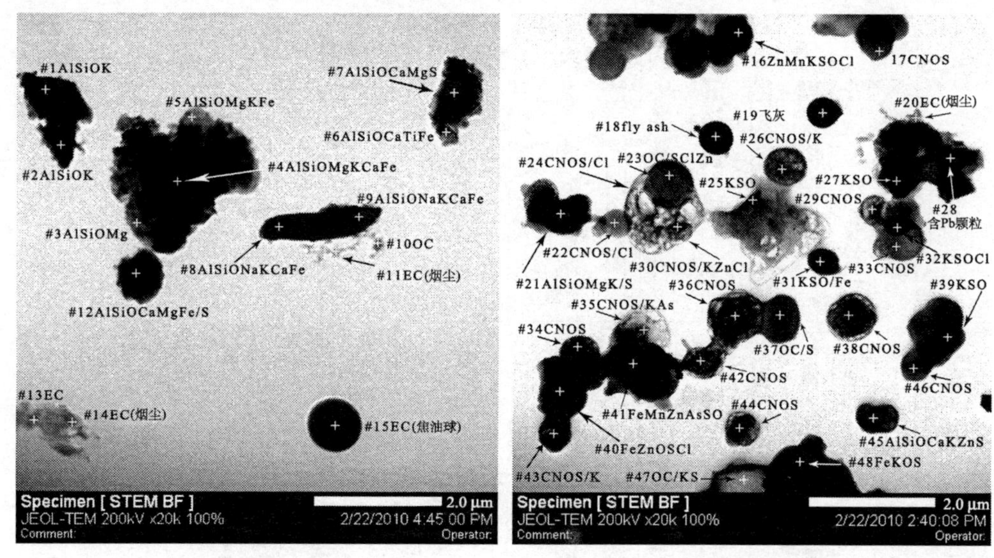

(a) 冬季非灰霾样品　　(b) 冬季灰霾样品

图 5-23　灰霾和非灰霾天气大气细颗粒物透射电镜图像比较

2) 碳质颗粒

有机碳颗粒主要分布在粒径 1 μm 以下的样品中(采样台 6#和采样台 7#)，在灰霾天含量明显高于非霾天，与在北京、上海、厦门、西安等城市观察到的结果类似[10-13]，主要是由于二次有机气溶胶大量增加。元素碳颗粒在粒径 1 μm 以上和以下的样品中相对丰度接近，冬季含量大于夏季，与冬季取暖燃烧增加有关。元素碳在灰霾天和非灰霾天中的相对丰度也相似，说明它们在灰霾的形成过程中，并非起主要作用。

3) 富含 CNOS 的颗粒

它们是$(NH_4)_2SO_4$或NH_4HSO_4等二次颗粒与有机物的混合体，粒径较小，易受电子束损伤(图 5-23)，在采样台 6#和采样台 7#中的数量相对丰度远远大于采样台 4#和采样台 5#，尤其是在灰霾天气中增加较多(图 5-24)。依据它们的形貌及 C、N、O、S 的浓度水平把它们分为新鲜的和老化的两种类型。新鲜的富含 CNOS 颗粒的扫描电镜二次电子像呈圆形、杆形、椭圆形等，密实、明亮(图 5-25)，透射电镜像发暗、发黑，且颜色一致，周围无散开的“晕轮”或“晕轮”很微弱[图 5-26(a)中的颗粒#5、#16、#18 和#19]；老化的富含 CNOS 的颗粒二次电子像呈液滴状，灰色或黑色，透射电镜像颜色发浅，越向四周颜色越淡，好像光晕环绕一样[图 5-26(b)中的颗粒#29、#30、#34、#36、#37、#42、#43、#49、#52、#53 和#54]。而且，新鲜和老化的 CNOS 颗粒中元素浓度也有变化，通过计算元素原子浓度发现(表 5-16)：新鲜的 CNOS 颗粒中 S 的浓度远大于 N 的浓度，C/S、N/S 值小

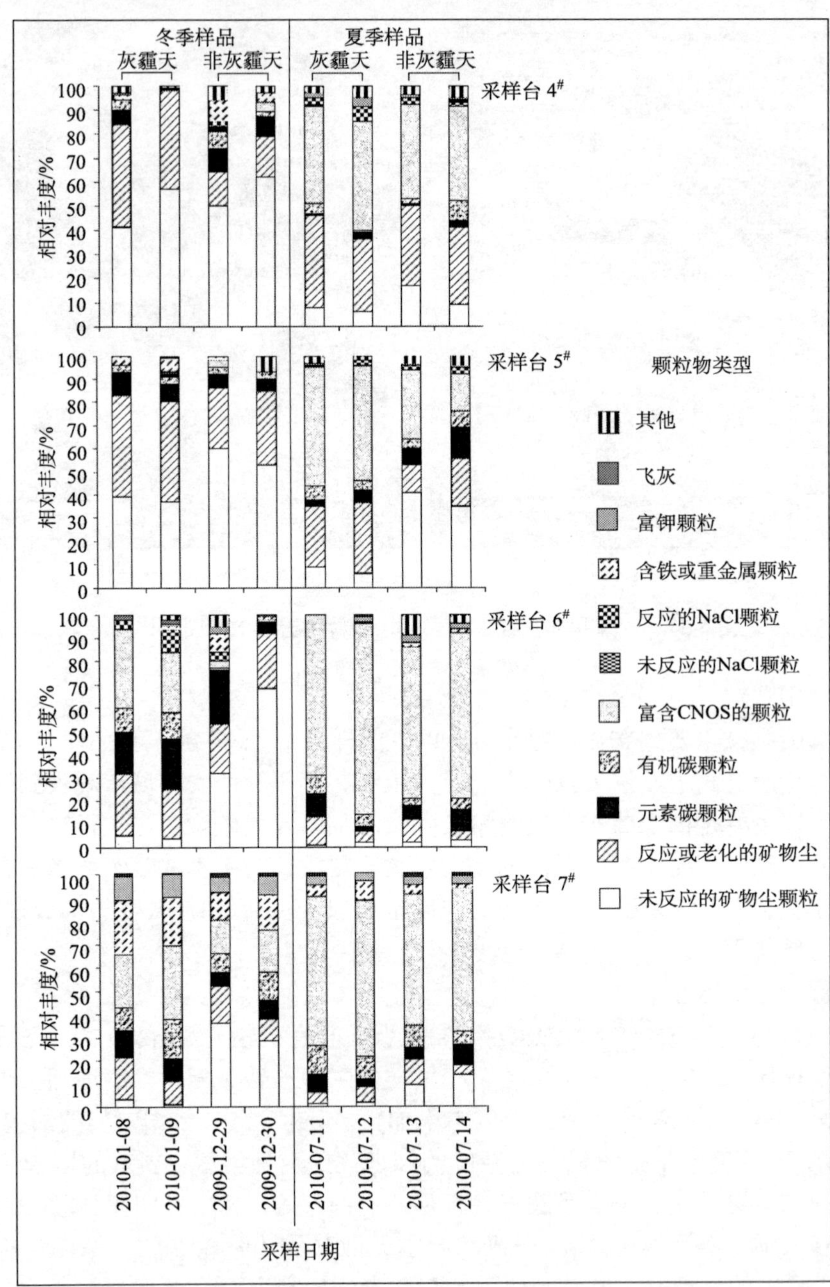

图 5-24　灰霾天和非灰霾天不同粒径下各类颗粒的数量相对丰度分布比较

表 5-15 灰霾天和非灰霾天采样台 $4^{\#}$ 和采样台 $5^{\#}$ 中各种矿物尘颗粒的数量相对丰度比较(%)

颗粒物类型	冬季灰霾天样品				冬季非灰霾天样品				夏季灰霾天样品				夏季非灰霾天样品			
	WH1 (2010-01-08)		WH2 (2010-01-09)		WNH1 (2009-12-29)		WNH2 (2009-12-30)		SH1 (2010-07-11)		SH2 (2010-07-12)		SNH1 (2010-07-13)		SNH2 (2010-07-14)	
	采样台 $4^{\#}$	采样台 $5^{\#}$	采样台 $4^{\#}$	采样台 $5^{\#}$	采样台 $4^{\#}$	采样台 $5^{\#}$	采样台 $4^{\#}$	采样台 $5^{\#}$	采样台 $4^{\#}$	采样台 $5^{\#}$	采样台 $4^{\#}$	采样台 $5^{\#}$	采样台 $4^{\#}$	采样台 $5^{\#}$	采样台 $4^{\#}$	采样台 $5^{\#}$
1. 未反应的矿物尘	41	39	57	37	50	60	62	53	8	9	6	6	17	41	9	35
(1)未反应的 $CaCO_3/CaMg(CO_3)_2$	9	5	11	6	12	8	10	11	2	2	1	1	6	0	5	9
(2)未反应的铝硅酸盐	31	32	42	31	36	45	48	42	6	6	5	5	9	41	4	25
(3)其他	1	2	4	0	2	7	4	0	0	1	0	0	2	0	0	1
2. 反应的矿物尘	43	44	41	43	14	26	17	32	38	26	30	31	33	12	32	21
含硝酸盐	11	9	15	14	0	13	12	21	31	4	20	15	14	5	12	11
含硫酸盐	23	27	20	15	14	13	5	9	5	11	3	12	8	4	10	7
既含硝酸盐又含硫酸盐	9	8	6	14	0	0	0	2	2	11	7	4	11	3	10	3
(1)反应的 $CaCO_3/CaMg(CO_3)_2$	15	6	14	18	2	8	3	6	18	8	16	12	15	6	16	10
含硝酸盐	2	0	4	4	0	3	2	3	12	1	9	5	4	2	4	2
含硫酸盐	8	3	5	4	2	5	1	3	5	6	3	5	4	2	5	5
既含硝酸盐又含硫酸盐	5	3	4	9	0	0	0	0	1	1	4	2	7	2	7	3
(2)反应的铝硅酸盐	28	37	27	24	12	18	14	26	20	18	14	19	18	6	16	11
含硝酸盐	9	8	11	9	0	10	10	18	19	3	11	10	10	3	8	8
含硫酸盐	15	24	15	11	12	8	4	6	0	4	0	7	4	2	4	2
既含硝酸盐又含硫酸盐	4	5	1	4	0	0	0	2	1	11	3	2	4	1	4	1
(3)其他	0	1	0	1	0	0	0	0	0	0	0	0	0	0	0	0
3.总矿物尘(反应的+未反应的)	84	83	98	80	64	86	79	85	46	35	36	37	50	53	41	56
4.所有反应的和未反应的相对丰度的比值	1.05	1.13	0.72	1.16	0.28	0.43	0.27	0.60	4.75	2.89	5.00	5.17	1.94	0.29	3.56	4.20

于老化颗粒中相应的比值而 S/O 值大于老化颗粒中的 S/O 值，表明老化的颗粒有较多的含氮物质及水溶性有机质等，这些多余的 N 应该主要来自 NH_4NO_3 或一些水溶性有机氮。有时，在同一张二次电子像上可以看到新鲜的和老化的富含 CONS 颗粒并存的现象，尤其在夏季灰霾样品中，说明这种颗粒在温度、湿度较高的环境中转化和吸湿增长极为迅速。实验中发现，非灰霾天样品中，新鲜的富含 CNOS 的颗粒居多，灰霾天样品中老化的富含 CNOS 的颗粒居多。

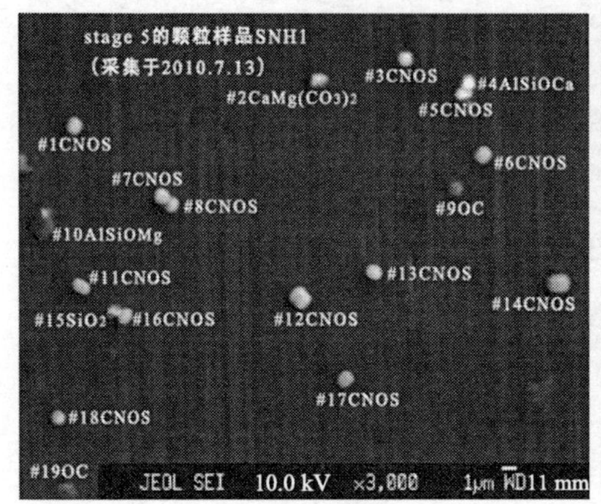

(a) EDX分析前

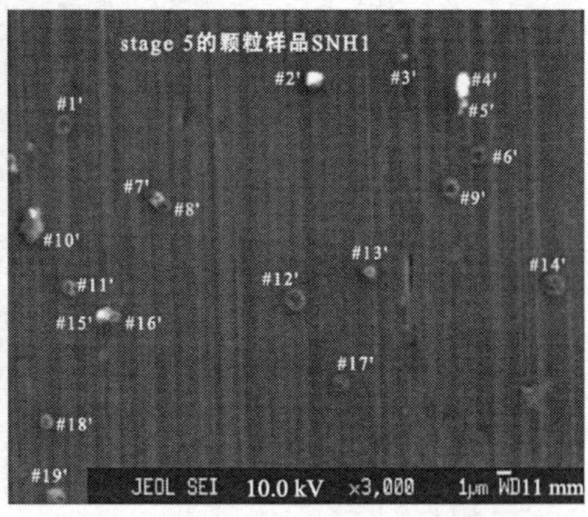

(b) EDX分析后

图 5-25　富含 CNOS 的颗粒在 EDX 分析前、后的 SEI 图像对比

颗粒来自夏季非灰霾天采样台 5#，经 X 射线能谱测量后富含 CNOS 的颗粒全部受电子束损伤，形态发生改变

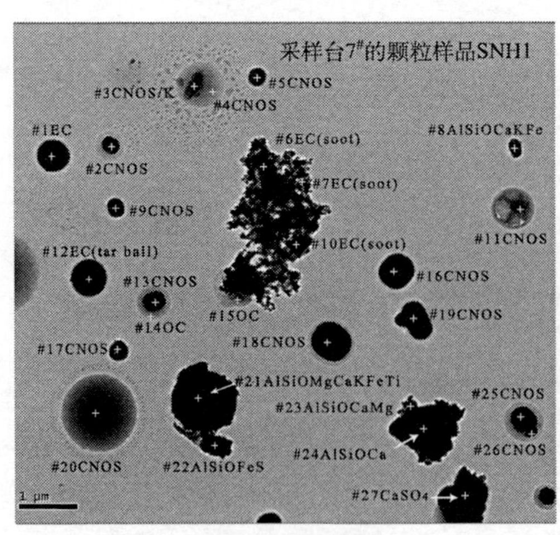

(a) 非灰霾天样品

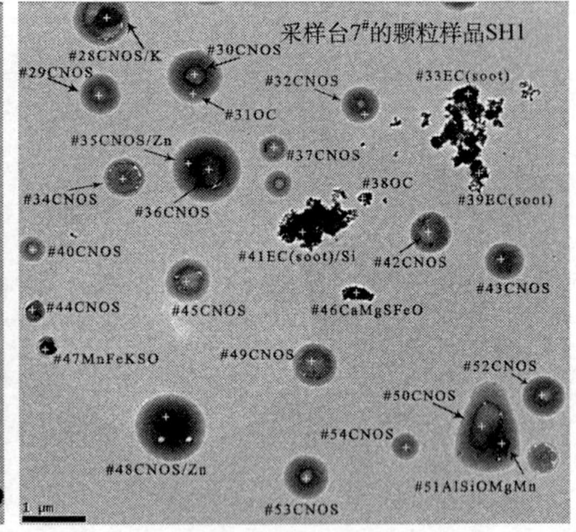

(b) 灰霾天样品

图 5-26　夏季灰霾与非灰霾天样品中富含 CNOS 颗粒的透射电镜像

“+”标记的是电子束测量的地方

表 5-16　灰霾与非灰霾样品中新鲜的和老化的富含 CNOS 颗粒的数量相对丰度(%)及颗粒中 C、N、O、S 的元素浓度比

粒径	类型	冬季样品				夏季样品				元素原子浓度比		
		灰霾天		非灰霾天		灰霾天		非灰霾天		S/O	N/S	C/S
		WH1	WH2	WNH1	WNH2	SH1	SH2	SNH1	SNH2			
采样台 4#	新鲜	0	0	0	0	11	19	30	29	0.30±0.11	0.27±0.21	0.33±0.13
	老化	0	0	0	0	15	25	10	13	0.24±0.11	1.15±1.13	0.88±0.17
采样台 5#	新鲜	0	0	0	0	19	24	16	16	0.49±0.33	0.21±0.24	0.86±0.49
	老化	0	0	0	0	32	26	14	0	0.31±0.17	1.23±1.10	1.58±0.41
采样台 6#	新鲜	9	12	0	0	28	39	41	47	0.68±0.40	0.09±0.14	0.79±0.48
	老化	25	14	3	0	41	43	29	31	0.54±0.32	0.36±0.39	1.69±0.94

4) 含 NaCl 的颗粒

由于太原市地处内陆，含 NaCl 的颗粒应该不是来源于海盐，可能来源于盐碱土壤、居民烹饪或工厂排放。它们在冬季样品中的数量丰度平均小于 1%，夏季样品中为 3%，但对于在空气中发生反应的 NaCl 颗粒(如 $NaNO_3$ 和 Na_2SO_4)而言，它们在冬季的含量大于夏季，且在冬季灰霾样品中的相对丰度(平均 7%)高于非灰霾样品中的相对丰度(平均 2%)，说明灰霾发生很可能促进了空气中 NaCl 与 SO_2 或 NO_x 的反应。

5) 富钾颗粒

富钾颗粒除主要来源于生物质燃烧外，有些也可能是 K_2CO_3 与空气中酸性物质(如 HNO_3、H_2SO_4 等)发生反应产生的。近年来发现烹饪、烤肉、燃煤等也可以产生，它们的粒径通常小于 1 μm，因此在采样台 4#～采样台 6#中很少检测到(其平均丰度＜1%)，而在采样台 7#中平均丰度＞2%，在冬季灰霾样品中的相对丰度高于夏季灰霾样品，在 TEM 图像上该类颗粒色泽较暗、多数形状不规则，有些呈矩形，可能存在的形式有 K_2SO_4、$KHSO_4$、$KFe(SO_4)_2$、KNO_3、KCl 等，如图 5-23 中的颗粒#27、#31、#32、#39 和#48。

6) 飞灰

飞灰颗粒主要含有 Al、Si、O 和少量金属元素，由于是高温熔融的产物，在电镜下易于辨认，二次电子像呈现光亮的球形，透射电镜像呈现黑色圆形，有时表面附着有机物质，冬季灰霾样品中飞灰颗粒的平均丰度为 2%，夏季样品中未发现该类颗粒。

7) 富 Fe 颗粒、含重金属的颗粒

富 Fe 颗粒在采样台 4#～采样台 6#中并不多见，它们在冬季灰霾、非灰霾天样品中相对丰度分别为 1%和 4%，在夏季样品中未检测到。用 TEM-EDX 观察到采样台 7[#]中富 Fe 颗粒常伴随有其他过渡金属或重金属如 Mn、Zn、Cr 等，说明人为源是其主要来源。含重金属(Pb、Zn、Mn、Cr 等一种或几种)的颗粒透射电镜像呈现黑色、致密、圆形形状，常与有机质混合在一起，以含 Zn 或 Zn、Pb 共存的种类居多(图 5-23 的颗粒 #16、#28、#40)，其可能来源于汽车轮胎和刹车片磨损、燃煤电厂、冶炼厂、道路油漆等。冬季样品中的相对丰度高于夏季灰霾天高于非灰霾天。

4. 灰霾颗粒的可能演化过程

灰霾天气下大气颗粒物的形态、化学成分可能的变化过程，总结于图 5-27 中。在此变化过程中，颗粒物大致分为三类，类型 I 包括烟炱、炭片、焦油球、飞灰、SiO_2、TiO_2 和一些铝硅酸盐，它们的化学性质比较稳定，不易与空气中其他污染物反应。但当它们的表面被腐殖酸类物质、水溶性有机碳(WSOC)、二次气溶胶

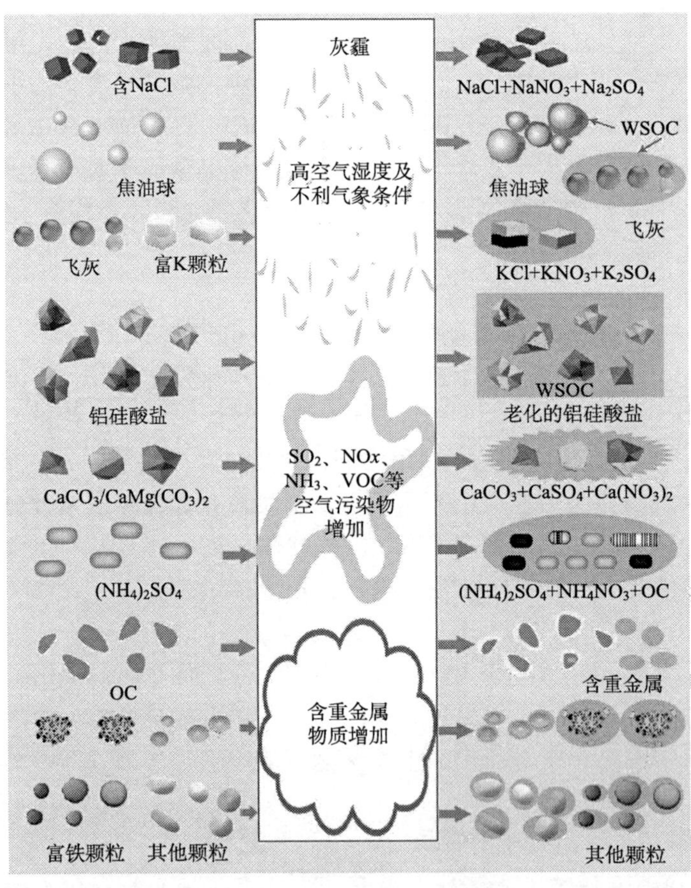

图 5-27　灰霾发生过程中大气颗粒物形态、化学成分的转化过程示意图

覆盖时，会逐渐发生老化(aging)。类型Ⅱ包括 NaCl、$CaCO_3$、$CaMg(CO_3)_2$、$MgCO_3$、含钙的铝硅酸盐颗粒等，它们易与空气中 SO_2、NO_x 反应，反应产物包括 $NaNO_3$、Na_2SO_4、$CaSO_4$、$Ca(NO_3)_2$、$Mg(NO_3)_2$ 等。类型Ⅲ包括二次无机和二次有机气溶胶，或者它们的混合物。HCl、SO_2、NO_x 在较高湿度下与 NH_3 的反应、气态污染物如 VOCs 的光化学反应等均可促进含 NH_4HSO_4、$(NH_4)_2SO_4$ 或 NH_4NO_3 颗粒数量的明显增加，多见于灰霾发生期，这也是灰霾发生时大气 $PM_{2.5}$ 浓度迅速上升导致能见度下降的主要原因。二次无机颗粒吸收水分或 WSOC 后形态会发生改变，当吸附较多含重金属的物质后，这些重金属反过来又会催化 SO_2、NO_x 的非均相反应，导致更多的二次气溶胶产生，这些二次颗粒在风速较低、相对湿度较高的条件下发生的吸湿增长对灰霾的形成有重要促进作用。

5.3　分析海岛上大气气溶胶样品

海岛上的大气环境较为复杂，除来自陆地大气远程运输以外，海上轮船排放及海洋生物排放也是海岛大气组成的重要来源。海岛上空的颗粒物会与大气中的 SO_2、NO_2 及其氧化物作用，影响当地云的形成和太阳辐射传输，甚至会由于颗粒物的干湿沉降作用对海洋生物产生影响。本节主要介绍运用 EPMA 技术在分析韩国德积群岛(Tokchok Island)、济州岛(Jeju Island)、南极乔治王岛及北极斯瓦尔巴特群岛大气气溶胶取得的成果，以期为深入了解海岛大气颗粒物的成分特点、揭示不同海域岛屿气溶胶成分的差异及污染物的来源提供依据。

5.3.1　德积群岛大气气溶胶样品分析

1. 大气颗粒物采集与测量

采样地点位于韩国西海岸德积群岛上一个二层楼顶(37.13°N, 126.07°E)，采样期间岛上空气相对清洁，SO_2、NO_2 及 CO 浓度值低于韩国国家环境空气质量标准[14]。采样时间为 2007 年 7 月 17～23 日，用 Dekati PM_{10} 三级冲击采样器每天上、下午各一次进行采样，共采集样品 10 份，采样膜为平整光滑的铝箔。使用配备有超薄窗口能谱仪的扫描电镜(JEOL JSM-6390)测定单颗粒气溶胶的粒径、形态和化学成分，用蒙特卡罗模拟程序计算颗粒物中元素原子浓度，具体方法见第 4 章。

2. 颗粒物的主要类别

根据颗粒物 X 射线光谱和二次电子图像对采集的颗粒物样品进行分类。分类原则和标准见 5.1.1 小节。主要颗粒物的典型二次电子像见图 5-28，相应的 X 射线能谱图见图 5-29。

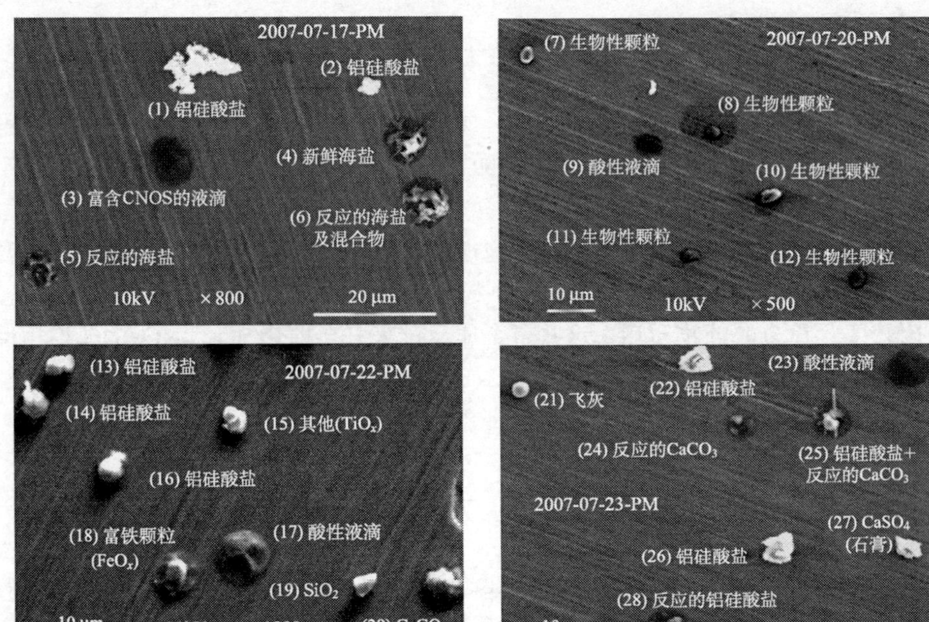

(a) 采样台2#($PM_{2.5\text{-}10}$)，采样膜为铝箔

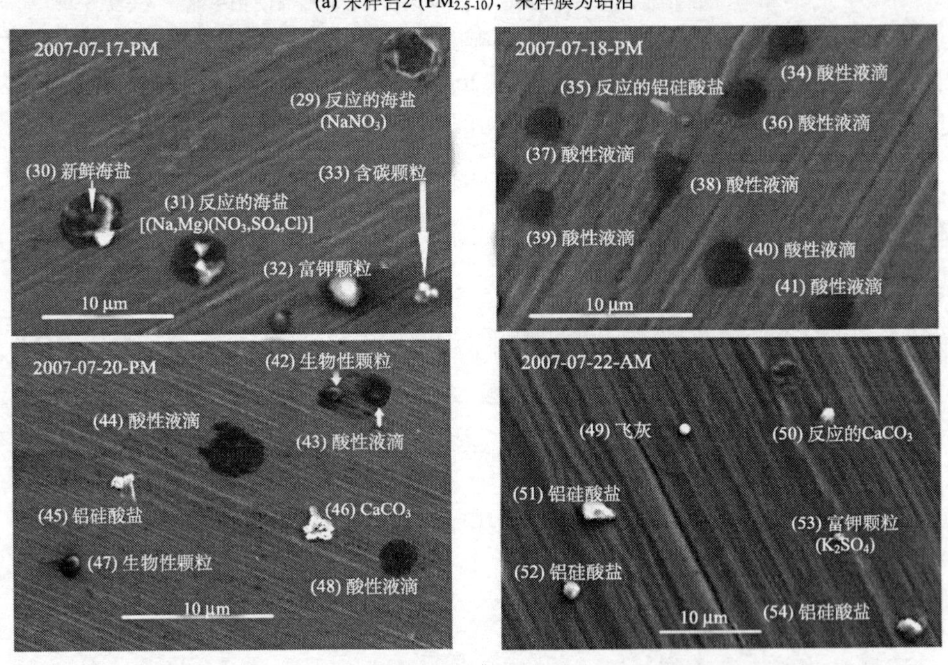

(b) 采样台3# ($PM_{1.0\sim2.5}$)

图 5-28　德积群岛主要大气颗粒物的典型二次电子像

采样台 2#和采样台 3#的颗粒粒径范围分别是 2.5～10 μm 和 1.0～2.5 μm，采样膜为 Al 箔富含 CNOS 液滴颗粒可能由 H_2SO_4、NH_4HSO_4/$(NH_4)_2SO_4$、有机物等混合而成，此处简写为酸性液滴

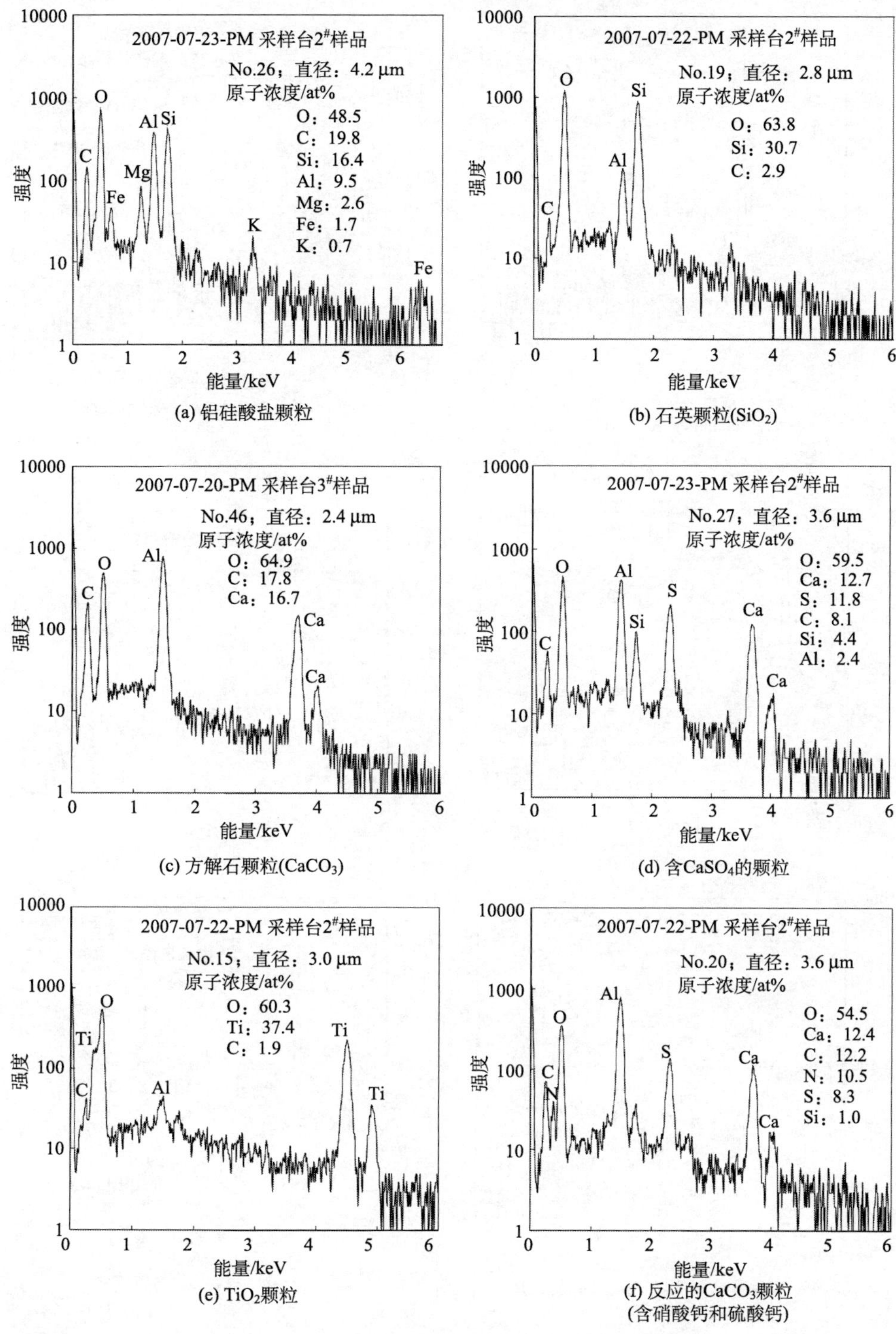

(a) 铝硅酸盐颗粒　　(b) 石英颗粒(SiO_2)

(c) 方解石颗粒($CaCO_3$)　　(d) 含$CaSO_4$的颗粒

(e) TiO_2颗粒　　(f) 反应的$CaCO_3$颗粒(含硝酸钙和硫酸钙)

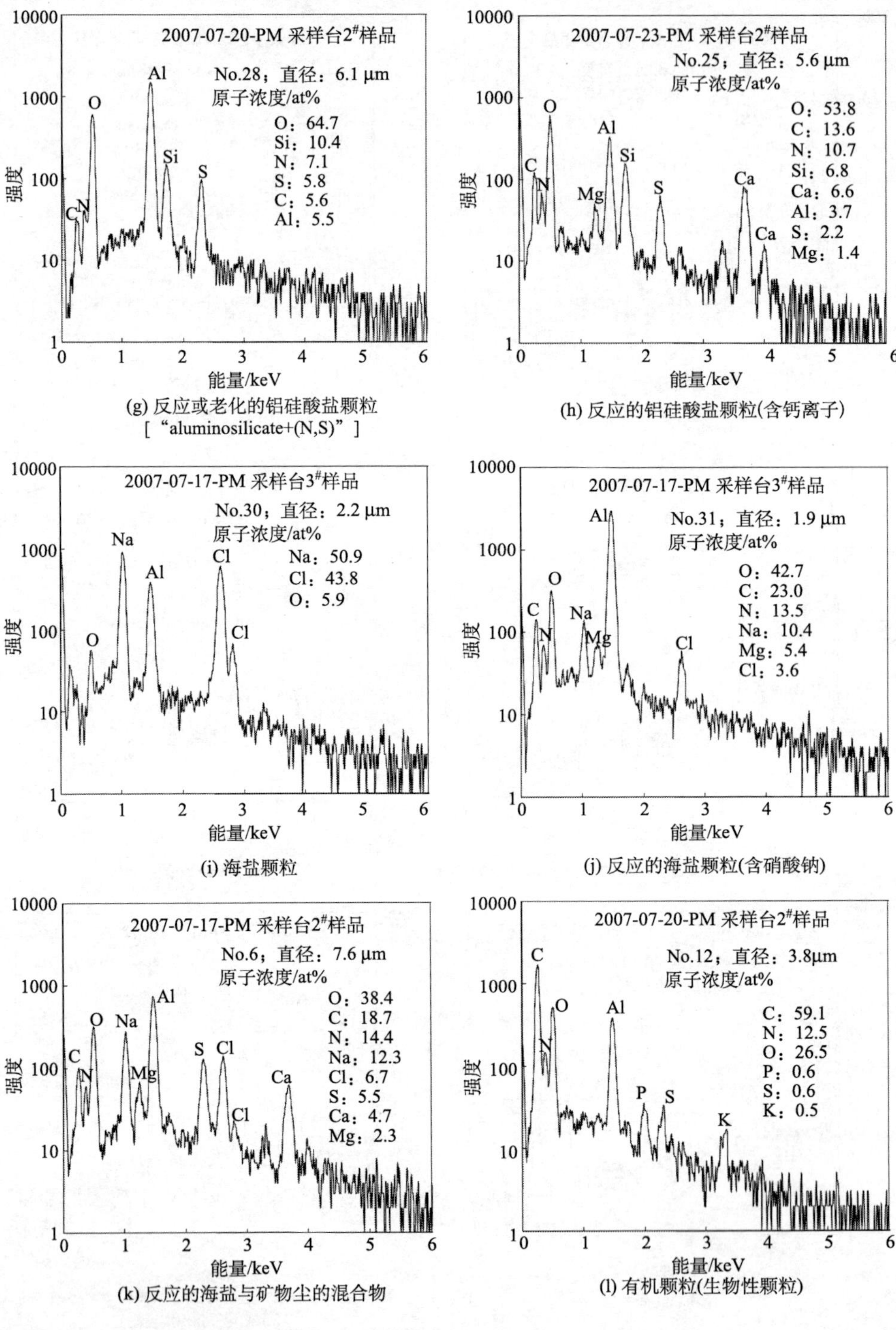

(g) 反应或老化的铝硅酸盐颗粒 [“aluminosilicate+(N,S)”]

(h) 反应的铝硅酸盐颗粒(含钙离子)

(i) 海盐颗粒

(j) 反应的海盐颗粒(含硝酸钠)

(k) 反应的海盐与矿物尘的混合物

(l) 有机颗粒(生物性颗粒)

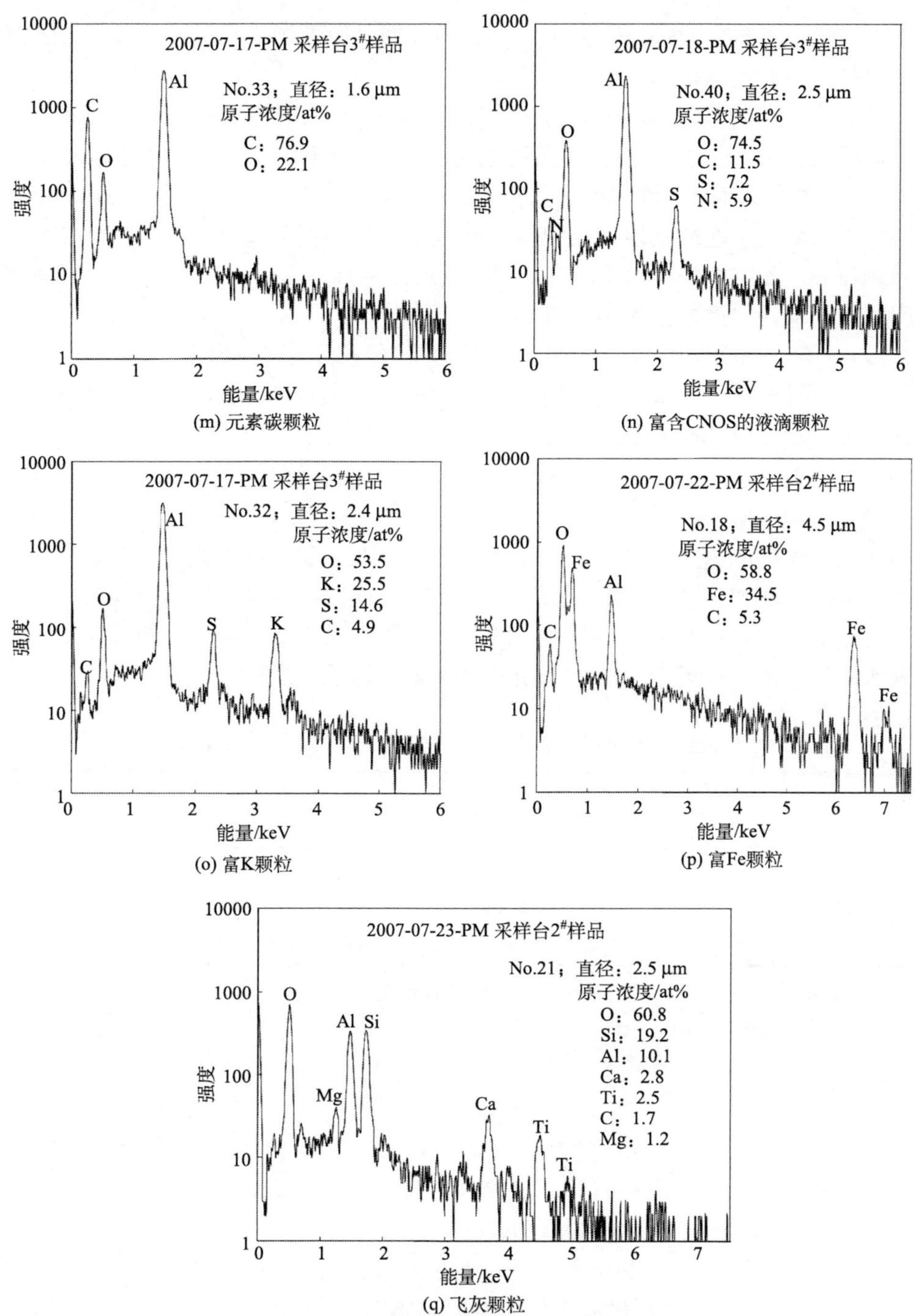

(m) 元素碳颗粒

(n) 富含CNOS的液滴颗粒

(o) 富K颗粒

(p) 富Fe颗粒

(q) 飞灰颗粒

图 5-29　德积群岛典型大气颗粒物的能谱图

能谱图中质量浓度小于 1.0%的元素未列出；原子浓度简写为“at%”；图中颗粒物的序号与图 5-28 中二次电子像的序号一致

本实验中观察到的颗粒物类型大部分与前面几节叙述的相同或类似，不再赘述，值得注意的类别有两个：

(1) 生物性颗粒，主要来源于海洋或陆地活的或死的生物粒子，如花粉、孢子、海藻、细菌、病毒、昆虫及它们的残骸。X 射线能谱显示它们除含有大量 C、O 元素外，往往还有少量的 N、K、P、S 或 Cl 同时存在，分类中把它们归于有机类物质，在前面所述的陆地样品中采到的较少。在德积群岛上观测到许多这种类型的颗粒物，如图 5-28 中颗粒(7)、(8)、(10)、(11)、(12)、(42)。它们可能来自周围的海域，二次电子像中带有明显的“水痕”。

(2) 富含 CNOS 颗粒，这类颗粒物通常存在于小粒径范围中($PM_{1.0\sim2.5}$)(表 5-17 和图 5-28)，其成分包含 8%～20%的碳、0～12%的氮、60%～80%的氧、4%～10%的硫。从它们的 SEI 形貌可知，采样时极可能是以液态形式存在，是酸性物质、$(NH_4)_2SO_4/NH_4HSO_4$、水溶性有机物质的混合物。学生氏 t 检验结果表明，$PM_{2.5\sim10}$ 中 N、S 含量显著高于 $PM_{1.0\sim2.5}$ 中的 N、S 含量($p<0.01$)，而 O 含量却相反($p<0.05$)(表 5-17)，C 含量基本维持不变，说明粒径越小，二次无机物质[如$(NH_4)_2SO_4$、NH_4HSO_4]占的相对比例越小，有机物占的相对比例较大。另外，观察到这类颗粒物中常含有少量的 Mg 和 Na(原子浓度低于 3%)，推测它们可能与海水气溶胶发生过混合，一些有机物质可能来源于海水中。

表 5-17　富含 CNOS 的颗粒各元素在 $PM_{2.5\sim10}$ 和 $PM_{1.0\sim2.5}$ 中的含量对比

粒径范围	数量	元素的原子浓度/at%			
		C	N	O	S
$PM_{2.5\sim10}$	41	14.7±6.2	9.4±2.4	68.4±6.5	6.9±1.4
$PM_{1.0\sim2.5}$	346	14.6±6.1	3.1±3.4	73.4±6.2	5.3±1.4
p 值	—	0.957	0.000**	0.031*	0.004**

注：各元素在两种粒径范围中的含量比较通过学生氏 t 检验进行；

* $p<0.05$；

** $p<0.01$。

通过对不同粒径 CNOS 颗粒中 C、N、S、O 的定量分析和含量比较，可以推断这些二次颗粒的大致形成过程：首先，空气中的 SO_2 或 NO_x 在海水飞沫表面发生氧化，形成细小的硫酸或硝酸液滴，它们通过与空气中氨气作用形成 NH_4HSO_4 或 NH_4NO_3。如果空气中 NH_3 充足，则反应继续，形成$(NH_4)_2SO_4$颗粒，则颗粒显中性；如果 NH_3 含量不足以中和所有的 H_2SO_4，则颗粒中以 H_2SO_4、HNO_3 和 NH_4HSO_4 为主，从而显酸性。NH_4HSO_4、$(NH_4)_2SO_4$ 和 NH_4NO_3 均有较强的吸湿作用，它们在吸湿增长过程中与海水液滴或空气中的水溶性有机物质发生混合。

除人为源之外，由海水中微生物或藻类代谢产生的二甲基硫醚(DMS)也是海洋上空 SO_2 或硫酸的一个重要来源[15]。

3. 各类型颗粒物的相对丰度及可能的来源

以某类颗粒数量占所有测量颗粒总数的比值计算它们的相对丰度，计算结果见表 5-18。同时，根据海拔高度 500 m、1000 m、1500 m 气团 72 h 后向轨迹图，可将采样时气团来源分为四类：第一类主要来源于中国东部地区，涉及 7 月 18 日上午和下午的样品；第二类主要来源于中国南海上空，涉及 7 月 20 日上午和下午的样品；第三类主要来源于中国东北、朝鲜和俄罗斯，涉及 7 月 17 日和 21 日下午的样品；第四类主要来源于韩国本土，涉及 7 月 22 日上下午和 23 日上下午的样品，说明德积群岛上的大气颗粒物受各种方向的气团影响，来源多样。

对所有矿物尘颗粒而言，第三、第四类样品中反应或老化的矿物尘颗粒比第一、第二类样品中相对丰度高(表 5-18)，表明来自于中国东北部、韩国北部及首尔-仁川一带的气团比来自中国东部和东南部的气团携带更多的矿物尘颗粒，且更易与人为源排放的氮、硫氧化物发生反应，其中 NO_x 对它们的影响大于 SO_2。

对于海盐颗粒，新鲜海盐数量远少于反应的海盐，尤其在第四类样品中，几乎没有新鲜海盐。普遍而言，反应的海盐中含硝酸盐的数量大于含硫酸盐的数量，但在第四类样品中，含硫酸盐的海盐大量增加，它们可能是海盐与大气中人为源排放的 SO_2 或 H_2SO_4 反应的产物，产生非海盐性硫酸盐(nss-SO_4^{2-})；或者与海洋微生物产生的二甲基硫(DMS)的产物 SO_2 或对甲基磺酸(MSA)发生反应，产生甲磺酸盐($CH_3SO_3^-$)[15,16]，推测可能是由于第四类气团中较多 DMS 及其产物参与了海盐气溶胶的老化过程。在海洋靠近陆地的区域，人类活动对其影响大，海洋微生物和藻类生产力高，导致 DMS 含量丰富。另外，沿海地区大气易受陆地空气污染物的影响而使氧化能力增强，导致更多的 DMS 被氧化，从而进一步与海盐颗粒反应。

对于碳质颗粒，有机碳的数量远大于元素碳，元素碳的相对丰度小于 1%，说明岛上受燃烧产物影响很小。7 月 20 号采集的样品中有机碳丰度最高(在采样台 2#、元素碳 3#中分别为 82%、36%)，这天采集的样品受第二类气团影响大，推测这些有机碳颗粒主要来自于黄海海域。

富含 CNOS 的液滴颗粒主要分布在小粒径范围内($PM_{1.0\sim2.5}$)，在 18 日上、下午的 $PM_{1.0\sim2.5}$ 样品中相对丰度分别为 86%和 59%，在 23 日上、下午的 $PM_{1.0\sim2.5}$ 样品中相对丰度分别为 64%和 40%，表明德积群岛夏季大气颗粒物成分受周围空气影响较大，二次颗粒物产生较多。

表 5-18　各样品中的颗粒物类型和相对丰度

颗粒物种类	$PM_{2.5\sim10}$ 中的相对丰度/%											$PM_{1.0\sim2.5}$ 中的相对丰度/%										
	18 AM	18 PM	20 AM	20 PM	17 PM	21 PM	22 AM	22 PM	23 AM	23 PM	平均	18 AM	18 PM	20 AM	20 PM	17 PM	21 PM	22 AM	22 PM	23 AM	23 PM	平均
1.未反应的矿物尘	8	11	0	12	15	16	6	17	6	24	12	0	2	2	12	2	6	10	16	0	6	6
(1) 铝硅酸盐	6	7	0	6	11	10	6	10	6	19	8	0	2	0	2	0	4	6	8	0	0	2
(2) SiO_2	0	2	0	2	2	2	0	2	0	0	1	0	0	2	4	2	2	2	2	0	2	2
(3) $CaCO_3$	0	2	0	4	0	0	0	0	0	0	1	0	0	0	6	0	0	0	0	0	2	1
(4) $CaSO_4$	0	0	0	0	2	0	0	0	0	5	1	0	0	0	0	0	0	0	2	0	2	0
(5) 其他颗粒	2	0	0	0	0	4	0	5	0	0	1	0	0	0	0	0	0	2	4	0	0	1
2. 反应的矿物尘	46	14	0	0	30	52	52	53	69	38	36	2	15	0	12	19	44	58	10	10	23	19
(1) 含硝酸盐	12	10	0	0	18	47	48	32	44	26	24	0	8	0	8	16	25	41	4	2	11	11
(2) 含硫酸盐	4	1	0	0	4	2	0	0	6	2	2	0	3	0	0	0	2	3	4	4	2	2
(3) 两者都含	30	3	0	0	8	3	4	21	19	10	10	2	4	0	4	3	17	14	2	4	10	6
3. 海盐颗粒	28	69	84	4	38	26	26	12	12	16	32	0	20	66	8	42	48	22	32	14	11	26
(1) 新鲜海盐	2	13	54	4	4	0	0	0	0	0	8	0	0	30	0	11	0	0	0	2	0	4
(2) 反应的海盐	26	51	26	0	34	26	26	12	12	16	23	0	20	35	8	31	48	22	32	12	11	22
(3) 反应的海盐与矿物尘的混合	0	5	4	0	0	0	0	0	0	0	1	0	0	1	0	0	0	0	0	0	0	0
4. 元素碳	2	0	2	0	6	0	0	0	1	1	1	0	0	0	2	2	0	2	0	0	0	1
5. 有机碳	6	4	8	82	3	2	9	0	0	2	12	2	0	2	36	5	0	2	4	0	0	5
6. 富含 CNOS 颗粒	6	0	2	2	6	0	3	7	6	9	4	86	59	28	24	22	0	0	23	64	40	35
7. 富钾颗粒	0	0	2	0	0	0	0	0	0	2	0	0	0	0	0	2	0	2	4	6	7	2
8. 富铁颗粒	0	2	2	0	0	4	2	2	2	2	2	4	0	0	0	2	2	2	2	0	2	1
9. 飞灰	4	0	0	0	2	0	2	9	4	6	3	6	4	2	6	4	0	2	9	6	11	5

注：“AM”“PM”分别表示上午和下午。

含 K 颗粒、含 Fe 颗粒及飞灰相对丰度很低，三者总和低于 10%，表明人为燃烧对岛上空气产生的影响很小。

总体来说，$PM_{2.5\sim10}$ 各类型颗粒物的相对丰度顺序为：反应的矿物尘＞反应的海盐＞有机碳＞未反应的或初级矿物尘＞新鲜海盐＞富含 CNOS 的液滴颗粒。$PM_{1.0\sim2.5}$ 各类型颗粒物的相对丰度顺序为：富含 CNOS 的液滴＞反应的海盐＞反应的矿物尘＞未反应的或初级矿物尘＞有机碳颗粒，说明不同粒径的颗粒物化学成分有差异，受 SO_2、NO_x 的影响程度也不同。

5.3.2　韩国济州岛大气气溶胶单颗粒成分分析

1. 样品采集与测量分析

济州岛(东经 126°08′～126°58′，北纬 32°06′～33°00′)位于韩国西南隅，黄海与东海的东端界限处，北面隔济州海峡与韩国本土相距 82 km。它是韩国第一大岛，面积 1845.5 km^2，是由 120 万年前火山活动而形成，是一座典型的火山岛。该岛地处亚热带海洋性气候，年均气温 16℃，年降水量 1300～2000 mm，气候湿润，是韩国平均气温最高、降水最多的地方。岛上人口 60 多万，以农业和旅游观光为主，没有工业污染源。采样地点位于济州岛西部边缘海拔高度约 60 m 的高山(Gosan，126.17°E，33.28°N)，此处为亚太地区气溶胶特征分析实验(Asian-Pacific Regional Aerosol Characterization Experiment，ACE-Asia)指定观测地点，有助于了解中国、日本、韩国及其他东南亚国家的大气污染对大气颗粒物成分的影响。采样时间为 2001 年 4 月 4～10 日，在沙尘暴即将到来之前[17]。

使用 MAY 七级冲击式采样器(见 5.1.1 小节)采集采样台 1#～采样台 6#的大气气溶胶样品。使用带超薄窗口能谱仪的扫描电镜测量样品，共测量 11200 个颗粒，颗粒元素分析方法见第 4 章。

2. 结果与讨论

1) 各采样台(采样台 1#～采样台 6#)颗粒物的粒径分析

在所有测量的颗粒物中，粒径分布与采样器设定的切割直径基本吻合，96.9%的颗粒物等效直径为 0.5～16 μm(表 5-19)。对于采样台 1#和采样台 2#的颗粒，粒径范围为 4～16 μm，有 87.6%符合采样台 1#设定的切割直径，92.2%符合采样台 2#设定的切割直径，对于采样台 3#、采样台 4#、采样台 5#、采样台 6#的颗粒，分别有 83.8%、84.6%、83.4%和 72.2%与它们设定的切割直径相符。对于这种冲击式采样器而言，切割效率只要大于 50%即可满足实验要求。

2) 颗粒物气团来源分类

根据采样点 72 h 气团后向轨迹将样品分为三类，第一类是 2001 年 4 月 4～

6 日三天采集的样品，气团来自中国东北或韩国本土，经日本海和朝鲜海峡，从东部到达采样地点。第二类是 4 月 7～9 日采集的样品，气团源自日本海岸附近，经日本海与朝鲜海峡从东北方向到达采样地点。第三类是 4 月 10 日采集的样品，气团源于黄海，从西北方向到达采样地点。

表 5-19　采集颗粒的粒径分布统计

采样台	气溶胶样品在不同采样台中的粒径分布/%									总计
	<0.249 μm	0.25～0.49 μm	0.5～0.99 μm	1～1.99 μm	2～3.99 μm	4～7.99 μm	8～15.99 μm	16～31.99 μm	>32 μm	
1#	—	—	—	—	—	42.0	45.6	10.8	1.6	100
2#	—	—	—	—	7.4	63.6	28.7	0.3	—	100
3#	—	—	—	15.3	47.6	36.2	0.9	—	—	100
4#	—	—	7.0	27.8	56.9	8.3	—	—	—	100
5#	—	5.3	28.4	55.0	11.3	—	—	—	—	100
6#	6.1	31.0	41.2	21.7	—	—	—	—	—	100

3) 颗粒物类别及其相对丰度分析

2001 年 4 月 1～10 日，采样点大气 PM_{10}、$PM_{2.5}$ 的平均浓度分别为 55 μg/m^3 和 25 μg/m^3，处于清洁水平。颗粒类型根据各颗粒二次电子像、X 射线能谱及元素原子浓度计算结果进行分类。主要分为海盐、矿物尘颗粒、含 $(NH_4)_2SO_4$/NH_4HSO_4 的二次颗粒、碳质颗粒、富铁颗粒和富钾颗粒。各种颗粒在不同粒径样品中的相对丰度见图 5-30 和表 5-20。

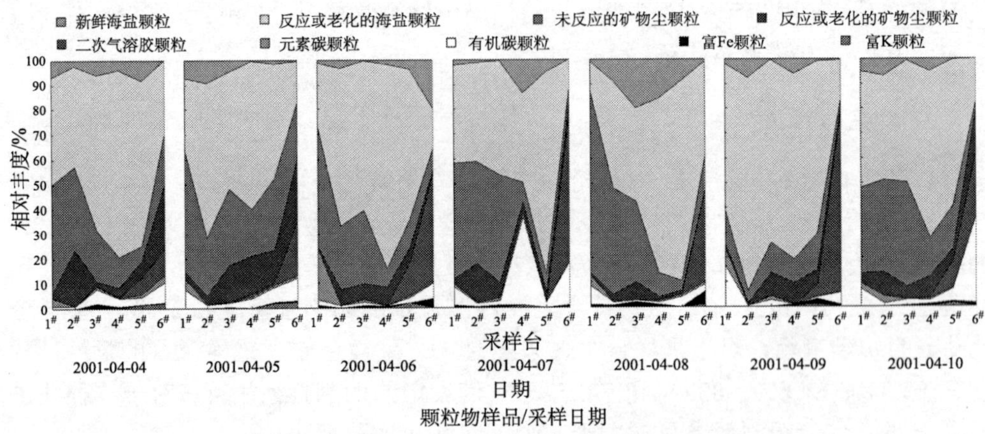

图 5-30　不同粒径样品中各种颗粒的相对丰度比较

表 5-20 采样期间不同类型颗粒在采样台 1#～采样台 6#中的平均相对丰度(%)

序号	类型	采样台 1#	采样台 2#	采样台 3#	采样台 4#	采样台 5#	采样台 6#
1	新鲜的海盐颗粒	3.6±1.0	5.6±1.2	4. 6±2.6	6.6±2.2	4.1±1.3	3.1±2.8
2	反应的海盐颗粒	36.5±5.9	53.9±6.6	53.7±4.6	66.6±5.8	66.3±4.7	20.9±3.6
	(1) 含 NO_3^-	25.4±4.5	33.9±5.9	36.8±4.0	48.4±4.7	29.5±4.3	2.2±1.4
	(2) 含 SO_4^{2-} 或 $CH_3SO_3^-$	3.0±0.8	6.4±1.4	6.1±2.0	7.9±2.2	14.8±1.9	11.2±2.9
	(3) 两者都含	9.0±1.8	13.6±1.5	10.8±1.8	10.2±1.6	21.9±4.2	7.6±1.1
3	矿物尘颗粒	44.3±6.8	30.0±5.0	30.4±4.2	11.6±1.6	12.9±3.2	11.0±3.0
4	反应的矿物尘颗粒	2.2±0.4	8.8±2.9	7.2±1.5	7.0±1.7	6.0±1.4	11.2±4.3
	(1) 含 NO_3^-	1.5±0.2	1.1±0.2	3.1±1.2	2.8±0.8	1.6±0.6	3.3±1.9
	(2) 含 SO_4^{2-} 或 $CH_3SO_3^-$	0.4±0.3	5.5±2.6	1.6±0.2	1.8±0.5	2.9±0.8	5.8±3.0
	(3) 两者都含	0.3±0.2	2.2±0.7	2.5±0.7	2.4±0.7	1. 6±0.3	2.0±1.0
5	二次颗粒	0	0	0.2±0.1	0.3±0.2	5.3±2.0	38.4±8.1
6	元素碳颗粒	6.0±2.5	0.5±0.4	0.7±0.2	0.6±0.3	0.6±0.1	0.8±0.4
7	有机碳颗粒	7.0±1. 9	1.0±0.1	2.3±0.6	6.5±4.9	3.3±0.7	12.0±4.2
8	富 Fe 颗粒	0.4±0.2	0.2±0.1	0.9±0.3	0. 6±0.2	0.4±0.3	1.8±0.7
9	富 K 颗粒	0	0	0	0.2±0.1	1.1±0.3	0.7±0.4

注：所有数据均为平均值±标准差。

海盐颗粒在所有类型中占比最大，且反应或老化的远大于新鲜的，说明该采样点受海洋影响较大，也说明周围存在较多大气污染物与之很快发生反应。在采样台 1#～采样台 5#所有反应的海盐颗粒中，含有 NO_3^- 的颗粒多于含 SO_4^{2-} 或 $CH_3SO_3^-$ 的颗粒，而在采样台 6#中却相反，表明与氮氧化物或硝酸反应后的海盐颗粒粒径一般大于 1 μm，而与硫氧化物或硫酸反应后的海盐颗粒通常小于 1 μm。从三类气团对应的样品中新鲜海盐与反应海盐的平均数量丰度比来看(一、二、三类中对应的比值分别为 13.7%、10.8%、6.1%)，来源于黄海方向的海盐比来源于日本海和朝鲜海峡方向的海盐颗粒发生反应或老化的概率大，提示黄海上空的空气污染物可能数量更多。

矿物尘颗粒的情况与海盐颗粒有很大不同(图 5-31)。在采样台 1#～采样台 5#中，初级或未反应矿物尘颗粒的相对丰度比反应或老化的高(前者平均为 11%～44%，后者平均 2%～7%)，尤其在采样台 1#中，前者比后者几乎高出 20 倍。在采样台 6#中，未反应和反应的矿物尘颗粒相对丰度分布相似(均为 11%左右)，这表明粒径较小的矿物尘更容易与 SO_2 或 NO_x 等污染物发生反应，一方面可能是

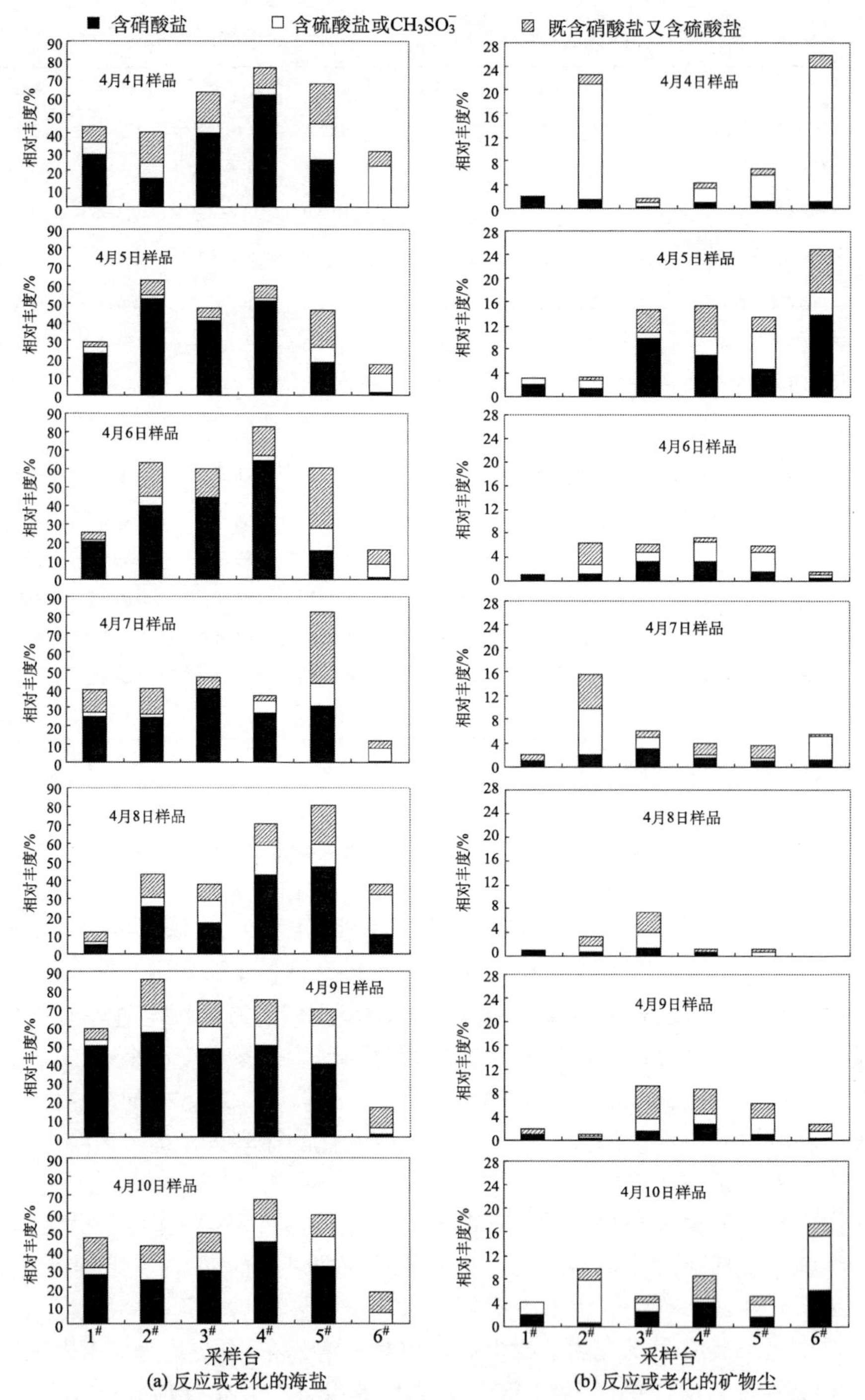

图 5-31　各样品中含有硝酸盐、硫酸盐和既含有硝酸盐又含硫酸盐的反应或老化的海盐颗粒和矿物尘颗粒的相对丰度比较

由于比表面积较大，小颗粒表面易吸附 SO_2 和 NO_x。另一方面，小颗粒可能来源于较远的地方，它们在长距离的传输过程中有更多的反应机会。反应的矿物尘颗粒也分为三种，在采样台 2#、 采样台 5#和采样台 6#中，含硫酸盐矿物尘颗粒超过其他两类，而在采样台 1#、采样台 3#和采样台 4#中，含硝酸盐的矿物尘颗粒更占优势，因此，很难判断哪种矿物尘颗粒占主要作用。

在碳质颗粒中，元素碳的数量小于有机碳，且元素碳主要集中在采样台 1#中(表 5-20)，说明元素碳的粒径较大，并非来自燃烧产物，可能主要是炭片，具体来源还不清楚。有机碳在采样台 6#中的相对丰度大于其他粒径，达到 12.0%(比元素碳 0.8%高出约 15 倍)，尤其在 4 月 10 日的样品中达到 35.1%，高于 4～9 日样品的 4 倍左右，结合气团后向轨迹分析表明，经过黄海的气团比经过日本海和朝鲜海峡的携带更多有机碳颗粒，推测这些有机碳颗粒主要是海洋生物性颗粒或人为排放源产生的，有些也可能来源于光化学反应。

富含 CNOS 的颗粒主要含$(NH_4)_2SO_4$、NH_4NO_3 等二次颗粒和水溶性有机物，集中在粒径较小的采样台 5#和采样台 6#中，平均相对丰度分别为 5.3%和 38.4%，比在采样台 1#～采样台 4#的丰度(分别为 0、 0、 0.2%和 0.3%)高得多。这类颗粒在4月6～9日的采样台6#有较高丰度，分别为44.3%、58.1%、37.1%和 71.6%，说明大量的二次气溶胶可以在日本海和朝鲜海峡形成。

在对济州岛高山采样点大气颗粒物浓度、化学成分、来源的进一步分析表明，SO_4^{2-}、NO_3^-、NH_4^+ 及有机成分对当地大气颗粒物影响较大，与沙尘暴来临时有很大区别。

5.3.3 南极乔治王岛和北极斯瓦尔巴特群岛大气气溶胶单颗粒样品分析

地球南北两极是对全球大气污染和气候变化最为敏感的地区，不仅是辨别地球大气层温度是否增高的“天然指示器”，而且也是研究大气气溶胶成分转化的“天然实验室”。虽然南极和北极同属极地地区，但它们之间的差别还是很明显的，表现在地理位置、地形、气温、污染状况等方面[18]。南极是一个被大洋环绕的由山脉和湖泊组成的大陆，它位于地球的最南端；而北极却是一个被大陆围绕的海洋盆地，它位于地球的最北端。南极的气候比北极恶劣得多，享有“世界冷极”和“世界风极”的称号，年平均气温–50℃，最低温度为–89℃，南极大陆周围是茫茫的南大洋，南大洋的绝大部分时间是被海冰封冻的，有些甚至长年不化，这样就大大阻碍了海水与空气之间的交换，使南极四周的海面始终保持着较低的温度；相比之下，北极的年平均气温则要高得多，为–18℃，冬季平均气温为–34℃，最低温度为–68℃。另外，南极依然是地球上唯一一块远离人类活动的地方，不属于任何一个国家，没有常驻从事生产与生活的人口；北极却非如此，挪威、丹麦、加拿大、美国、俄罗斯、芬兰、冰岛、瑞典 8 个国家的领土伸入其境内，不但有常住人口，还有多个城市在一些地区可见到工厂烟气排向天空，海下不但有潜艇游弋，一些岛上还设有军事基地，北极因为交通方便，人员众多，污染较南极严重得多。这些差异很可能导致南极和北极大气气溶胶化学成分的不同，实验结果也清楚地证明了这一点。

1. 样品采集与测量

在北极斯瓦尔巴特群岛新奥尔松地区(Ny-Ålesund， 78°55′N、11°56′E，现属挪威管辖)的采样时间为 2007 年 7 月，在南极乔治王岛(King George Island，62°13′S、58°47′W，现属智利管辖)的采样时间为 2009 年 3 月(表 5-21)。在北极的 7 月和南极的 3 月都是夏季，在这个时期日照时间较长，大部分时间为白天(极昼)。

表 5-21 南北极各组样品采样时间和气象条件

	编号	日期	采样时间	温度/℃	相对湿度/%	粒径范围
北极样品	1	2007-07-25～26	22:04～08:04	7～8	75～82	$PM_{0.5\sim1}$，$PM_{1\sim2}$，$PM_{2\sim4}$，$PM_{4\sim8}$，$PM_{8\sim16}$
	2	2007-07-26	09:45～22:10	8～12	60～76	
	3	2007-07-26～27	22:20～08:10	7～11	57～72	
	4	2007-07-27	09:45～19:45	8～10	59～70	
	5	2007-07-27～28	22:05～08:05	6～9	68～74	
	6	2007-07-28	10:00～20:00	7～9	61～70	
	7	2007-07-28～29	21:45～03:00	5～7	71～77	
	8	2007-07-29	03:00～09:20	6～8	65～74	
	9	2007-07-29	09:50～14:35	6～7	67～75	
	10	2007-07-29	14:50～19:35	7～8	68～73	
	11	2007-07-29～30	20:15～02:35	6	70～76	
	12	2007-07-30	09:10～15:40	8～10	60～66	
	13	2007-07-30	15:50～20:00	8～10	68～74	
	14	2007-07-30～31	20:40～02:30	6～8	71～73	
	15	2007-07-31	02:40～08:40	6～9	64～72	
	16	2007-07-31	09:00～15:30	8～10	63～72	
南极样品	S1	2009-03-12	14:08～15:43	3.2～4.5	70～76	$PM_{1.0\sim2.5}$，$PM_{2.5\sim10}$
	S2	2009-03-13	13:40～14:05	3.2～3.5	91～93	
	S3	2009-03-14	10:34～10:47	2.9～3.1	75～77	
	S4	2009-03-15	15:44～16:01	2.5～3.2	80～81	
	S5	2009-03-16	09:12～09:17	1.8～2.2	82～84	

在北极新奥尔松地区使用改进的 MAY 大气颗粒物七级采样器共采集 16 组大气气溶胶样品[19]，采样膜为铝箔，采样时气温 5～12℃，相对湿度 57%～82%。在南极乔治王岛使用芬兰 Dekati 公司的 PM_{10} 三级冲击式采样器采集了共 5 组大气气溶胶样品[20]，采样膜也用铝箔，采样气温为 1.8～4.5℃，相对湿度 75.5%～92.5%。

运用带超薄窗口能谱仪的扫描电镜观察颗粒物形状、大小（二次电子像），并测量颗粒的 X 射线能谱。选择加速电压 10 kV，电子束电流 0.5 nA，测量时间 15 s。北极样品共测了 8100 个颗粒，南极样品共测了 2900 个颗粒。

2. 结果与讨论

根据分类标准确定的南北极典型颗粒二次电子像、X 射线能谱和相对丰度分别见图 5-32～图 5-36。

1）北极样品

检测的样品中共发现三大类颗粒，分别是海盐、矿物尘、含碳或碳质颗粒，其中以海盐的数量最多，海盐颗粒在 $PM_{2\sim4}$、$PM_{1\sim2}$、$PM_{0.5\sim1}$ 中平均相对丰度分别达到 55.9%、59.2%和 54.9%。新鲜海盐颗粒呈立方体、表面明亮[图 5-32（b）颗粒#16、#17]，其 X 射线光谱具有较强的 Na 和 Cl 信号，有时伴有 C、O、Mg 等元素。反应或老化的海盐数量远大于新鲜海盐，尤其是在 7 月 26～31 日的样品中（相对丰度达 40%～88%），反应或老化的海盐颗粒依据它们所含 N 或 S 元素的不同分为三类：含硝酸盐的（NO_3^-）、含硫酸盐的（nss-SO_4^{2-} 或 $CH_3SO_3^-$）及二者皆含的[图 5-32（a）～（d）]，检测结果表明：这些颗粒几乎全部为含硝酸盐的颗粒（表 5-22），含硫酸盐的非常少。

矿物尘颗粒中以铝硅酸盐最多，其次是 $CaCO_3$/(Ca,Mg)CO_3、SiO_2、$CaSO_4$、富 Fe 颗粒，它们在 $PM_{2\sim4}$、$PM_{1\sim2}$、$PM_{0.5\sim1}$ 中的平均相对丰度分别是 35.1%、30.9%、24.3%，其中反应或老化的矿物尘颗粒的相对丰度仅为 5.3%、6.4%、7.0%，说明大部分矿物尘未发生反应或老化，而且在较大粒径范围（$PM_{8\sim16}$ 和 $PM_{4\sim8}$）的颗粒中也发现了很多这类颗粒，推测它们来源于附近土壤或风化的岩石，而不是从远处传输过来的。由于富铁颗粒 [图 5-32（c）颗粒#37]X 射线能谱中通常伴随 C、Si、Al 的峰，且采样点附近无工业污染源，人为源的可能性很小，因此本次分类将富 Fe 颗粒归入矿物尘中。富铁颗粒及含 Fe^{2+}或 Fe^{3+}的铝硅酸盐可以在海洋中沉积，为海洋生物提供营养物质。在反应的矿物尘颗粒中，依然是大部分含硝酸盐，而含硫酸盐的非常少[图 5-33（a）、（b）]。

含碳或碳质颗粒包括元素碳（图 5-35）、有机碳[图 5-33（c）]，其中元素碳含量非常少（表 5-23），在 $PM_{2\sim4}$、$PM_{1\sim2}$、$PM_{0.5\sim1}$ 中的平均相对丰度仅为 0.5%、0.3%、0.8%。

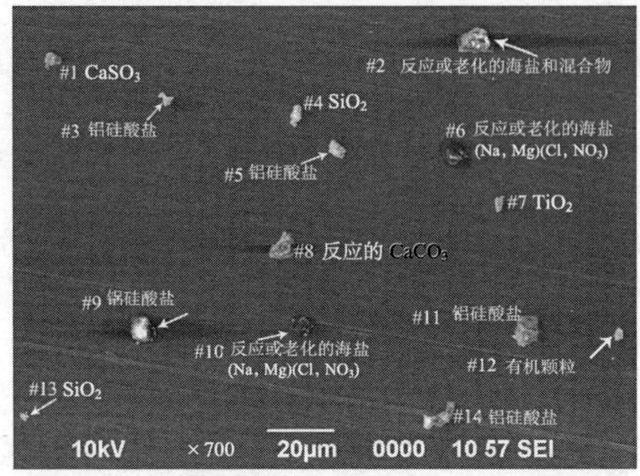

(a) $PM_{2\sim4}$(样品采集时间：2007-7-28 10：00-20：00)

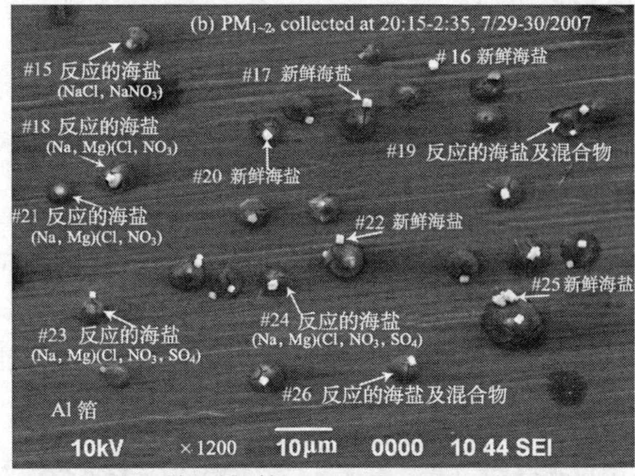

(b) $PM_{1\sim2}$(样品采集时间：2007-7-29~30 10：00-20：00)

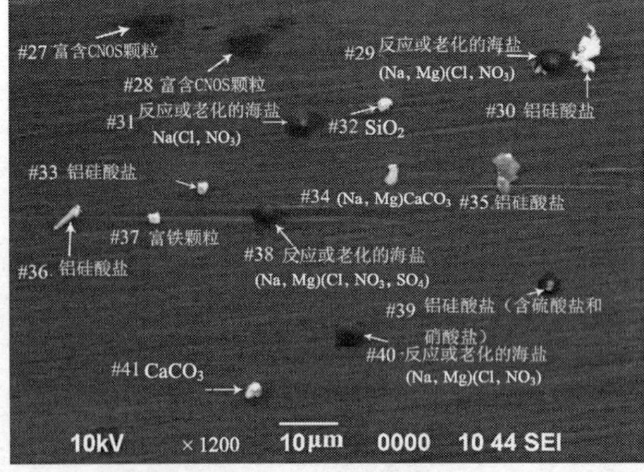

(c) $PM_{0.5\sim1}$(样品采集时间：2007-7-30 9：10-15：40)

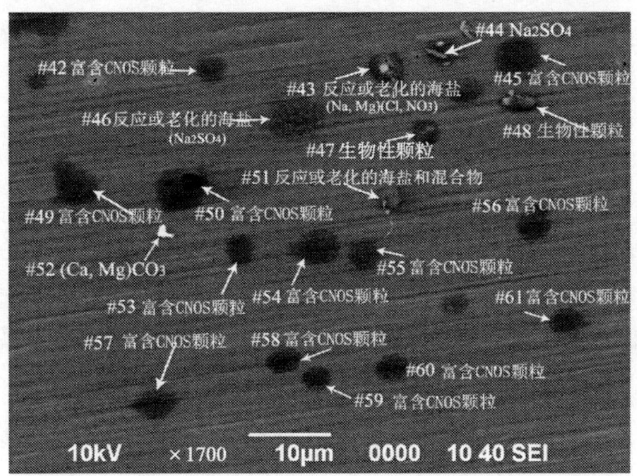

(d) PM0.5~1 (样品采集时间：2007-7-30~31 20：40-2：30)

图 5-32　北极斯瓦尔巴群岛新奥尔松地区大气气溶胶样品典型颗粒二次电子像

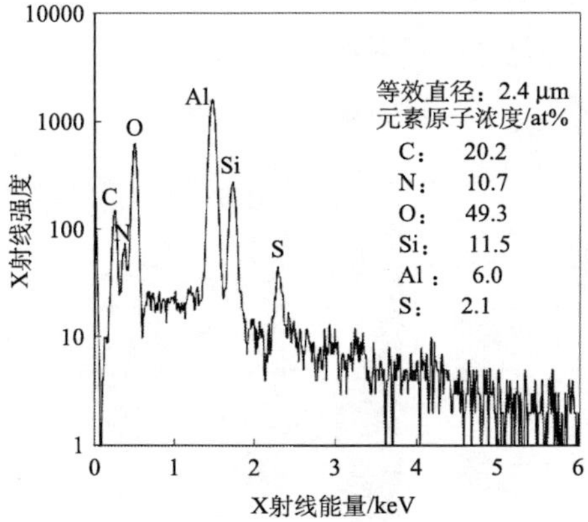

等效直径：2.4 μm
元素原子浓度/at%
C：20.2
N：10.7
O：49.3
Si：11.5
Al：6.0
S：2.1

(a) 反应或老化的铝硅酸盐颗粒(图5-32中#39)

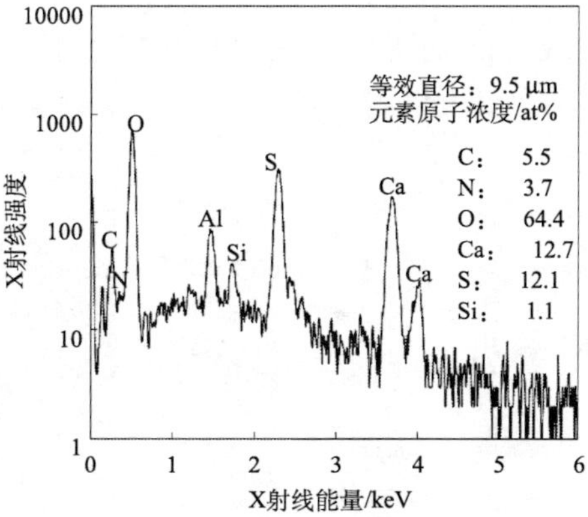

等效直径：9.5 μm
元素原子浓度/at%
C：5.5
N：3.7
O：64.4
Ca：12.7
S：12.1
Si：1.1

(b) 反应或老化的$CaCO_3$颗粒(图5-32中#8)

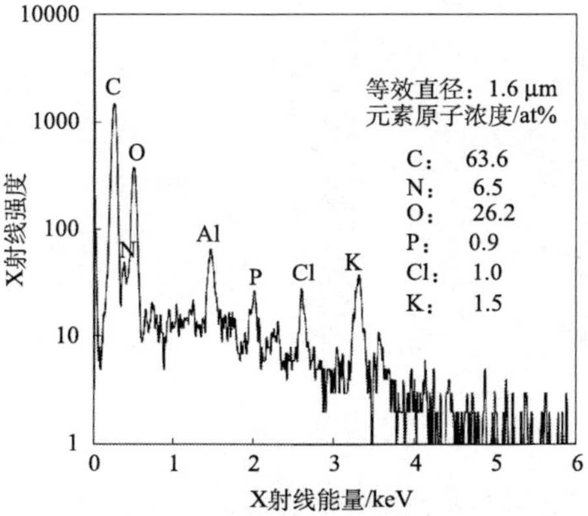

等效直径：1.6 μm
元素原子浓度/at%
C：63.6
N：6.5
O：26.2
P：0.9
Cl：1.0
K：1.5

(c) 生物性颗粒(图5-32中#48)

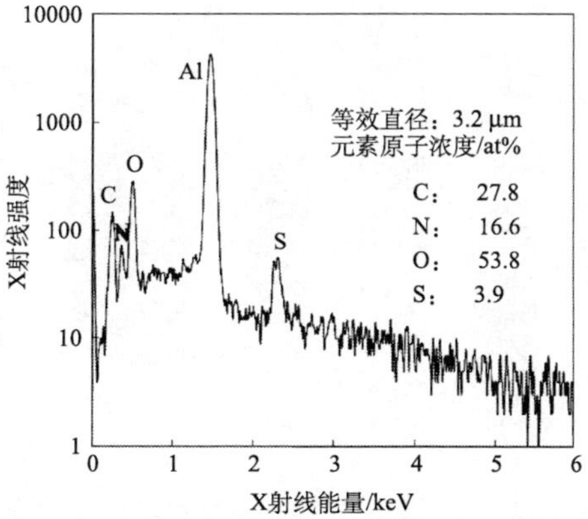

等效直径：3.2 μm
元素原子浓度/at%
C：27.8
N：16.6
O：53.8
S：3.9

(d) 富含CNOS的液滴颗粒(图5-32中#42)

（各图纵坐标：X射线强度；横坐标：X射线能量/keV）

图 5-33　北极斯瓦尔巴群岛新奥尔松地区大气气溶胶样品典型颗粒 X 射线能谱及计算的原子浓度

原子浓度的单位表示为“at%”；浓度低于 1%的元素未列到结果中

有机碳颗粒虽然分为四个小类，但主要由富含 CNO 和富含 CNOS 的液滴颗粒构成。富含 CNO 的颗粒可能含有机氮或 NH_4NO_3(图 5-36)，而富含 CNOS 的颗粒主要由有机物和$(NH_4)_2SO_4/NH_4HSO_4$ 等构成［图 5-33(d)］，这两种颗粒中 C 和 O 的原子浓度之和均在 80%以上，有机物可来源于挥发性有机物的氧化、腐殖酸或类腐殖酸(HULIS)物质、轮船上的油料等，大部分均为水溶性物质。富含 CNOS 的颗粒中 C、N、O、S 的平均浓度分别为 26.2%±7.4%、14.1%±5.5%、53.0%±10.3%、3.3%±1.2%, 常伴随少量的 Na 和 Mg(原子浓度分别为 0.7%和 2.1%)(表 5-24)，推测有机质主要来自于海洋，N 含量大于 S 则说明其中可能混合有机氮或 NH_4NO_3，也可能含 CNOS 的颗粒是由含 CNO 的颗粒与空气中$(NH_4)_2SO_4$ 或 NH_4HSO_4 混合后形成的，详细机制仍需要借助其他手段予以验证。

富含 CNOS 的颗粒含量较多，几乎在每个样品的 $PM_{4\sim2}$、$PM_{2\sim1}$和 $PM_{1\sim0.5}$中均大量存在，在样品“2007-07-30～31 20:40～8:40”的 $PM_{4\sim2}$中的相对丰度甚至达到 50%～60%，而富含 CNO 的颗粒则少很多(表 5-23)，它在 $PM_{4\sim2}$、$PM_{2\sim1}$、$PM_{1\sim0.5}$中的平均丰度仅为 1.9%、1.7%、3.4%。

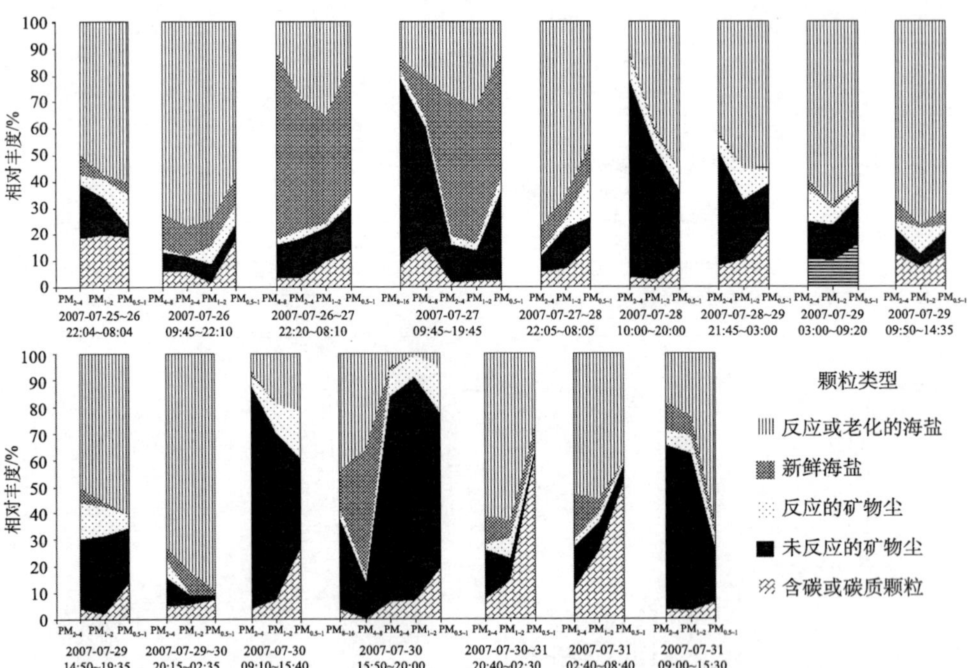

图 5-34　夏季北极各样品中主要类型颗粒物在不同粒径范围内的数量相对丰度计算结果

表 5-22　北极样品中反应或老化的海盐颗粒类型及其相对丰度

粒径范围	类型	在 16 个样品中的相对丰度/%															
		1	2	3	4	5	6	7	8	9	10	11	12	13	14	15	16
$PM_{2\sim4}$	含硝酸盐	37	51	20	3	54	9	39	56	58	30	57	0	5	50	36	12
	含硫酸盐	0	0	5	21	9	0	2	0	0	6	3	0	0	2	7	0
	两种都含	13	25	3	3	14	2	0	4	9	14	13	0	0	9	10	6
$PM_{1\sim2}$	含硝酸盐	45	60	13	3	50	32	52	61	65	48	69	11	0	47	45	16
	含硫酸盐	0	3	16	28	3	1	2	2	0	0	4	2	0	2	9	2
	两种都含	13	10	6	1	9	5	2	6	11	7	9	6	0	15	13	6
$PM_{0.5\sim1}$	含硝酸盐	35	57	9	0	42	39	42	50	60	45	85	20	2	22	29	50
	含硫酸盐	4	1	7	12	4	1	8	4	0	2	0	0	2	2	8	4
	两种都含	21	0	2	0	0	16	5	6	10	14	4	2	2	4	11	12

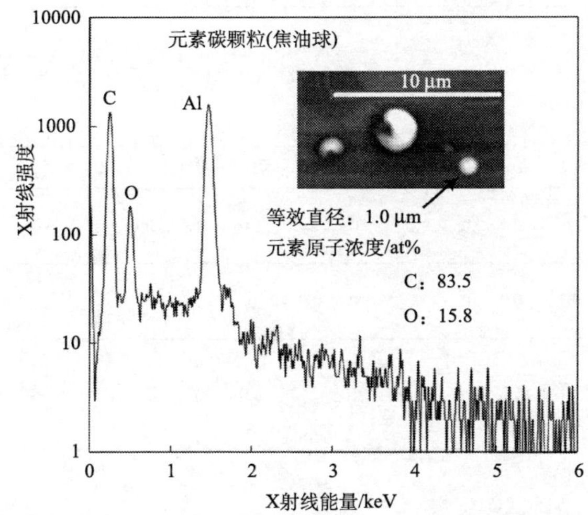

图 5-35　北极样品中典型元素碳颗粒二次电子像及其能谱图

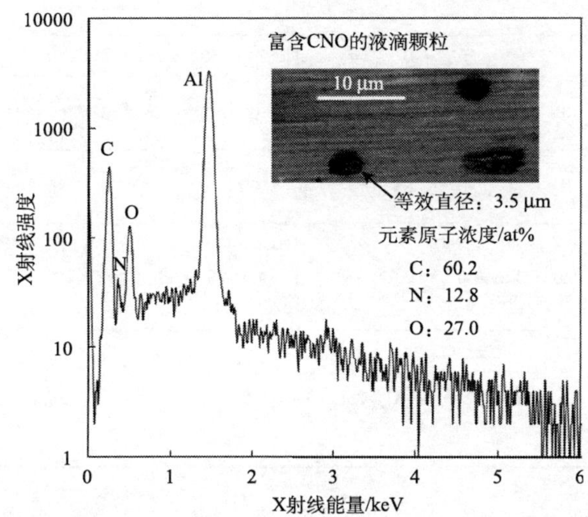

图 5-36　北极样品中富含 CNO 的颗粒二次电子像及其能谱图

表 5-23　含碳或碳质颗粒类型及其相对丰度

粒径范围	类型	在 16 个样品中的相对丰度/%															
		1	2	3	4	5	6	7	8	9	10	11	12	13	14	15	16
$PM_{2\sim4}$	元素碳	0	0	0	0	1.4	0	5.9	0	0	0	0	0	0	0	0	0
	固态有机碳	0	0	1.7	0	0	1.8	0	0	0	0	0	3.9	0	0	0	4.1
	生物性有机碳	3.7	0	0	1.6	0	0	0	0	3.6	2.0	0	0	0	3.7	1.4	0
	富含 CNO 液滴颗粒	1.9	3.9	0	0	2.9	1.8	0	1.8	5.5	2.0	1.6	0	1.6	1.9	2.9	0
	富含 CNOS 液滴颗粒	13.0	2.0	1.7	0	1.4	0	2.0	8.8	3.6	0	3.2	0	4.8	1.9	7.3	0
$PM_{1\sim2}$	元素碳	0	0	0	0	0	0	0	0	0	0	0	0	0	1.6	1.8	1.6
	固态有机碳	0	0	0	0	0	0	1.7	2.0	0	0	0	0	0	0	1.8	0
	生物性有机碳	1.8	0	0	0	0	0	0	0	0	0	0	0	0	3.2	3.6	0
	富含 CNO 液滴颗粒	0	0	6.5	2.5	5.2	2.6	5.2	2.0	3.6	0	0	1.9	0	1.6	0	0
	富含 CNOS 液滴颗粒	17.9	1.7	3.2	0	1.7	0	3.4	5.9	3.6	1.9	5.5	5.6	7.0	8.1	18.2	1.6
$PM_{0.5\sim1}$	元素碳	0	0	6.9	0	0	0	3.1	2.9	0	0	0	0	0	0	0	0
	固态有机碳	1.3	0	0	0	0	0	4.7	0	0	0	0	0	0	0	0	0
	生物性有机碳	0	0	0	0	0	0	0	0	0	1.7	0	0	0	1.8	0	1.4
	富含 CNO 液滴颗粒	4.0	6.0	3.4	0	10.5	5.9	4.7	4.4	6.3	6.9	0	0	0	0	1.6	0
	富含 CNOS 液滴颗粒	13.3	11.9	3.4	2.6	5.3	2.4	9.4	8.8	6.3	5.2	7.4	26.8	19.4	60.0	50.0	5.4

表 5-24　北极样品中富含 CNOS 的颗粒中各元素原子浓度

粒径范围	颗粒数量	元素原子浓度/at%					
		C	N	O	S	Na	Mg
$PM_{2\sim4}$	54	23.3±9.1	12.9±3.7	57.2±10.8	3.6±1.2	0.2± 0.5	1.5± 1.7
$PM_{1\sim2}$	90	28.0±9.1	15.4±6.0	50.4±12.6	3.5±1.4	0.6± 1.9	1.5± 1.4
$PM_{0.5\sim1}$	270	26.1±6.2	14.0±5.2	53.1±9.2	3.2±1.1	0.9± 1.5	2.5± 1.9
平均	414	26.2±7.4	14.1±5.5	53.0±10.3	3.3±1.2	0.7± 1.5	2.1± 1.8

2) 南极样品

南极样品颗粒物类型比较简单，绝大多数为海盐(数量相对丰度>90%)，主要分为不含硫的海盐颗粒、含硫的海盐颗粒、富 Fe 颗粒和其他，$PM_{2.5\sim10}$ 和 $PM_{1.0\sim2.5}$ 典型颗粒的二次电子像见图 5-37，$PM_{2.5\sim10}$ 和 $PM_{1.0\sim2.5}$ 中每类颗粒的相对丰度见表 5-25。

虽然海盐颗粒的主要成分是 Na 和 Cl，但常常伴随着少量的 C(原子浓度平均为 4at%～12at%)、Mg(原子浓度小于 7at%)、O(原子浓度小于 10at%)，经计算，$PM_{2.5\sim10}$ 和 $PM_{1.0\sim2.5}$ 中 Cl 和 Na 的质量浓度比分别为 0.861 和 0.787，低于海水中的比值(1.16)。根据伴随元素的不同，将不含硫的海盐颗粒进一步分为五种，分别为 NaCl、NaCl/O、NaCl/(C,O)、NaCl/(O,Mg)、NaCl/(C,O,Mg)，但它们的二次电子像没有明显不同(图 5-37 中颗粒#1、#5、#16、#33 等)。对于含硫的海盐颗粒又分为两类，一类是 S 和 Na 的质量浓度比值小于 0.083(即海水中 S 和 Na 的常规比值[21])的，这部分 S 是海盐中固有的，它们称为海盐性硫酸盐(ss-SO_4^{2-})；另一类是 S 和 Na 的质量浓度比值大于 0.083 的，在 $PM_{2.5\sim10}$ 和 $PM_{1.0\sim2.5}$ 中平均比值分别为 0.167 和 0.210(表 5-26 和表 5-27)，含有从海盐以外来的 S，称为非海盐硫酸盐(nss-SO_4^{2-})，它们是新鲜海盐与空气中 SO_2 或 H_2SO_4 及 MSA 发生反应的产物。S 和 Na 的含量比随粒径减少而增加，可能小颗粒海盐更易发生反应，与其有较大的比表面积有关。由于南极远离人类活动区域，这些空气中的含硫物质绝大部分来源于海洋生物活动。藻类产生的 DMS 经光照分解后产生 SO_2、H_2SO_4 及 MSA(图 5-38)。南极样品中未发现含硝酸盐的海盐颗粒，说明该地基本不存在 NO_x 大气排放源，人为干扰非常少，因此推测“含硫酸盐的海盐”全部来自海盐颗粒与 DMS 分解产物的反应物。

富 Fe 颗粒形状不规则，有时与海盐颗粒混合在一起，含有 FeO_x 或 $Fe(OH)_x$，各颗粒中 Fe 的含量差异较大，原子浓度从 1at%到 80at%都有(表 5-28)，有时这些富 Fe 颗粒中也含 S，推测它们大部分来自海洋，当海水中大量藻类生长时，需要 Fe 元素的参与，Fe 与 S 有很好的偶联关系[22]。

既不属于海盐也不属于富 Fe 颗粒的全部归为“其他”，包括很少量的有机碳、$CaCO_3$、$CaMg(CO_3)_2$、铝硅酸盐等(表 5-25)，有机碳可能主要来源于海洋，矿物尘颗粒来源于岛上的土壤或风化的岩石。

表 5-25　$PM_{2.5\sim10}$ 和 $PM_{1.0\sim2.5}$ 中各类颗粒的相对丰度

颗粒种类	$PM_{2.5\sim10}$ 中的相对丰度/%						$PM_{1.0\sim2.5}$ 中的相对丰度/%					
	S1	S2	S3	S4	S5	平均	S1	S2	S3	S4	S5	平均
1.无硫海盐颗粒	47.9	42.1	43.0	23.2	48.4	40.9	17.3	38.0	38.6	10.2	20.8	25.0
NaCl	3.5	7.2	0	0.7	0.6	2.4	0.6	6.3	0.8	0.6	0	1.7
NaCl/O	22.6	28.9	12.1	18.9	26.8	21.9	12.6	22.9	26.1	4.5	5.8	14.4
NaCl/O,Mg	4.2	1.4	2.0	1.3	1.9	2.2	0.7	2.5	2.5	0	0.8	1.3
NaCl/C,O	6.3	0	9.4	0.9	1.3	3.6	2.7	1.9	6.7	2.6	4.2	3.6
NaCl/C,O,Mg	11.3	4.6	19.5	1.4	17.8	10.9	0.7	4.4	2.5	2.5	10.0	4.0
2.含硫海盐颗粒	48.6	55.3	55.0	75.4	47.1	56.3	78.1	59.5	55.5	87.2	72.5	70.6
(1) [S]/[Na]≤0.083	27.5	34.8	22.8	41.2	25.5	30.4	59.7	39.9	49.6	64.8	50.9	53.0
Na (SO_4,Cl)	1.4	3.9	1.3	3.6	3.2	2.7	2.7	1.3	16.8	7.1	1.7	5.9
(Na,Mg) (SO_4,Cl)	9.2	12.5	1.3	8.7	8.3	8.0	14.6	7.0	13.4	5.8	4.2	9.0
Na (SO_4,Cl) /C	0	0	0.7	1.4	0	0.4	2.0	0	3.4	6.4	4.2	3.2
(Na,Mg) (SO_4,Cl) /C	16.9	18.4	19.5	27.5	14.0	19.3	40.4	31.6	16.0	45.5	40.8	34.9
(2) [S]/[Na]>0.083	21.1	20.5	32.2	34	21.7	25.9	18.5	19.7	5.8	22.9	21.7	17.7
(Na,Mg,Ca) (SO_4,Cl)	1.4	6.6	1.3	7.2	1.9	3.7	1.3	1.3	0.8	0.6	0	0.8
(Na,Mg,K,Ca) (SO_4,Cl)	3.5	2.0	0	2.9	1.3	1.9	0	0	0	0.6	4.2	1.0
(Na,Mg,K,Ca) (SO_4,Cl) /C	7.0	2.0	2.0	2.9	5.8	3.9	1.3	2.5	1.6	5.7	5.8	3.4
(Na,Mg,Ca) (SO_4,Cl) /C	9.2	9.9	28.9	21.0	12.7	16.3	15.9	15.9	3.4	16.0	11.7	12.6
3.含铁颗粒	2.1	2.6	1.3	1.4	1.3	1.7	3.3	1.9	5.9	2.6	5.0	3.7
4.其他	1.4	0.0	0.7	0.0	3.2	1.1	1.3	0.6	0	0	1.7	0.7
总计	100	100	100	100	100	100	100	100	100	100	100	100

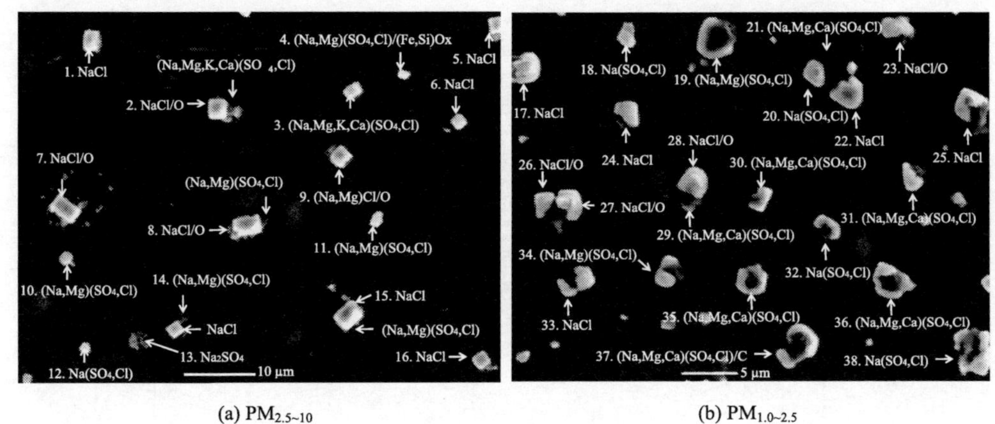

(a) $PM_{2.5\sim10}$　　(b) $PM_{1.0\sim2.5}$

图 5-37　南极样品中不同粒径典型颗粒二次电子像

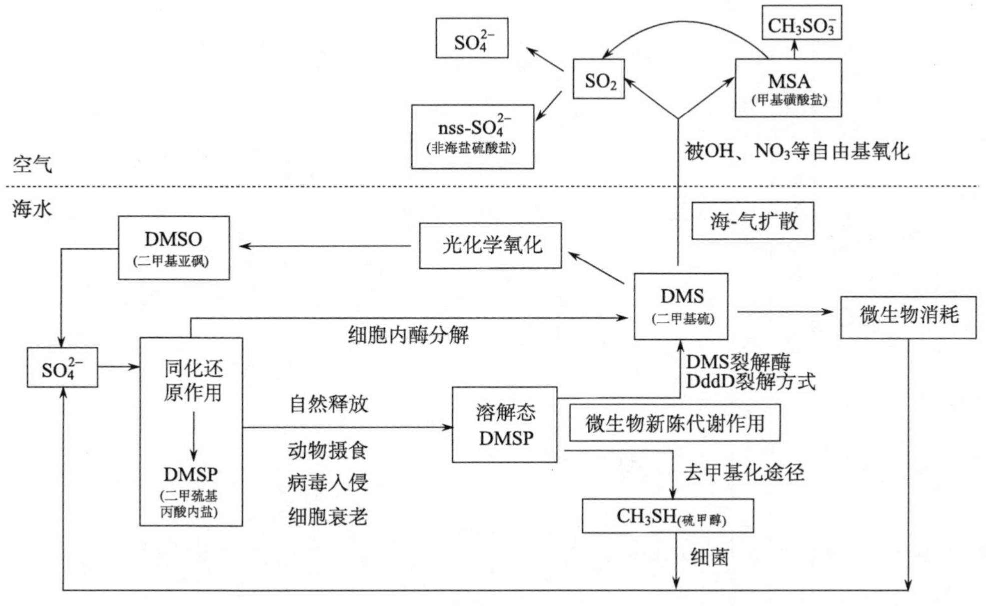

图 5-38　海洋生物产生的 DMS 分解、转化示意图

3) 南北极各类型颗粒的总体分布特点比较及原因分析

新鲜海盐在南北极样品中的分布情况有较大差异，在南极样品中新鲜海盐颗粒广泛存在，占总数 76.7%(粒径范围 2.5～10 μm) 和 70.6%(粒径范围 1～2.5 μm)，而在北极只有很少的新鲜海盐颗粒(平均丰度只有 9.25%)，有时附着或混合在其他类型的颗粒中。

表 5-26 $PM_{2.5\sim10}$ 中颗粒物类型及其中的元素原子浓度

颗粒物类型	颗粒数量	各元素原子浓度/at%(平均值±标准差)								元素原子浓度比值		
		C	O	Na	Mg	S	Cl	K	Ca	[O]/[Na]	[Mg]/[Na]	[S]/[Na]
1. 不含硫的海盐颗粒											0.073	
NaCl	32			53.6±1.2			46.2±1.1					
NaCl/O	354		5.0±2. 8	50.8±2.0			43.4±2.2			0.098		
NaCl/O, Mg	66		10.8±4.4	46.3±3.9	2.4±1.8		39.5±3.5			0.233	0.052	
NaCl/C, O	72	4.5±3.3	8.0±4.2	46.6±3.6			40.0±4.0			0.172		
NaCl/C, O, Mg	274	11.8±7.4	14.5±6.4	37.1±8.5	3.5±2.6		32.4±6.9			0.391	0.094	
2.含硫的海盐颗粒											0.187	0.124
Na(SO, Cl)	24		16.8±17.6	44.7±8.8		2.1±1.4	35.9±9.9			0.376		0.047
(Na, Mg)(SO, Cl)	82		11.9±5.4	42.9±6.1	4.5±5.0	1.9±1.0	38.0±5.8			0.277	0.106	0.043
(Na, Mg, Ca)(SO, Cl)	33		17.7±14.4	37.1±10.5	4.0±4.1	4.2±3.2	33.7±10.9		2.6±2.9	0.477	0.107	0.114
(Na, Mg, Ca, K)(SO, Cl)	18		17.4±4.9	34.3±7.3	6.3±3.0	6.1±3.6	31.3±5.0	1.4±0.4	3.1±2.1	0.507	0.184	0.179
Na(SO, Cl)/C	4	18.5±11.0	29.9±14.7	28.3±14.8		1.8±1.1	22.3±11.6			1.056		0.064
(Na,Mg)(SO, Cl)/C	220	12.5±8.4	20.2±6.9	32.3±10.2	4.6±3.4	1.6±0.6	27.8±7.2			0.625	0.143	0.049
(Na,Mg,Ca)(SO, Cl)/C	185	11.7±5.3	29.3±10.7	25.4±10.0	5.2±2.4	3.6±1.8	22.1±7.8		2.0±1.5	1.154	0.204	0.143
(Na,Mg,K, Ca)(SO, Cl)/C	42	9.6±4.9	36.1±10.1	18.9±9.5	7.2±2.9	5.9±2.3	17.6±7.1	1.3±0.3	3.3±1.6	1.910	0.380	0.311

表 5-27 $PM_{1.0\sim2.5}$ 中颗粒物类型及其中的元素原子浓度

颗粒物类型	颗粒数量	各元素原子浓度/at%(平均值±标准差)								元素原子浓度比值		
		C	O	Na	Mg	S	Cl	K	Ca	[O]/[Na]	[Mg]/[Na]	[S]/[Na]
1. 不含硫的海盐颗粒											0.099	
NaCl	25			54.5±1.4			45.2±1.4					
NaCl/O	188		9.0±8.6	50.9±3.6			39.3±7.0			0.177		
NaCl/O, Mg	56		11.0±4.1	46.9±3.4	2.9±3.1		38.6±4.4			0.235	0.062	
NaCl/C, O	26	10.3±7.5	21.8±15.8	39.0±10.3			29.4±12.3			0.559		
NaCl/C, O, Mg	127	12.0±8.8	18.0±8.9	35.9±11.4	4.9±4.4		28.4±9.7			0.501	0.136	
2. 含硫的海盐颗粒											0.291	0.192
Na(SO, Cl)	61		17.1±9.2	50.0±4.9		1.9±0.9	30.5±8.7			0.342		0.038
(Na, Mg) (SO, Cl)	123		15.4±7.1	44.8±7.8	4.5±5.5	2.1±1.6	32.6±7.6			0.344	0.101	0.047
(Na, Mg, Ca) (SO, Cl)	8		34.9±10.8	43.8±11.3	3.5±0.9	8.3±3.1	19.9±5.5		5.5±2.1	0.797	0.080	0.190
(Na, Mg, Ca, K) (SO, Cl)	8		31.0±11.9	24.6±14.0	11.8±6.1	7.2±5.0	18.1±8.8	1.8±0.6	3.9±2.4	1.260	0.479	0.293
Na(SO, Cl)/C	40	8.7±5.0	20.4±7.6	44.2±7.9		2.1±0.9	24.6±6.5			0.462		0.048
(Na,Mg) (SO, Cl)/C	619	11.0±6.7	19.9±6.7	35.7±9.6	4.7±3.2	1.7±0.6	26.4±7.1			0.557	0.132	0.048
(Na,Mg,Ca) (SO, Cl)/C	125	10.0±4.3	25.7±8.5	31.3±9.7	4.8±2.1	3.4±2.0	22.4±6.5		1.6±0.8	0.821	0.152	0.109
(Na,Mg,K, Ca) (SO, Cl)/C	22	8.8±2.8	46.2±16.2	11.0±14.6	9.1±3.0	8.4±4.3	11.1±6.9	1.3±0.3	4.1±1.8	4.2	0.799	0.764

表 5-28　南极各样品中富 Fe 颗粒的粒径及元素原子浓度

样品	等效直径/μm	元素原子浓度/at%									
		C	O	Na	Mg	Si	S	Cl	K	Ca	Fe
S1 2009-03-12	3.0		19.3			3.5		1.8			75.3
	2.4		31.6	17.4	26.1			7.4			17.5
	0.9	4.8	20.2			2.4		3.1			69.5
	1.0		28.7	30				11.7			29.7
S2 2009-03-13	1.0		30								70
	10.3	21.8	42.9		16.5		2.3	5.9			10.6
	1.5		29.2	13.0	12.8		14.5	14.8	2.2	7.2	6.3
S3 2009-03-14	9.2		17.7	6.1	7.2	1.7	0.6	2.0			65.3
	0.6		56.8		19.5						23.8
	0.6		20.2		16.1						63.7
	1.3		22.0		2.0	2.9					73.1
	0.9		16.7		2.9						80.4
S4 2009-03-15	2.3		21.9	21.0	11.7	3.8	4.7	26.5			10.4
	1.3		11.7	16.0	3.8			5.4			63.1
S5 2009-03-16	0.8	8.4	21.5	35.2				11.1			23.8
	1.0	6.3	17.3	43.2	1.1		1.0	19.1			10.3

反应的海盐颗粒在南极样品中约占 21.3%，在北极样品中约占 44.0%，EDX 结果显示它们的组成差异也较大。北极样品中反应的海盐颗粒内可以同时检测到 N 和 S 元素，推测它们是由新鲜海盐与大气中污染物 SO_2 和 NO_x 反应形成的，而南极样品中反应的海盐全部为含 S 颗粒，未检测出 N 元素，而且 S 与 O 的含量变化趋势一致，考虑到周围没有人为污染源，推测 S 元素来源于海洋生物产生的 DMS 降解产物。DMS 由海洋浮游生物产生，进入大气之后可被大气中的 OH 和 O_3 等氧化剂氧化，最终形成含硫酸盐的气溶胶。

矿物尘颗粒在北极新奥尔松地区样品中较南极多并且存在反应的矿物尘颗粒，而在南极样品中数量很少，未发现有反应的矿物尘，也未发现元素碳颗粒和富含 CNOS 或 CNO 的二次颗粒。

从检测的大气颗粒物化学成分来看，南极样品中未发现含硝酸盐的颗粒，因此可初步确定其中含硫酸盐的海盐颗粒是由新鲜海盐与自然源排放的硫化物反应产生的。北极样品中大量反应的海盐颗粒中均含有硝酸盐，是新鲜海盐与大气中氮氧化物反应的结果，说明北极斯瓦尔巴群岛附近大气受人为污染较重，而南极乔治王岛还是一个相对清洁的区域，基本未受到人为大气污染的干扰。

5.4　分析室内和特殊场所大气气溶胶样品

本节以分析采集于地下商场内和地铁站内的大气气溶胶为例，阐述定量 EPMA 的作用和优势。

5.4.1　地下商场中大气颗粒物样品分析

1. 样品采集、测量与分析

采样地点：韩国首尔东大门乙支路的地下购物区。该区位于东大门体育场地铁站以西 80 m，全长约 1 km、宽 12 m。采样点周围有服装、鞋类、皮具、化妆品和快餐食品等 100 多家商店营业，每天约 55000 市民进出该区[23]。具体采样时间见表 5-29。

表 5-29　采样日期、时间和室内温度、相对湿度

样品名称	采样日期	采样时间(KST)	室内温度/℃	相对湿度 RH /%
S1	2006-01-11	10:45	3.2～8.5	62.4～64.1
S2	2006-01-15	14:05	12.4～13.5	65.3～65.7
S3	2006-05-25	15:10	24.2～27.6	68.9～70.1
S4	2006-05-31	14:40	26.1～26.7	68.8～69.3
S5	2006-11-03	10:45	26.2～26.6	68.5～68.6
S6	2006-11-08	15:30	23.3～25.8	67.7～68.3
S7	2007-01-11	10:00	11.0～13.0	64.5～64.8
S8	2007-01-13	14:30	0.0～3.0	62.2～62.9

使用 Dekati PM_{10} 三级串联冲击式采样器采集粒径范围在 2.5～10 μm 和 1～2.5 μm 的单颗粒样品。采样膜为银箔。使用带超薄窗口能谱仪的扫描电镜 JEOL JSM-6390 进行测量，加速电压 10 kV，电子束电流 1.0 nA，每个点的能谱测量时间 15 s。共测量 7900 个颗粒。颗粒物中元素浓度计算和分析方法见第 4 章。

2. 结果与讨论

1）颗粒物类型

根据单颗粒的二次电子像及 X 射线能谱图将三个季节(冬、春、秋)不同粒径($PM_{2.5\sim10}$ 和 $PM_{1\sim2.5}$)的气溶胶分类，一些典型颗粒的形貌见图 5-39，它们的元素构成及原子浓度计算结果见表 5-30。

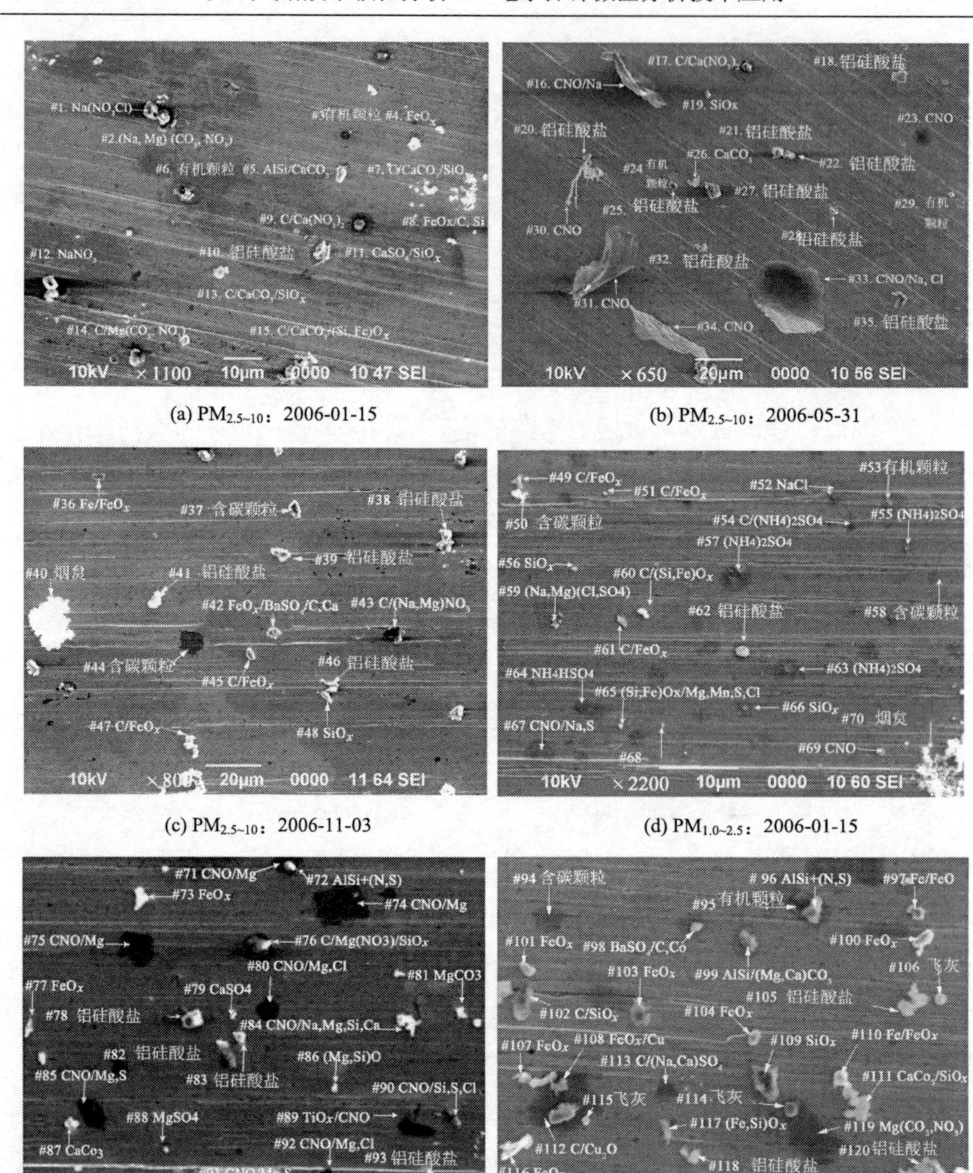

(a) $PM_{2.5\sim10}$：2006-01-15　(b) $PM_{2.5\sim10}$：2006-05-31

(c) $PM_{2.5\sim10}$：2006-11-03　(d) $PM_{1.0\sim2.5}$：2006-01-15

(e) $PM_{1.0\sim2.5}$：2006-05-31　(f) $PM_{1.0\sim2.5}$：2006-11-03

图 5-39　地下购物商场典型气溶胶样品的二次电子像及分类

购物场所含碳或碳质颗粒种类较多，值得关注。它们形态多样，有球形的焦油球、新鲜或老化的烟炱、不规则的炭片(图 5-39 颗粒#37、#50)、黑色圆形的有机液滴(图 5-39 颗粒#3)、富含 CNO 的固态不规则颗粒(图 5-39#30)和颜色发暗的液滴颗粒(图 5-39# 67、# 74、#85、# 91)等。这些颗粒存在多种可能的来源，如清洁打扫、餐馆烹饪、内部装修、纤维尘、皮肤碎屑和化妆品挥发等。一些典型颗粒的能谱和元素原子浓度见图 5-40。

表 5-30　图 5-39 中部分颗粒的元素构成及原子浓度(at%)

粒径范围	编号	C	N	O	Na	Mg	Al	Si	S	Ca	Fe	其他元素	化学构成
	8	20.9		47.0				1.7	0.7	8.2	29.7		FeO_x/C
	9	50.1	10.5	29.0	1.7	0.7			0.2	5.8		P(0.7), Cl(0.5), K(0.7)	$C/Ca(NO_3)_2$
	11	5.3		64.6	0.5	2.3	2.3	7.5	8.3	8.8		K(0.5)	$CaSO_4/SiO_2$
	12		19.6	45.4	30.3							Cl(4.7)	$NaNO_3$
	16	52.4	25.4	21.2	1.0								CNO/Na
$PM_{2.5\sim10}$	24	55.6	4.2	30.4	0.5	0.5	1.7	2.9	1.0	2.1	1.2		Organic
	36	3.7	5.6	22.6							68.1		Fe/FeO_x
	37	84.8		15.2									碳质颗粒
	40	87.0		12.3				0.7					烟炱(soot)
	48	1.0		63.8				35.2					SiO_2
	62	8.4	1.7	55.5	2.7		14.0	17.0	0.7				铝硅酸盐
	64		11.9	72.3					15.8				NH_4HSO_4
	65	4.1		57.4		2.6	0.9	10.3	2.5		15.1	Cl(1.0)，Mn(6.1)	
	68	65.2	5.9	18.0	6.3				3.5			Cl（1.2）	
	72	22.1	5.7	48.5	0.7	2.2	7.4	10.1	1.0	2.1		P(0.3)	AlSi + (N,S)
	75	33.5	26.8	31.7		7.9							CNO/Mg
$PM_{1.0\sim2.5}$	76	32.3	12.8	38.2	0.8	6.5	3.4	5.5	0.5				$C/Mg(NO_3)_2/SiO_2$
	79	3.0		68.5					15.4	13.1			$CaSO_4$
	81	28.2		52.4		19.4							$MgCO_3$
	86	5.0		56.5	15.8		22.8						$(Mg,Si)O_x$
	87	38.0		44.9						17.2			$CaCO_3/C$
	106	4.3	0.9	60.1	0.7		8.6	24.1		0.4		K(1.0)	飞灰
	111	18.2	2.8	52.8	0.7			14.0		9.4			$CaCO_3/SiO_2$

2) 颗粒物的数量相对丰度分析

所测样品中，矿物尘颗粒含量最丰富，其中未反应或初级矿物尘包括铝硅酸盐、石英(SiO_2)、$CaCO_3$、$CaMg(CO_3)_2$等，相对丰度为 14.4%～62.9%(表 5-31)，在 $PM_{2.5\sim10}$ 中比在 $PM_{1.0\sim2.5}$ 中多，且春季多于秋冬季。该类颗粒可能来源于路人从室外带入或室内外环境之间的气体交换，与春季风沙相对较多有关。反应或老化的矿物尘颗粒的相对丰度为 3.1%～22.2%，在样品 S1、S2 和 S4 的 $PM_{2.5\sim10}$ 及样品 S4 的 $PM_{1.0\sim2.5}$ 中含量较多(＞19%)，可能受冬春季室外较高浓度的大气 SO_2 和 NO_2 的影响所致。

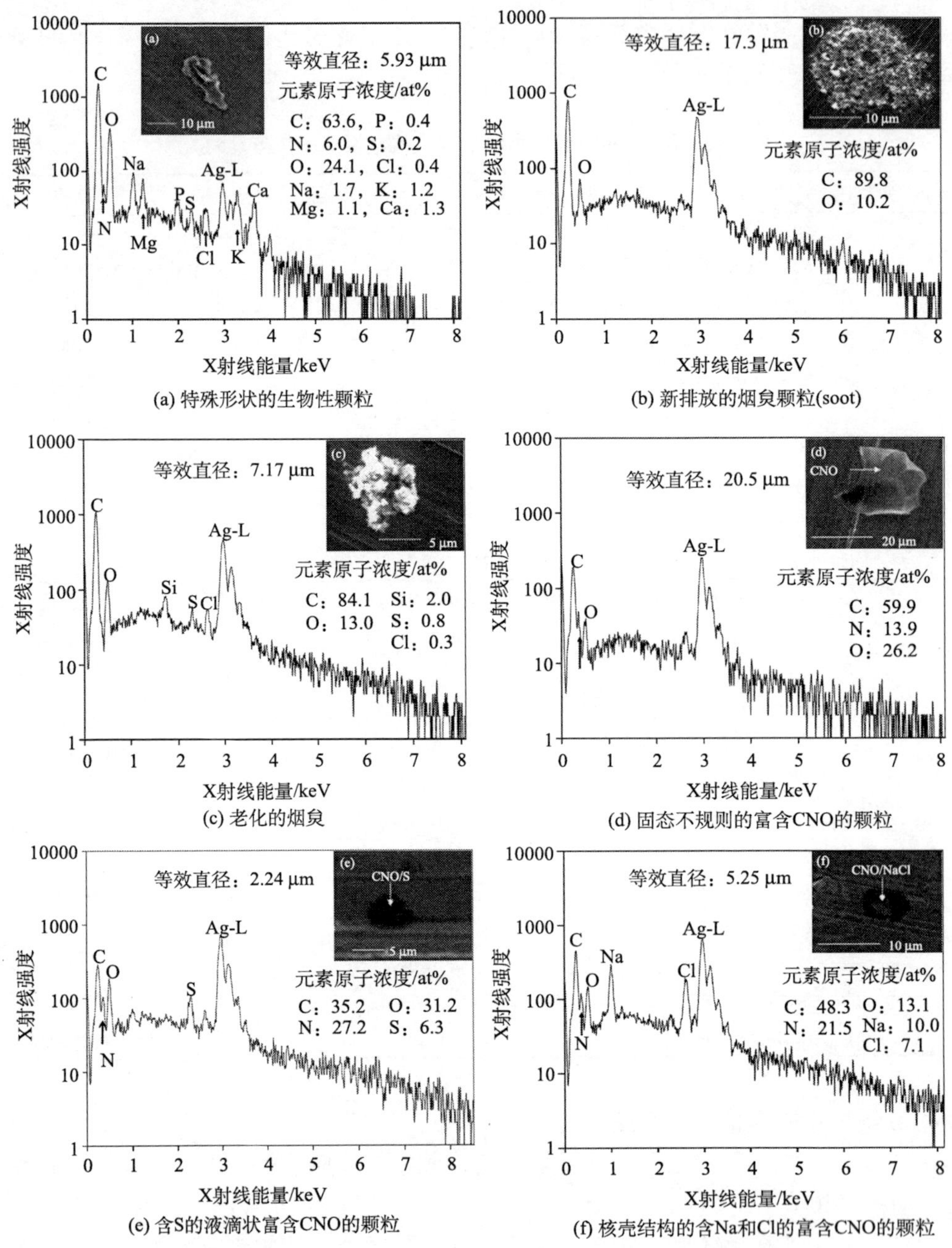

(a) 特殊形状的生物性颗粒

(b) 新排放的烟炱颗粒(soot)

(c) 老化的烟炱

(d) 固态不规则的富含CNO的颗粒

(e) 含S的液滴状富含CNO的颗粒

(f) 核壳结构的含Na和Cl的富含CNO的颗粒

图 5-40　典型的碳质颗粒和富含 CNO 颗粒的 EDX 谱和各元素原子浓度

数量丰度(15.7%～35.2%)仅次于矿物尘的是含碳或碳质颗粒，其在细颗粒中的数量大于粗颗粒，大量富含 CNO 的有机颗粒来自服装店、皮革店、路人的衣物纤维及皮肤碎屑、颜料等。在样品 S3 和 S4 中还发现有生物质颗粒，可能来自室外植物的孢子、花粉等。液滴状的富含 CNO 的颗粒中常能检测到少量的 Na、Mg、S、Cl 等元素(图 5-40)，推测含有机氮或硝酸铵、硫酸铵、硝酸钠、硝酸镁等，这些物质吸湿性都比较强。

含铁颗粒有金属单质 Fe、Fe/FeO_x、FeO_x、FeO_x/C，FeO_x/(C，Si，Ca)等，如图 5-39 颗粒#8、#15、#47、#60、#73、# 97、#117 等。由于采样点离地铁站不远，含铁颗粒可能大多源于地铁，它们在 $PM_{2.5\sim10}$ 和 $PM_{1.0\sim2.5}$ 的平均相对丰度分别为 5%～32%(平均值 25%)和 10%～40%(平均值 13%)，样品 S5、S7 和 S8 中含铁颗粒最丰富，平均丰度分别为 29.9%、24.8%和 33.8%。

含 NaCl 的颗粒只在样品 S6 中分布较多，其余样品中几乎没有，可能来源于地下商场餐厅的调味食盐。反应的 NaCl 颗粒由 NaCl 或海盐颗粒与大气中氮氧化物和硫氧化物反应生成，包括 $NaNO_3$ 和 Na_2SO_4(如图 5-39 颗粒#1、#12、#43、#59 等)，它们的数量比未反应的 NaCl 颗粒多，尤其在样品 S1、S2 和 S6 中(相对丰度 13%～17%)。

表 5-31　地下商场中不同类型颗粒物的相对丰度

颗粒物种类	$PM_{2.5\sim10}$ 相对丰度/%								$PM_{1.0\sim2.5}$ 相对丰度/%							
	2006 年冬		2006 年春		2006 年秋		2007 年冬		2006 年冬		2006 年春		2006 年秋		2007 年冬	
	S1	S2	S3	S4	S5	S6	S7	S8	S1	S2	S3	S4	S5	S6	S7	S8
1. 初级矿物尘	18.5	25.4	62.9	42.3	34.1	37.6	37.9	38.1	14.8	14.7	38.7	26.3	21.7	24.7	31.1	27.8
(1) 铝硅酸盐	12.1	17.1	31.3	29.6	18.8	18.8	26.7	11.6	6.1	8.6	22.2	15.0	13.5	14.0	19.3	13.1
(2) $CaCO_3$ 或 $CaMg(CO_3)_2$	1.5	3.0	15.8	6.3	6.8	10.2	7.0	18.0	2.3	2.6	7.7	5.9	4.1	6.2	8.1	9.0
(3) SiO_2	5.0	5.4	15.8	6.3	8.5	8.6	4.2	8.5	6.4	3.5	8.8	5.3	4.1	4.5	3.7	5.7
2. 反应的矿物尘	20.9	22.1	3.7	19.4	11.6	10.6	7.0	8.9	13.3	10.1	3.1	22.2	13.8	10.7	6.0	6.5
(1) AlSi+(N, S)	3.2	4.0	0.4	7.0	4.1	1.2	1.4	0.5	0.8	2.0	1.0	5.6	2.8	0.8	1.5	0
(2) 反应的 $CaCO_3$	14.2	9.4	1.5	6.0	2.7	2.0	4.2	4.2	2.0	3.0	1.6	8.4	4.4	1.2	3.0	5.7
(3) 反应的 $CaCO_3$ 及混合物	3.6	8.7	1.8	6.3	4.8	7.5	1.4	4.2	1.8	5.2	0.5	8.1	6.6	8.7	1.5	0.8
3. 含碳或碳质颗粒	27.3	17.1	23.2	23.9	27.0	22.5	35.2	20.6	33.7	25.3	26.8	27.8	15.7	22.2	18.5	25.2

续表

颗粒物种类	$PM_{2.5\sim10}$相对丰度/%								$PM_{1.0\sim2.5}$相对丰度/%							
	2006 年冬		2006 年春		2006 年秋		2007 年冬		2006 年冬		2006 年春		2006 年秋		2007 年冬	
	S1	S2	S3	S4	S5	S6	S7	S8	S1	S2	S3	S4	S5	S6	S7	S8
(1)富含 CO 的有机碳(含生物性颗粒)	3.6	4.0	8.2	4.9	3.1	6.1	2.8	3.7	19.3	10.9	16.0	6.9	4.7	3.3	7.4	18.7
(2)元素碳	3.9	5.4	4.5	1.8	5.5	4.9	15.5	9.0	8.7	6.3	2.1	2.8	2.5	1.2	3.7	2.4
(3) 富含 CNO 颗粒	19.9	7.7	10.7	17.3	18.4	11.4	16.9	7.9	5.7	8.2	8.8	18.1	8.5	17.7	7.4	4.1
4.新鲜 NaCl 颗粒	0	2.0	0	0	0.7	6.5	0	0	0	0.6	0	0	0	16.1	0	0
5. 反应的 NaCl 颗粒	15.3	16.1	1.5	1.8	5.8	14.7	2.8	0	15.9	17.2	0.5	5.3	4.7	13.2	3.0	2.4
6.富 Fe 颗粒	11.0	11.7	5.5	8.8	20.2	5.0	14.1	30.2	11.4	22.4	29.4	16.9	39.6	10.3	35.5	37.4
7.硫酸铵等二次颗粒	2.8	0.7	0	0	0	0	0	0	5.7	7.5	0	0	0	0	1.5	0
8.飞灰	1.1	1.3	0.4	0	0	0	0	0	0.4	0.9	0	0	0.6	0	1.5	0
9.其他	3.2	3.7	2.9	3.9	0.7	3.3	2.8	2.1	4.9	1.4	1.6	1.6	3.8	2.9	3.0	0.8
合计	100	100	100	100	100	100	100	100	100	100	100	100	100	100	100	100

注：“其他”包括 MgO、(Mg、Si)O_x、Na_2O、Na_2CO_3、$Ca(CO_3,PO_4)$、(Si,Ca)O_x和(Mg,Si,Fe)O_x等。

硫酸铵和飞灰颗粒数量较少，平均相对丰度小于 2%，其中，硫酸铵主要集中在冬季样品中，在细粒子部分的相对丰度(平均 3.7%)较粗粒子部分高(平均 0.9%)。

5.4.2　地铁站中大气颗粒物样品分析

1. 样品采集、测量与分析

采样地点位于韩国首尔惠化(Hyehwa)地铁站月台上，使用改进的 MAY 七级冲击式采样器采集采样台 $1^{\#}$～采样台 $5^{\#}$的颗粒，采样膜为银箔，采样日期为 2004 年 12 月 16、17 日，2005 年 5 月 3 日、5 日，2005 年 7 月 4 日、6 日和 11 月 23 日、25 日[24]，采样期间地铁站内大气 PM_{10}浓度平均为 110 μg/m^3。利用带超薄窗口能谱仪的扫描电镜 Hitachi S-3500N 对收集的颗粒进行测量，每个样品选 1300 个颗粒，共测量约 10400 个颗粒。

颗粒物中的元素原子浓度计算与分析见第 4 章。

2. 结果与讨论

1) 颗粒物种类及相对丰度分析

根据 8 组样品的典型二次电子像及化学组成将地铁颗粒分为五类：含铁颗粒、矿物尘颗粒、含碳或碳质颗粒、含硫酸盐或硝酸盐(包括二次气溶胶)的颗粒、含重金属的颗粒。表 5-32 总结了各种颗粒物类型的相对丰度，其中含铁颗粒丰度最高(61%～79%)，以 2005 年 7 月 4 日的样品为最，图 5-41 是该样品中典型颗粒的二次电子像，颗粒物的元素构成、原子浓度及主要分子成分见表 5-33。

矿物尘颗粒相对丰度为 6.0%～14.0%，包括铝硅酸盐、二氧化硅、碳酸钙等，它们不含或含极少量铁。与较高含量的铁氧化物混合的铝硅酸盐和碳酸钙则被归为含铁颗粒。含硝酸盐或硫酸盐的颗粒在地铁站气溶胶样品中主要以 $Ca(NO_3,SO_4)$、$(Na,Mg)(NO_3,SO_4)$ 和 $(NH_4)_2SO_4$ 等形式存在，氮氧化物或硫氧化物与 $CaCO_3$ 等反应生成的老化颗粒、二次气溶胶，如 $(NH_4)_2SO_4$ 等，在采样台 5# 中含量较高。含碳或碳质颗粒的相对丰度为 5.4%～13.2%，主要是由 C、N、O 组成，来源广泛。含重金属 Ti、Cr、Mn、Ni、Cu、Zn 和 Ba 的颗粒与地铁运行有关，其中以 Ti、Cu 和 Ba 含量最多。

含铁颗粒含量最高，种类也比较丰富，单独做详细介绍。

表 5-32　八个样品中各种颗粒的数量相对丰度(%)

颗粒物类型	2004-12-16	2004-12-17	2005-05-03	2005-05-05	2005-07-04	2005-07-06	2005-11-23	2005-11-25
1.富铁颗粒	60.6	71.4	70.8	71.4	79.1	77.9	71.2	74.6
2.含碳或碳质颗粒	13.2	7.7	9.0	9.2	10.5	8.6	5.4	7.4
3.矿物尘颗粒	14.0	11.4	10.7	11.5	6.0	7.5	13.1	9.4
铝硅酸盐	7.9	6.1	6.0	5.6	3.0	3.9	6.6	3.6
$CaCO_3$	2.0	1.8	0.5	1.3	1.0	1.1	2.8	1.8
SiO_2	4.3	3.5	4.2	4.6	2.0	2.5	3.7	4.0
4.含硫酸盐或硝酸盐的颗粒	8.0	6.8	5.1	4.0	1.3	2.7	6.0	4.1
$Ca(NO_3, SO_4)$	4.2	2.5	1.5	2.2	0.8	1.1	2.6	1.2
$(Na, Mg)(NO_3, SO_4)$	1.5	1.0	3.6	1.8	0.5	1.2	3.2	2.7
$(NH_4)_2SO_4$	2.3	3.3	0	0	0	0.4	0.2	0.2
5.其他(含重金属)	4.2	2.6	4.5	3.9	3.1	3.3	4.3	4.5
合计	100	100	100	100	100	100	100	100

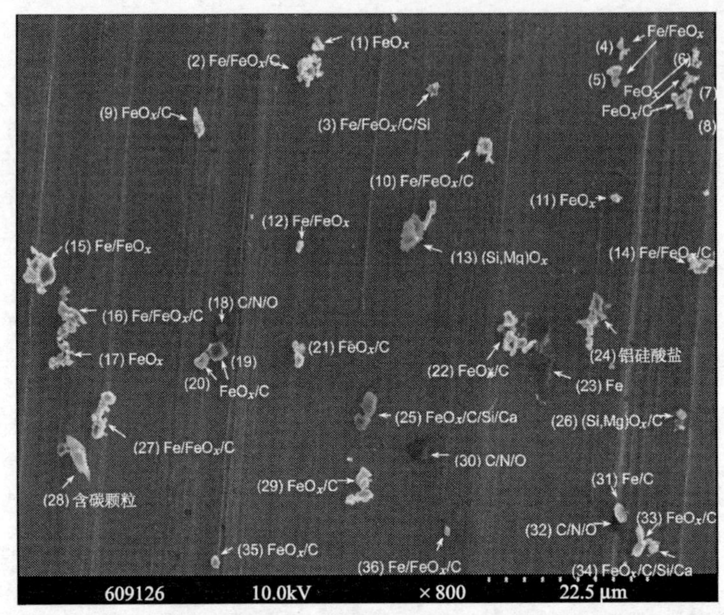

(a) 2005-07-04 采样台4#中的含铁颗粒

(b) 颗粒(22)和(23)的放大像

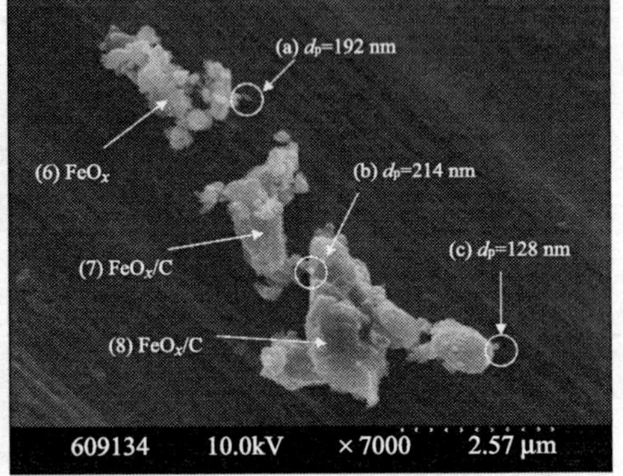

(c) 颗粒(6)、(7)和(8)的放大像

图 5-41 地铁站月台上采集的典型颗粒物二次电子像及元素构成

表 5-33 图 5-41 中全部 36 个颗粒的元素组成与原子浓度计算

编号	C	N	O	Mg	Si	Ca	Fe	其他元素	Fe/O比	主要成分	微量元素
1	6.9	2.4	51		1.7		34.2	S(2.2), Ba(1.6)	0.74	FeO_x	C、N、Si、Ba
2	9.6	2.1	47.3		1.8	1.8	37.4		0.89	$Fe/FeO_x/C$	N、Si、Ca
3	15.3		42.4	3.3	6.7		32.4		1.26	$Fe/FeO_x/C/Si$	Mg
4			53				43.9		0.83	Fe/FeO_x	

续表

编号	C	N	O	Mg	Si	Ca	Fe	其他元素	Fe/O 比	主要成分	微量元素
5	3.1	2	52.2		1.4		41.4		0.83	Fe/FeO_x	C、N、Si
6	8.9		52.8				38.3		0.73	FeO_x/C	
7	11.5	2.3	51.7		1.1		33.4		0.67	FeO_x/C	N、Si
8	20.8	2	45.8		1.1		30.2		0.69	FeO_x/C	N、Si
9	13.9	2.2	50.5		1.1		32.3		0.67	FeO_x/C	N、Si
10	26.7		34.7	1.2	2.8	3.5	28.8	Al(1.5)，S(0.9)	1.37	Fe/FeO_x/C	Mg、Al、Si、Ca、S
11			58				42		0.72	FeO_x	
12			49.7				50.4		1.01	Fe/FeO_x	
13	9.1		47.1	13.6	23.6	5.3	1.3			(Si、Mg)O_x	C、Ca、Fe、N、Mg
14	15.6	1.5	46.1	1	2.8	1.8	30.4	Al(0.8)	0.85	Fe/FeO_x/C	Al、Si、Ca
15	5.6	1.5	42.9	0.8	1.8		47.4		1.23	Fe/FeO_x	C、N、Mg、Si
16	12.8	2.9	47.3	0.7	1.6	0.6	34.2		0.82	Fe/FeO_x/C	N、Mg、Si、Ca
17	4.7	2.5	52.2		1.1	0.9	38.7		0.79	FeO_x	C、N、Mg、Si
18	58.4	14.5	24.5	1.2		0.7		P(0.5)，S(0.3)，Na(1.3)		C/N/O	Mg
19	13.9	3.6	49.9	3.4	2.4	1.6	22.4	Al(0.7)，S(0.7)	0.55	FeO_x/Si/ Ca	Mg、Al、S、Ca
20	15.6		50.8				33.7		0.66	FeO_x/C	
21	24.5	2.1	44.4		1.1		28		0.66	FeO_x/C	N、Si
22	15.3	2.7	49		2.7	2.7	27	S(0.6)	0.64	FeO_x/C	N、Si、S、Ca
23			20.2				79.8		3.95	Fe	FeO_x
24	5.7		55.3	12.7	10.4		5.6	Al(10.4)		Al	C、Mg、Ca、Fe
25	10.5		52.8	3.1	5.4	5	15.3	Na(0.8) Al(2.0) S(2.8) Ba(2.2)	0.56	FeO_x/C/Si/Ca	Na、Mg、Al、S、Ba
26	13		53.2	10.4	17.3	2.9	3.2			(Si、Mg)O_x/C	Ca、Fe
27	14.1	3.4	35.2	1.6	3.5	1.6	40.5		1.61	Fe/FeO_x/C	N、Mg、Si、Ca

续表

编号	C	N	O	Mg	Si	Ca	Fe	其他元素	Fe/O比	主要成分	微量元素
28	86.7		12.1		0.2		0.6	S(0.4)		C	
29	10.3	3.5	50.1		1.8		34.3		0.74	FeO_x/C	N、Si
30	59.4	16.1	24.6							C/N/O	
31	16.9		20.1				63		3.13	Fe/C	FeO_x
32	53.9	14	32.1							C/N/O	
33	22.6	2.5	43.4	1.8	2.7	1	25.5	S(0.6)	0.72	FeO_x/C	N、Mg、Si、S、Ca
34	25.4	3.1	43.9	1.3	4.7	4.9	15	Al(1.7)	0.6	FeO_x/C/Si/Ca	N、Mg、Al
35	10.6		52.6	0.7	1		34.6	Al(0.5)	0.7	FeO_x/C	Mg、Al、Si
36	18.8	3.2	38.6		4.3	3.3	31.8		1.19	Fe/FeO_x/C	N、Si、Ca

2) 含铁颗粒分析

地铁中含铁颗粒主要来自于机械磨损如轨道制动的接口摩擦和铁轨接触界面磨损，以氧化物形式存在的Fe比单质Fe数量多得多，而且上午的样品中比下午的多，可能与上午交通密集、列车频率(约20辆/时)比下午(约12辆/时)高有关。在夜晚由车辆和人群活动产生的颗粒物累积可能也会对次日大气气溶胶产生贡献。

空气中铁氧化物大致以三种形式存在：FeO、Fe_2O_3、Fe_3O_4，本实验中将含Fe颗粒分为三种不同类型：单质铁(表示为“Fe”)、部分氧化型(表示为“Fe/FeO_x”)、完全氧化型(表示为“FeO_x”)。单质铁主要是从车轮或轨道上摩擦产生的碎片，表面未被完全氧化，易于与氧化铁区分，因为它的Fe/O比值通常大于3(表5-33和图5-42)，且二次电子像呈压扁的片状，颜色发暗。部分氧化和完全氧化的含铁颗粒常常聚集在一起，一方面可能源于颗粒之间发生的团聚，另一方面源于颗粒间的磁性，因为Fe_3O_4磁性很强。XRD测试表明，地铁站内的氧化铁很多是这种带磁性的Fe_3O_4[25]。另外，一些氧化铁表面(主要是Fe_3O_4)常吸附有很小的颗粒[图5-41(c)中粒子a、b和c]，可能是由地铁列车和轨道之间摩擦出来的火花产生的气态铁冷凝形成的。

通过定量EMPA技术计算出含铁颗粒中Fe与O的原子浓度可以判断Fe的氧化程度，表5-33显示，29个含铁颗粒Fe与O的原子浓度比值在0.56～3.95，而纯的FeO、Fe_2O_3、Fe_3O_4中Fe与O的原子浓度比值应该分别为1、0.67和0.75。除了Fe和O之处，含Fe颗粒中还含有C、Si、Ca等成分(图5-41的颗粒#25和#34)，有些还含N(原子浓度1.5%～3.5%)，可能是由大气中有机氮或无机氮通过与含铁粒子的非均相氧化反应产生的。

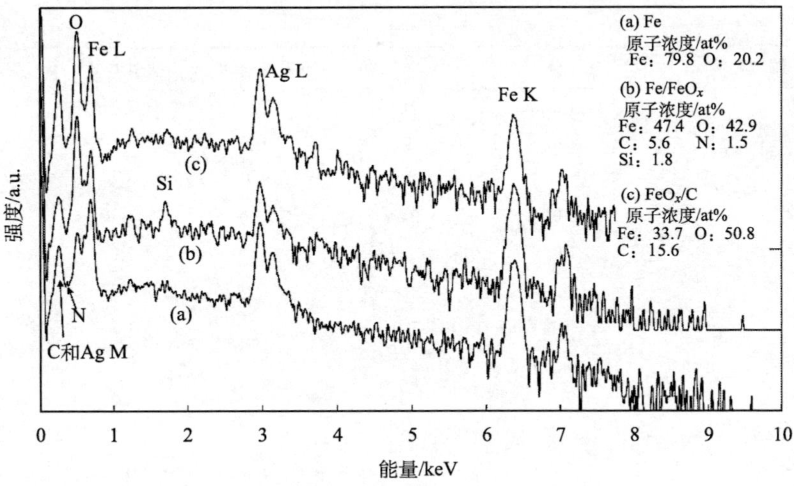

图 5-42　含铁颗粒的主要类型和 X 射线能谱

(a) 单质铁颗粒；(b) 部分氧化的含铁颗粒；(c) 完全氧化的含铁颗粒

表 5-34 列出了 2005 年 11 月 23 日采集的样品中不同类型含铁颗粒的相对丰度，常见的包括：FeO_x/C、Fe/FeO_x/C、FeO_x、Fe/FeO_x、FeO_x/Si/C、FeO_x/Ca/C、FeO_x/Mg/Si/C、FeO_x/Si 和 FeO_x/Si/Ca/C 等，结果表明，含铁粒子是以部分或全部氧化状态存在于地铁环境中，随着颗粒粒径的减小，相对丰度增加。8 个样品中，最丰富的颗粒类型为 FeO_x/C（9%～45%，8 个样品中都有），其他依次为 Fe/FeO_x/C（10%～16%）、FeO_x（2.8%～6.9%）、FeO_x/Si/C（1.8%～4.8%）、Fe/FeO_x（1.8%～4.1%）和 FeO_x/Ca/ C（1.4%～3.3%）。

表 5-34　2005 年 11 月 23 日样品中含铁颗粒类型及在不同粒径中的相对丰度（%）

含 Fe 颗粒种类	采样台 1#	采样台 2#	采样台 3#	采样台 4#	采样台 5#
Fe		0.7	2.0	0.7	
Fe/C	2.0	3.0	1.0	1.0	
Fe/Ca/C				0.3	
Fe/Si/C		0.3			
Fe/Si/Ca				0.3	
Fe/Si/Ca/C				0.3	
Fe/FeO_x	2.0	1.3	5.7	6.3	3.7
Fe/FeO_x/C	6.0	22.0	18.7	10.0	3.7
Fe/FeO_x/Ca/C	2.0				
Fe/FeO_x/Mg/Si			0.3		0.7
Fe/FeO_x/Mg/Si/C		0.3			
Fe/FeO_x/Si			0.7	0.3	

续表

含 Fe 颗粒种类	采样台 1#	采样台 2#	采样台 3#	采样台 4#	采样台 5#
Fe/FeO_x/Si/C	1.0	0.7	1.3		
Fe/FeO_x/Si/Ca/C	1.0	1.3	1.3		
FeO_x		2.0	8.3	4.3	15.0
FeO_x/C	8.0	24.0	25.0	45.0	38.7
FeO_x/Ca/C	1.0	2.7	1.0	1.7	0.7
FeO_x/Mg					1.7
FeO_x/Mg/C				1.7	2.7
FeO_x/Mg/Si				0.7	3.3
FeO_x/Mg/Si/C		1	0.3	2.0	3.0
FeO_x/Mg/Si/Ca/C		1		0.7	
FeO_x/Si			1.7	0.3	3.3
FeO_x/Si/C	2.0	3.3	5.7	3.0	4.0
FeO_x/Si/Ba/C					0.3
FeO_x/Si/Ca/Ba/C				0.3	
FeO_x/Si/Ca/C		2.3	1.0	1.3	0.3
AlSi/FeO_x		0.3	1.3	1.0	0.7
总计	25.0	65.0	75.3	81.3	82.3

5.5 小　　结

本章介绍了低原子序数颗粒物电子探针微区分析技术在研究亚洲沙尘暴、城市灰霾和南北极、地下购物区、地铁站、海岛等不同环境或场所中大气气溶胶样品形貌、成分及混合状态等的优势，所选案例均为作者参与的实际工作总结。该技术采样时间短，无需复杂的样品前处理过程，能够快速检测颗粒物的形貌和元素组成，定量分析可以满足大气气溶胶分类要求，对于判断颗粒物来源和迁移转化具有较好效果，是进行大气气溶胶源解析化学成分分析的有力工具。

参 考 文 献

[1] 陈雁菊, 时宗波, 贺克斌, 等. 北京市沙尘天气中矿物单颗粒的物理化学特征. 环境科学研究, 2007, 20(1): 52-57.

[2] Wang Y, Zhuang G, Tang A, et al. The evolution of chemical components of aerosols at five monitoring sites of China during dust storms. Atmospheric Environment, 2007, 41(5): 1091-1106.

[3] Geng H, Hwang H J, Liu X, et al. Investigation of aged aerosols in size-resolved Asian dust

storm particles transported from Beijing, China, to Incheon, Korea, using low-*Z* particle EPMA. Atmospheric Chemistry and Physics, 2014, 14: 3307-3323.

[4] Li W, Xu L, Liu X, et al. Air pollution-aerosol interactions produce more bioavailable iron for ocean ecosystems. Science Advances, 2017, 3 (3): e1601749.

[5] Liu X, Zhu J, van Espen P, et al. Single particle characterization of spring and summer aerosols in Beijing: formation of composite sulfate of calcium and potassium. Atmospheric Environment, 2005, 39 (36): 6909-6918.

[6] Geng H, Park Y P, Hwang H J, et al. Elevated nitrogen-containing particles observed in Asian dust aerosol samples collected at the marine boundary layer of the Bohai Sea and the Yellow Sea. Atmospheric Chemistry and Physics, 2009, 9 (18): 6933-6947.

[7] Geng H, Ryu J Y, Maskey S, et al. Characterisation of individual aerosol particles collected during a haze episode in Incheon, Korea using the quantitative ED-EPMA technique. Atmospheric Chemistry and Physics, 2011, 11 (3): 26641-26676.

[8] Geng H, Kang S, Jung H J, et al. Characterization of individual submicrometer aerosol particles collected in Incheon, Korea, by quantitative transmission electron microscopy energy - dispersive X - ray spectrometry. Journal of Geophysical Research-Atmospheres, 2010, 115, D15306.

[9] Geng H, Jin C S, Zhang D P, et al. Characterization of size-resolved urban haze particles collected in summer and winter at Taiyuan City, China using quantitative electron probe X-ray microanalysis. Atmospheric Research, 2017, 190: 29-42.

[10] Qiao T, Zhao M, Xiu G, et al. Simultaneous monitoring and compositions analysis of PM_1 and $PM_{2.5}$ in Shanghai: Implications for characterization of haze pollution and source apportionment. Science of the Total Environment, 2016, 557-558: 386-394.

[11] Yan J, Chen L, Lin Q, et al. Chemical characteristics of submicron aerosol particles during a long-lasting haze episode in Xiamen, China. Atmospheric Environment, 2015, 113: 118-126.

[12] Zhang Y, Ji X, Ku T, et al. Heavy metals bound to fine particulate matter from northern China induce season-dependent health risks: a study based on myocardial toxicity. Environmental Pollution, 2016, 216: 380.

[13] Zhang Q, Shen Z, Cao J, et al. Variations in $PM_{2.5}$, TSP, BC, and trace gases (NO_2, SO_2, and O_3) between haze and non-haze episodes in winter over Xi'an, China. Atmospheric Environment, 2015, 112: 64-71.

[14] Geng H, Jung H J, Park Y M, et al. Morphological and chemical composition characteristics of summertime atmospheric particles collected at Tokchok Island, Korea. Atmospheric Environment, 2009, 43 (21): 3364-3373.

[15] Yang G P, Zhang H H, Su L P, et al. Biogenic emission of dimethylsulfide (DMS) from the North Yellow Sea, China and its contribution to sulfate in aerosol during summer. Atmospheric Environment, 2009, 43 (13): 2196-2203.

[16] Hopkins R J, Desyaterik Y, Tivanski A V, et al. Chemical speciation of sulfur in marine cloud droplets and particles: analysis of individual particles from the marine boundary layer over the

California current. Journal of Geophysical Research Atmospheres, 2008, 113 (D4) : 17.

[17] Geng H, Cheng F, Ro C U. Single-particle characterization of atmospheric aerosols collected at Gosan, Korea, during the Asian Pacific Regional Aerosol Characterization Experiment field campaign using low-*Z* (atomic number) particle electron probe X-ray microanalysis. Journal of the Air Waste Management Association, 2011, 61 (11) : 1183-1191.

[18] 耿红，李屹，张志敏，等. 南北极大气气溶胶单颗粒成分特点研究. 中国环境科学，2012, 32 (8) : 1361-1367.

[19] Geng H, Ryu J Y, Jung H J, et al. Single-particle characterization of summertime arctic aerosols collected at Ny-Alesund, Svalbard. Environmental Science and Technology, 2010, 44 (7) : 2348-2353.

[20] Maskey S, Geng H, Song Y C, et al. Single-particle characterization of summertime Antarctic aerosols collected at King George Island using quantitative energy-dispersive electron probe X-ray microanalysis and attenuated total reflection fourier transform-infrared imaging techniques. Environmental Science and Technology, 2011, 45 (15) : 6275-6282.

[21] Wilson T R S. Salinity and the major elements of sea water//Riley J P, Skirrow G. Chemical Oceanography. 2ed. London: Academic Press, 1975, 365-413.

[22] Boyd P W, Watson A J, Abraham E R, et al. A mesoscale phytoplankton bloom in the polar Southern Ocean stimulated by iron fertilization. Nature, 2000, 407 (6805) : 695-702.

[23] Maskey S, Kang T H, Jung H J, et al. Single-particle characterization of indoor aerosol particles collected at an underground shopping area in Seoul, Korea. Indoor Air, 2011, 21 (1) : 12-24.

[24] Kang S, Hwang H, Park Y, et al. Chemical compositions of subway particles in Seoul, Korea determined by a quantitative single particle analysis. Environmental Science and Technology, 2008, 42 (24) : 9051-9057.

[25] Karlsson H L, Nilsson L, Moller L. Subway particles are more genotoxic than street particles and induce oxidative stress in cultured human lung cells. Chemical Research in Toxicology, 2005, 18(1): 19-23.

第 6 章　电子探针微区分析技术与其他单颗粒分析手段的联用

EPMA 技术虽然优点很多，但最大的缺陷是只能测出样品中元素的有无及其含量，不易鉴别其分子组成和化学状态，需要与其他研究手段相结合，才能有效弥补单独使用时的局限性，从而获得单颗粒更加全面和丰富的信息。本章将主要介绍 EPMA 技术与红外光谱和拉曼光谱测定技术相结合研究大气气溶胶化学成分的一些进展。

6.1　EPMA 与红外光谱相结合

目前，衰减全反射傅里叶变换红外光谱法(attenuated total internal reflectance fourier transform infrared spectroscopy，ATR-FTIR)在测量大气颗粒物成分方面应用越来越多。ATR-FTIR 通过样品表面的反射信号获得样品表层有机成分的结构信息，它具有以下特点[1]：①制样简单，无破坏性，对样品的大小、形状、含水量没有特殊要求；②可以实现原位测试、实时跟踪；③检测灵敏度高、测量区域小，检测点可为数微米；④能得到测量位置处物质分子的结构信息及某化合物或官能团空间分布的红外光谱图像、微区的可见显微图像；⑤能进行红外光谱数据库检索及化学官能团辅助分析，确定物质的种类和性质；⑥在常规 FTIR 上配置 ATR 附件即可实现测量，操作简便。

ATR-FTIR 与 EPMA 联用测量大气颗粒物可以更全面地获取被检测颗粒的形态、元素浓度及它们的分子种类、官能团、晶体结构等，对更好地理解大气气溶胶粒子的物化特性有重要作用。

6.1.1　ATR-FTIR 与 EPMA 联用测量室内气溶胶颗粒

Ryu 和 Ro[2]通过 ATR-FTIR 与 EPMA 联用技术测量了标准颗粒抗坏血酸(ascorbic acid)、硝酸钠($NaNO_3$)及地下购物商场内采集的粒径 1～10 μm 的大气颗粒物(采样膜为铝箔，结果见图 6-1～图 6-3)，发现：①用 EPMA 测量完颗粒物的形貌和成分后，可以较方便地再找到相同的颗粒用 ATR-FTIR 测量它们的红外光谱，匹配较好；②ATR-FTIR 和 EPMA 联用后取长补短，既能掌握颗粒的形貌特征和元素构成，又能了解它们的分子成分，尤其对有机碳颗粒或无机颗粒上附

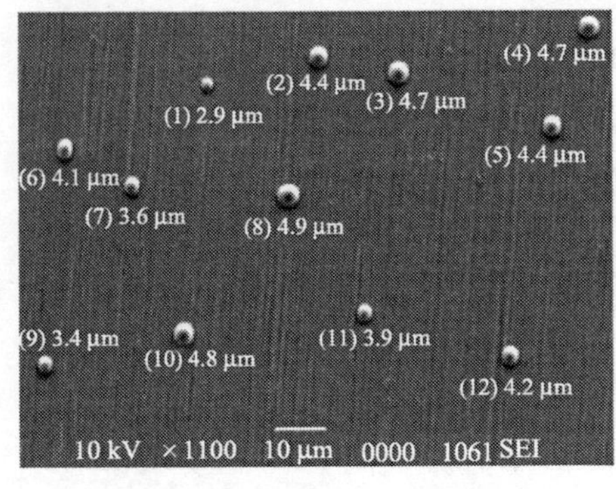

(a) 分散良好的单颗粒二次电子像

(1) (2) (3) (4) (5) (6) (7) (8) (9) (10) (11) (12)

(b) ATR-FTIR测量时的颗粒图像

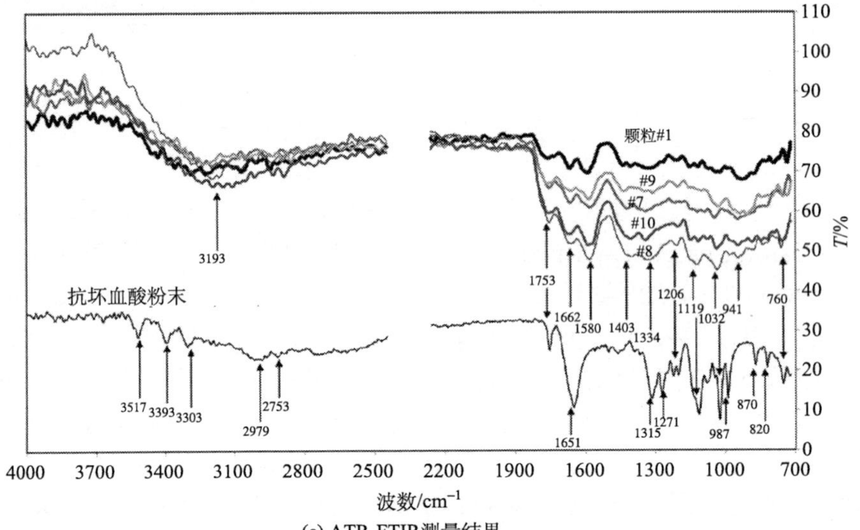

(c) ATR-FTIR测量结果

图 6-1　采集于铝箔上的抗坏血酸标准颗粒

通过 EPMA 和 ATR-FTIR 联用技术的测量结果

着的有机物可以进一步明确它们是哪类物质；③确定了地下商场内大气颗粒物不仅有铝硅酸盐、碳酸钙等无机颗粒，而且有大量丝制品和人造纤维碎屑。

6.1.2　ATR-FTIR 与 EPMA 联用测量沙尘颗粒

Song 等[3]同时运用 ATR-FTIR 和 EPMA 技术测量了韩国春川(37°89′N，127°73′E)市沙尘天气下采集的大气颗粒物成分，详细分析了 109 个颗粒的大小、形貌、X 射线能谱和红外光谱，结果显示：这些颗粒可以分为四类，分别是含 Ca 颗粒(占 38%)、含硝酸钠颗粒(占 30%)、含硅酸盐颗粒(占 22%)和其他(占 10%)。在 41

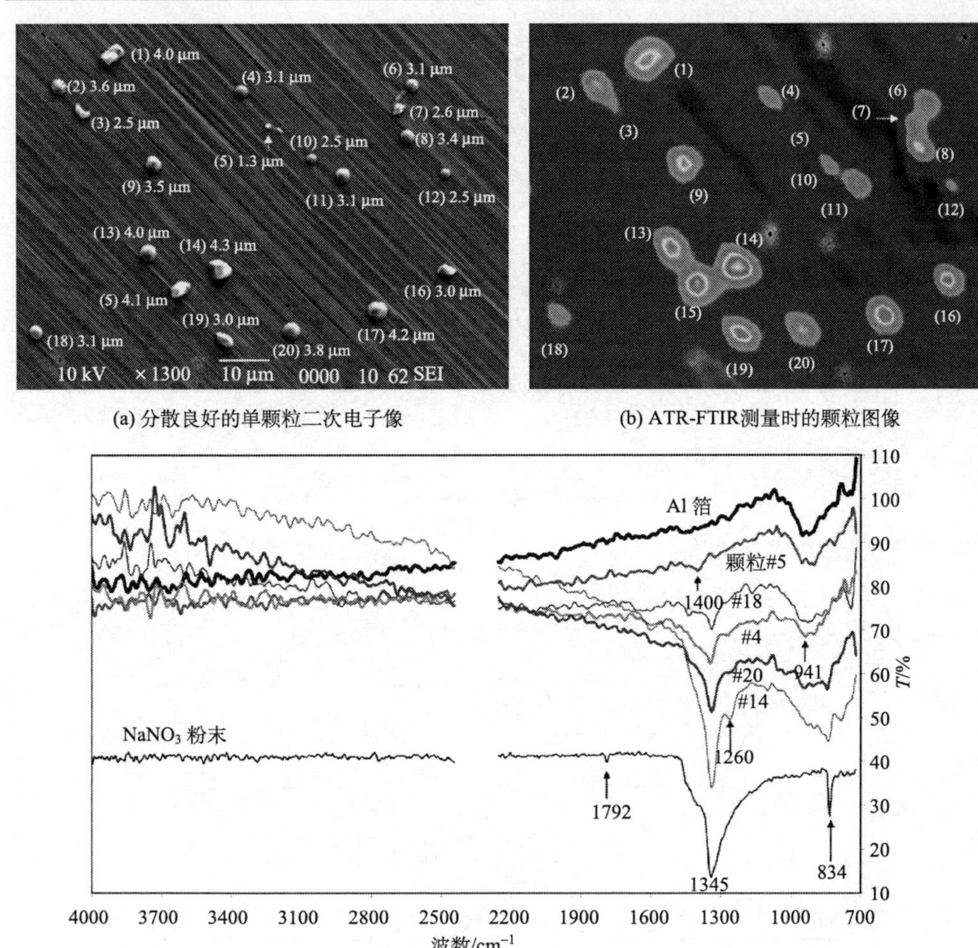

(a) 分散良好的单颗粒二次电子像　　(b) ATR-FTIR测量时的颗粒图像

(c) ATR-FTIR测量结果

图 6-2　采集于铝箔上的硝酸钠标准颗粒通过 EPMA 和 ATR-FTIR 联用技术的测量结果

个含 Ca 颗粒中，大部分是含硫酸盐或硝酸盐的反应或老化的颗粒，通过红外光谱确定了有 4 个颗粒含有无定形 $CaCO_3$(简写为 ACC)，它们的谱峰与晶体型 $CaCO_3$ 有较大差别(图 6-4)，并且观察到 3 个含 $CaCl_2$ 的颗粒，它们可能是 $CaCO_3$ 与大气中气态盐酸的反应产物，这些气态盐酸很可能是海盐与硫氧化物或氮氧化物反应后置换产生的，因为所有的海盐颗粒全部发生反应转化为 $NaNO_3$，未发现新鲜海盐颗粒，氯离子与氢结合后挥发到空气中与 $CaCO_3$ 继续反应。在反应的海盐颗粒中，不仅发现有明确的 NO_3^- 信号，而且发现有 NO_2^- 的存在(图 6-5)，说明这一反应过程比较复杂，详细机理有待深入研究。在 24 个硅酸盐颗粒中，发现有 14 个不含水分子、10 个含水，且在含水的颗粒中检测到 NO_3^- (图 6-6)，说明一些铝硅酸盐颗粒在传输过程中也可以发生老化反应。

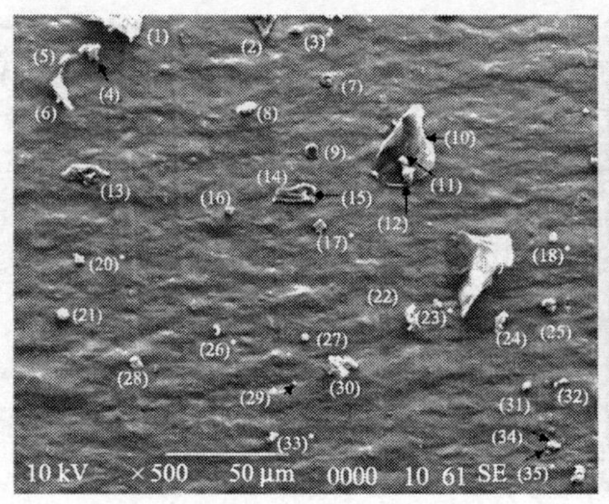

(a) 分散良好的单颗粒二次电子像

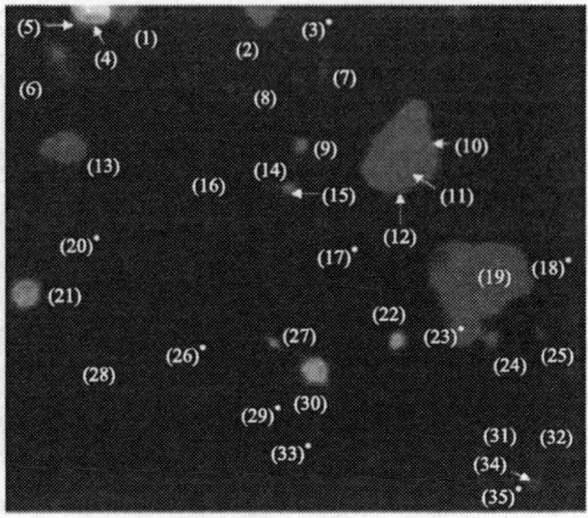

(b) ATR-FTIR测量时的颗粒图像

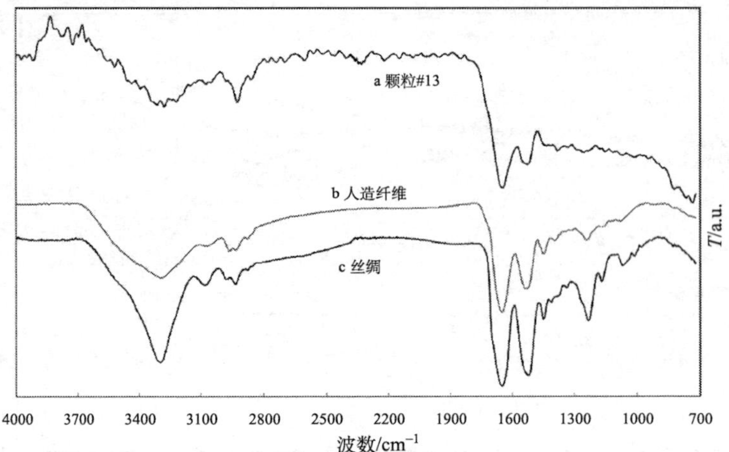

(c) 颗粒#13的ATR-FTIR测量结果及与丝绸和人造纤维红外光谱的对比

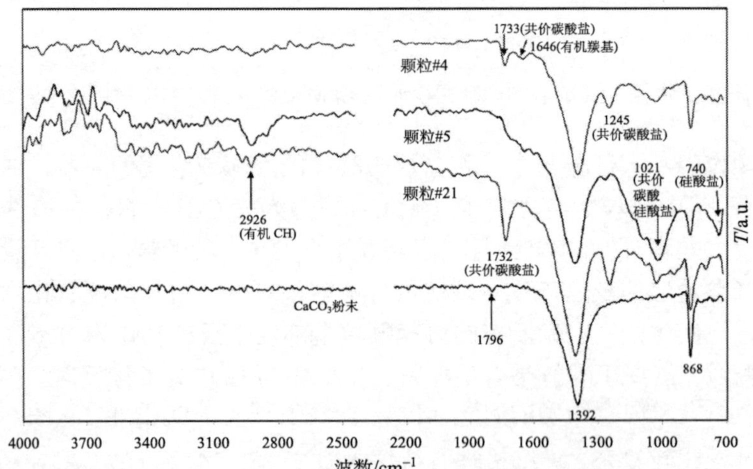

(d) 颗粒#4、#5、#21的ATR-FTIR测量结果及与标准$CaCO_3$粉末红外光谱的对比

图 6-3　采集于铝箔上的地下商场内大气颗粒物通过 EPMA 和 ATR-FTIR 联用技术的测量结果

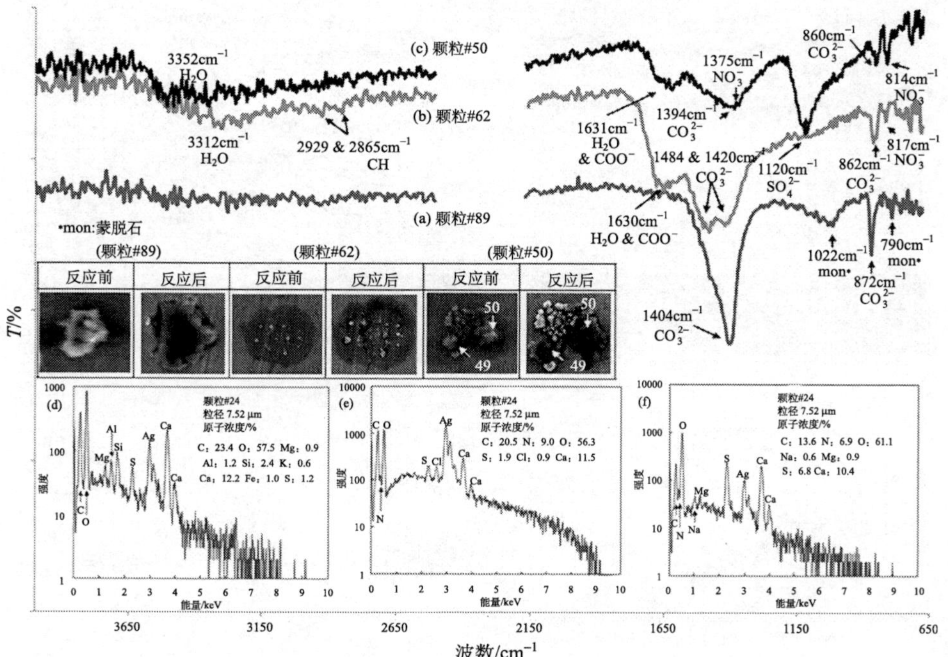

图 6-4 3 个含钙颗粒的二次电子像、X 射线能谱和红外光谱图

为使图像更清晰，删除了 2200～2530 cm^{-1} 的 CO_2 吸收光谱，其中颗粒#62 含有无定形碳酸钙(ACC)，采样膜为银箔

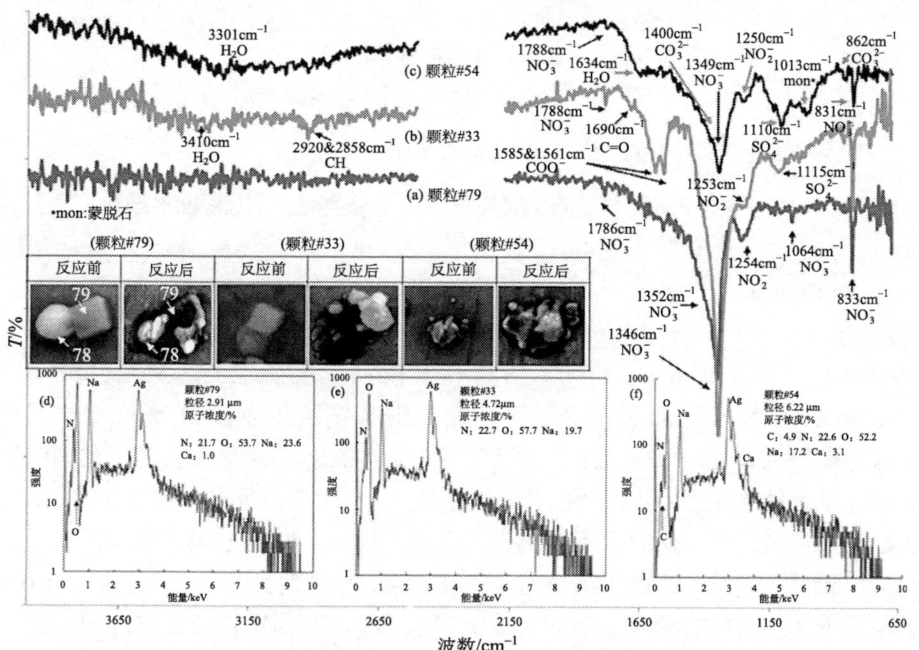

图 6-5 典型含 $NaNO_3$ 颗粒的二次电子像、X 射线能谱和红外光谱图

ATR-FTIR 显示在 1254 cm^{-1} 有 NO_2^- 存在。采样膜为银箔

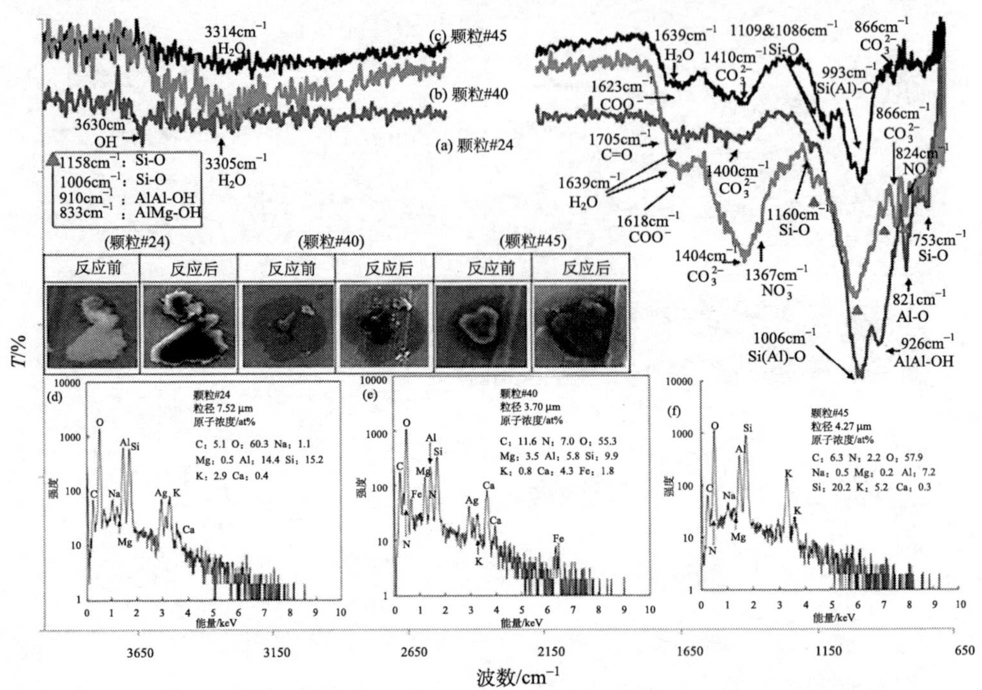

图 6-6 典型硅酸盐颗粒的二次电子像、X 射线能谱和红外光谱图

颗粒#24 的元素原子浓度为 O(60%)、Si(15%)、Al(14%)、C(5%)、K(3%)和 Na(1%)，其 SEI 明亮且不规则，ATR-FTIR 光谱数据表明它是内部混有碳酸盐和有机物质的白云母，未发生反应；颗粒#40、#45 含有硝酸盐和水溶性有机物，说明它在传输过程中发生了反应或老化

6.1.3 ATR-FTIR 与 EPMA 联用测量土壤颗粒

Malek 等[4]通过 EPMA 与 ATR-FTIR 联用技术测量了中国西北地区(黄土高原和沙漠区)655 个土壤颗粒样品，确定了 15 种主要矿物成分，分别是蒙脱石(montmorillonite)、方解石(calcite)、白云石(dolomite)、石英(quartz)、方石英(cristobalite)、钠长石(Na-feldspar)、钾长石(K-feldspar)、钠钾长石[(Na, K)-feldspar]、白云母(muscovite)、伊利石(illite)、镁蛭石(Mg-vermiculite)、高岭石(kaolinite)、磷灰石(apatite)、石膏(gypsum)和铁氧化物(iron oxides)，其中蒙脱石的含量最为丰富，占总数的 17.2%，在沙尘暴发生时大气中这些类型的矿物尘颗粒几乎都能检测到。以蒙脱石的检测为例，图 6-7 显示，颗粒#52 中 Si、Al、Ca、C、O 含量较高，原子浓度分别为 11%、4%、14%、14%、54%，说明含铝硅酸盐和碳酸钙；Mg 的原子浓度与 Al、Si、Fe 的比值分别为 3.5、9.7、1.0，接近于蒙脱石的化学成分($(0.5Ca,Na)_{0.7}(Al,Mg,Fe)_4[(Si,Al)_8O_{20}](OH)_4{\cdot}nH_2O$)，其中过量的 Si 可能是因为有石英存在。进一步观察该颗粒的红外光谱，发现它与蒙

脱石的红外光谱也能很好地匹配，由 Si—O 键伸缩而出现在 1014 cm^{-1} 的峰及出现在 1162 cm^{-1} 的一个附加弱峰，且在 796 cm^{-1} 处出现的强峰表明该颗粒中含有二氧化硅，由于二氧化硅的存在影响了 Si—O 键的伸缩，使其偏向较高的位置(1014 cm^{-1})。1416 cm^{-1}(v_3 band)、873 cm^{-1}(v_2 band)和 721 cm^{-1}(v_4 band)出现的较明显的峰与 $CaCO_3$ 含有的基团相符，说明该颗粒中存在一定数量的 $CaCO_3$。

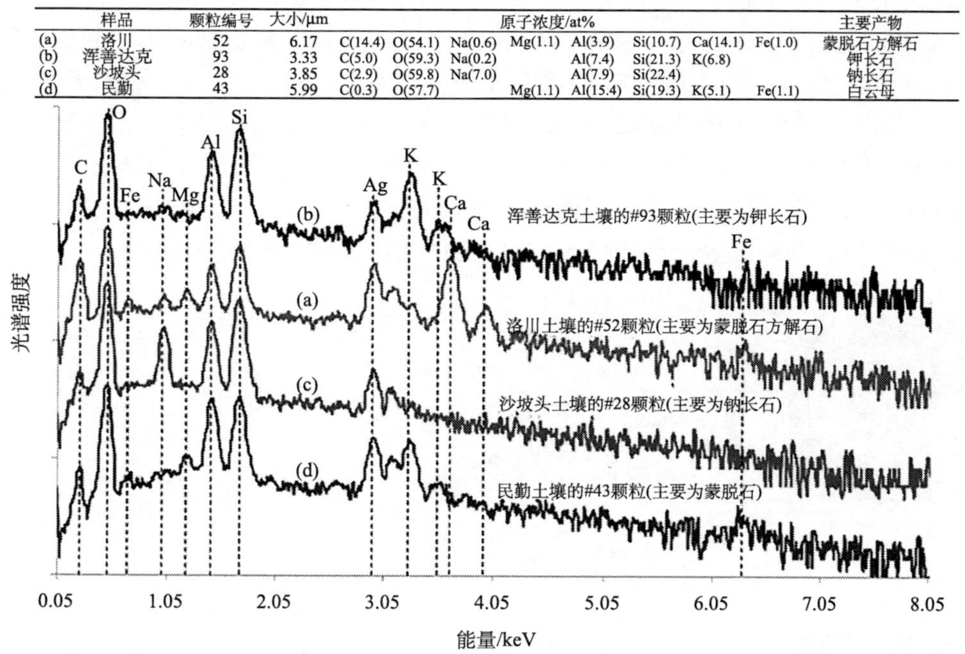

	样品	颗粒编号	大小/μm	原子浓度/at%								主要产物
(a)	洛川	52	6.17	C(14.4)	O(54.1)	Na(0.6)	Mg(1.1)	Al(3.9)	Si(10.7)	Ca(14.1)	Fe(1.0)	蒙脱石方解石
(b)	浑善达克	93	3.33	C(5.0)	O(59.3)	Na(0.2)		Al(7.4)	Si(21.3)	K(6.8)		钾长石
(c)	沙坡头	28	3.85	C(2.9)	O(59.8)	Na(7.0)		Al(7.9)	Si(22.4)			钠长石
(d)	民勤	43	5.99	C(0.3)	O(57.7)		Mg(1.1)	Al(15.4)	Si(19.3)	K(5.1)	Fe(1.1)	白云母

图 6-7　分别含有蒙脱石、钠长石、钾长石、白云母的土壤颗粒的能谱计算结果(元素浓度)与红外光谱测量结果

采样膜为银箔

6.2　EPMA 与拉曼光谱仪相结合

拉曼光谱(RMS)又称拉曼效应，是起用发现者印度人 C．V．Raman 命名的，是拉曼于 1919 年从水分子散射现象中发现的。拉曼效应普遍存在于一切分子中，无论是气态、液态还是固态。拉曼散射光谱对于样品制备没有特殊要求；对于样品数量要求也比较少，可以是毫克甚至微克的数量级。拉曼散射最突出的优点是采用光子探针，对于样品是无损伤探测，尤其适合对稀有或珍贵的样品进行分析，甚至可以用拉曼光谱检测活体中的生物物质[5]。拉曼光谱产生的原理和机制与红外光谱不同，但它们提供的结构信息却是类似的，都是关于分子内部各种振动频

率及有关振动能级的情况，从而可以用来鉴定分子中存在的官能团。在分子结构分析中，拉曼光谱与红外光谱是互补的。

6.2.1 用于地铁站大气颗粒物中含铁组分的分析

Eom 等[6]通过 EPMA 与拉曼光谱仪联用测定了韩国首尔大青和良才两个地铁站内采集的约 160 个气溶胶颗粒，发现大部分为含铁颗粒，形状多样，有的存在聚合现象。图 6-8 给出了三种含铁颗粒的二次电子像、X 射线能谱、元素原子浓度及拉曼光谱，图 6-8(a)的颗粒颜色发暗、形状不规则，上面有分散的小白点，O、Fe 元素原子浓度分别为 21.3%和 67.4%，[O]/[Fe]= 0.27，拉曼光谱出现了磁铁矿的特征峰 663 cm^{-1}、528 cm^{-1}、300 cm^{-1}，同时也显示有元素碳的特征峰 1325 cm^{-1} 和 1598 cm^{-1}，说明该颗粒是以单质铁为主，其上混合有 Fe_3O_4 和黑炭。图 6-8(b)的颗粒等效直径约 6.4 μm，颜色明亮，基于 X 射线能谱计算的元

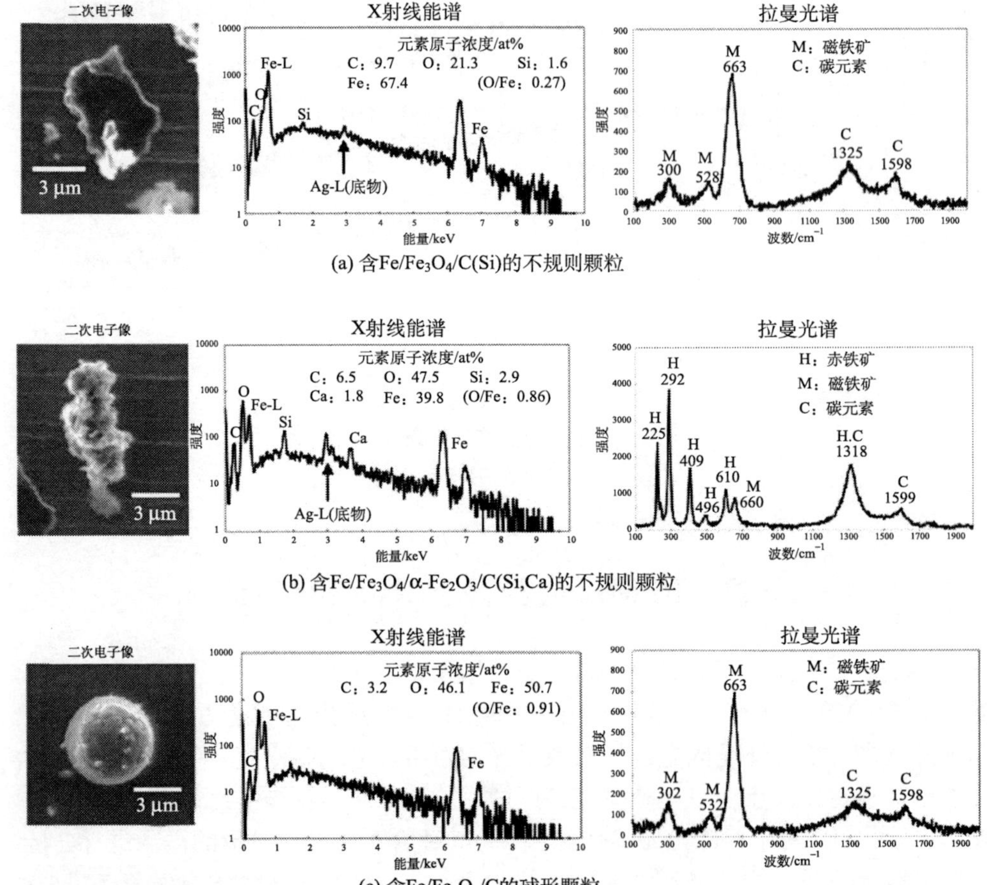

图 6-8 地铁站不同类型含铁颗粒的二次电子像、X 射线能谱、元素浓度和拉曼光谱

素原子浓度和拉曼光谱测量结果表明它是由 Fe、Fe_3O_4 和 Fe_2O_3 混合而成的颗粒(质量分数分别为 24%、37%、26%)，含有少量的元素碳，推测 Fe_3O_4 和 Fe_2O_3 是在单质铁的表面上氧化形成的。图 6-8(c)的颗粒为球形，直径约 5.5 μm，可能是通过电火花高温熔融后形成的，Fe 和 O 的原子浓度分别为 50.7%和 46.1%，[O]/[Fe]=0.91，是 Fe_3O_4 和 Fe_2O_3 的混合物，其表面也含有少量的元素碳。

根据以上分析可知地铁站的大部分含铁颗粒为 Fe、Fe_3O_4 和 Fe_2O_3 或者是仅由 Fe_3O_4 和 Fe_2O_3 组成的混合物，见表 6-1。

表 6-1　运用 EPMA 和拉曼光谱检测地铁站大气中主要含铁颗粒类型的相对丰度(%)

序号	颗粒种类	样品 1 (采于 Daechung 站)	样品 2 (采于 Yangjae 站)
1	Fe/Fe_3O_4	0	0.6
2	$Fe/Fe_3O_4/C$	6.5	10.8
3	$Fe/Fe_3O_4/Si$	0.6	0.6
4	$Fe/Fe_3O_4/C/Ca$	0	1.8
5	$Fe/Fe_3O_4/C/Si$	1.3	3.6
6	$Fe/Fe_3O_4/C/Si/Ca$	0.6	1.2
7	$Fe/Fe_3O_4/\alpha\text{-}Fe_2O_3$	23.5	18.0
8	$Fe/Fe_3O_4/\alpha\text{-}Fe_2O_3/C$	20.7	15.9
9	$Fe/Fe_3O_4/\alpha\text{-}Fe_2O_3/C/Si$	7.7	6.0
10	$Fe/Fe_3O_4/\alpha\text{-}Fe_2O_3/C/Si/Ca$	1.9	2.4
11	Fe_3O_4	1.9	0
12	Fe_3O_4/C	3.2	6.6
13	$Fe_3O_4/\alpha\text{-}Fe_2O_3$	10.4	7.4
14	$Fe_3O_4/\alpha\text{-}Fe_2O_3/C$	17.5	20.9
15	$Fe_3O_4/\alpha\text{-}Fe_2O_3/C/Si$	3.2	2.4
16	其他	1.0	1.8
17	合计	100	100

6.2.2　用于亚洲沙尘暴颗粒的成分分析

Sobanska 等[7]通过 EPMA 和拉曼光谱联用技术对 2007 年 3 月 27～29 日采集于韩国仁荷大学化学系五楼楼顶(37.45°N，126.73° E)的大气 $PM_{1.0\sim2.5}$ 和 $PM_{2.5\sim10}$ 颗粒物样品进行分析(采样膜为镍网支持的方华膜)，发现在测量的 92 个颗粒中，56%为内部有两至三种成分的混合颗粒。测量的颗粒大体分为三类，一是未发生反应(或老化)的混合颗粒，二是全部或部分发生反应的海盐颗粒，三是含硫酸盐或硝酸盐的矿物尘颗粒，它们的典型颗粒分别见图 6-9、图 6-10。

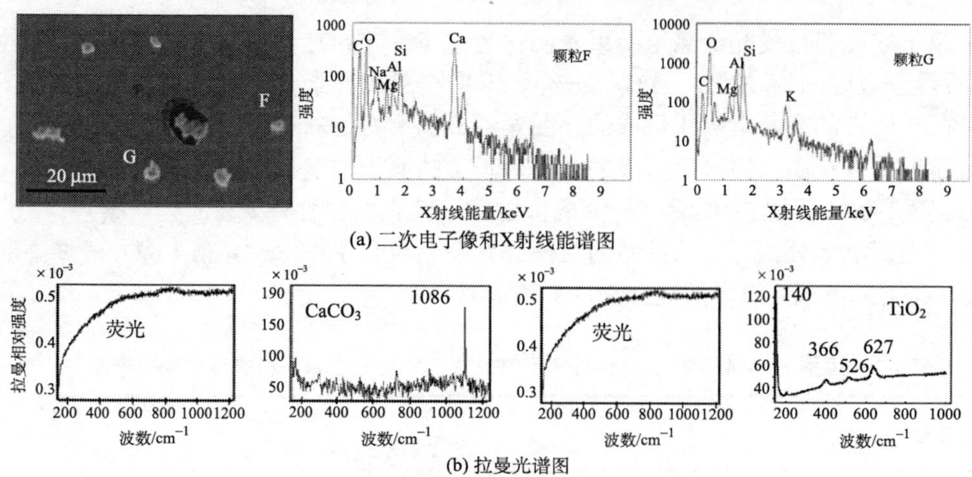

图 6-9　未发生反应(或老化)的混合颗粒的 EPMA 和拉曼光谱测量结果

反应的海盐及混合物

10 μm

#1 元素原子浓度(at%)
C:28.3
O:24.8
Na:19.1
Mg:6.9
S:2.1
Cl:17.4

#2 元素原子浓度(at%)
C:30.1
O:50.8
Ca:5.8
Mg:4.4
S:6.8

#3 元素原子浓度(at%)
C:19.6
N:14.7
O:46.5
Na:12.3
Mg:3.6
S:1.7

X射线线强度

X射线能量/keV

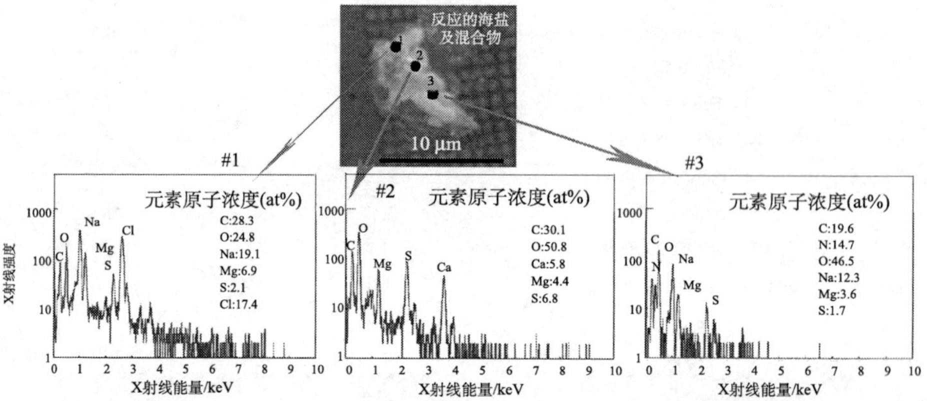

(a) 二次电子像和X射线能谱图、元素原子浓度

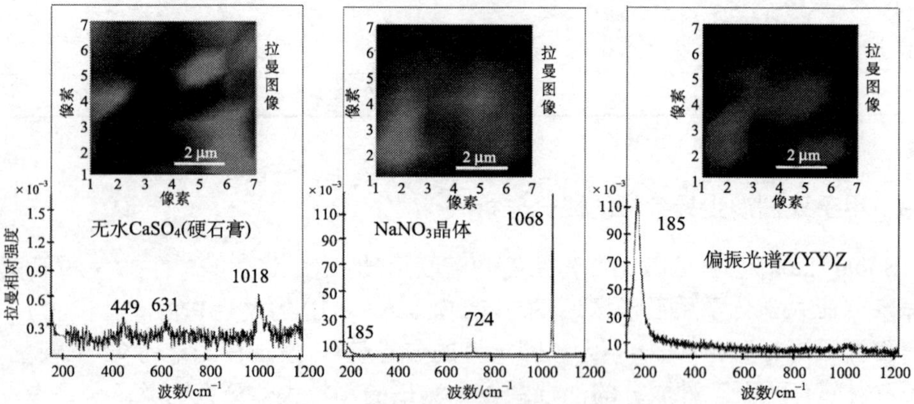

拉曼图像

像素

2 μm

拉曼相对强度

无水$CaSO_4$(硬石膏)　449　631　1018

$NaNO_3$晶体　185　724　1068

偏振光谱Z(YY)Z　185

波数/cm^{-1}

(b) 拉曼图像和拉曼光谱图

图 6-10　反应的海盐颗粒及其混合物的 EPMA 和拉曼光谱测量结果

第一类颗粒既包括矿物尘与矿物尘的混合，也包括矿物尘与海盐颗粒的混合，图 6-9 所示的颗粒 F 是由铝硅酸盐和碳酸钙构成的混合物，而不是两个颗粒的组合，元素原子浓度为 C 24.8%、O 37.9%、Mg 1.4%、Al 2.7%、Si 6.5%、Ca 26.1%；颗粒 G 是由 AlSi(Mg,K)-C 与 TiO_2 共同构成的，各元素原子浓度为 C 10.6%、O 53.0%、Mg 1.7%、Al 11.4%、Si 20.0%、K 1.8%。

第二类颗粒包括含硝酸盐或硫酸盐或二者皆含的海盐颗粒，检测到硝酸盐比硫酸盐分布广泛，说明采样期间空气中氮氧化物对气溶胶颗粒成分的影响大于硫氧化物。图 6-10 所示的颗粒既含硝酸盐也含硫酸盐，是反应的海盐与反应的碳酸钙构成的混合物，检测到该颗粒的三个部分化学成分均不相同，#1 位置含 (Na,Mg)(Cl,SO_4)，#2 位置含 (Ca,Mg)SO_4，#3 位置含 (Na,Mg)(NO_3,SO_4)，拉曼光谱和图像显示存在硫酸钙(硬石膏，anhydrite)和硝酸钠晶体结构，推测晶体 $NaNO_3$ 是由海盐和氮氧化物反应所形成的，而无水 $CaSO_4$ 是通过大气中 $CaCO_3$ 和硫氧化物反应所形成的。

第三类颗粒中包含含硝酸盐或硫酸盐或二者皆含的反应或老化矿物尘颗粒，反应或老化的铝硅酸盐占的比例较大，可观察到它们内部混合有 $NaNO_3$、Na_2SO_4、$CaSO_4$、$Ca(NO_3)_2$ 等成分，而且可以确定晶体存在的位置。

6.3　EPMA、ATR-FTIR、拉曼光谱三者联用

同时运用 EPMA、ATR-FTIR、拉曼光谱测定大气颗粒物成分的报道不多，因为操作起来并不容易。虽然红外和拉曼光谱信息存在互补，但三种方法分析同一个颗粒并非完全有必要，有时还存在互相干扰问题。尽管如此，Jung 等[8]仍然尝试将三种技术联用对一些标准颗粒(方解石、硬石膏、石膏、石英、硫酸钠、硝酸钠、钾长石)和大气气溶胶展开研究，并取得了较好效果。测量结果如下：

1)硬石膏与石膏的区分

由定量 EPMA 获得的 Ca、S、O 元素原子浓度为硬石膏(anhydrite)和石膏(gypsum)的区分提供了线索(图 6-11)，虽然它们的元素浓度是相似的，但硬石膏和石膏的化学计量数存在差异，分别为 Ca∶S∶O =1.0∶1.1∶4.0 和 1.0∶0.9∶5.5。硬石膏(斜方晶系)和石膏(单斜)的不同结晶结构可以由它们的拉曼光谱和红外光谱分析得到，从 RMS 和 ATR-FTIR 测量结果中可以看到较明显的差异。

2)地下商场内大气颗粒物的辨别

用三种方法对采集于韩国首尔地铁站地下购物商场中的大气 PM_{10} 进行了测量，三种仪器的联用顺序分别为 EPMA、ATR-FTIR、RMS，因为若 RMS 测量在 ATR-FTIR 之前进行，样品中的纤维颗粒会被 RMS 中的激光束损坏而使红外光谱产生不足。共测量了 51 个颗粒，见图 6-12 和图 6-13。

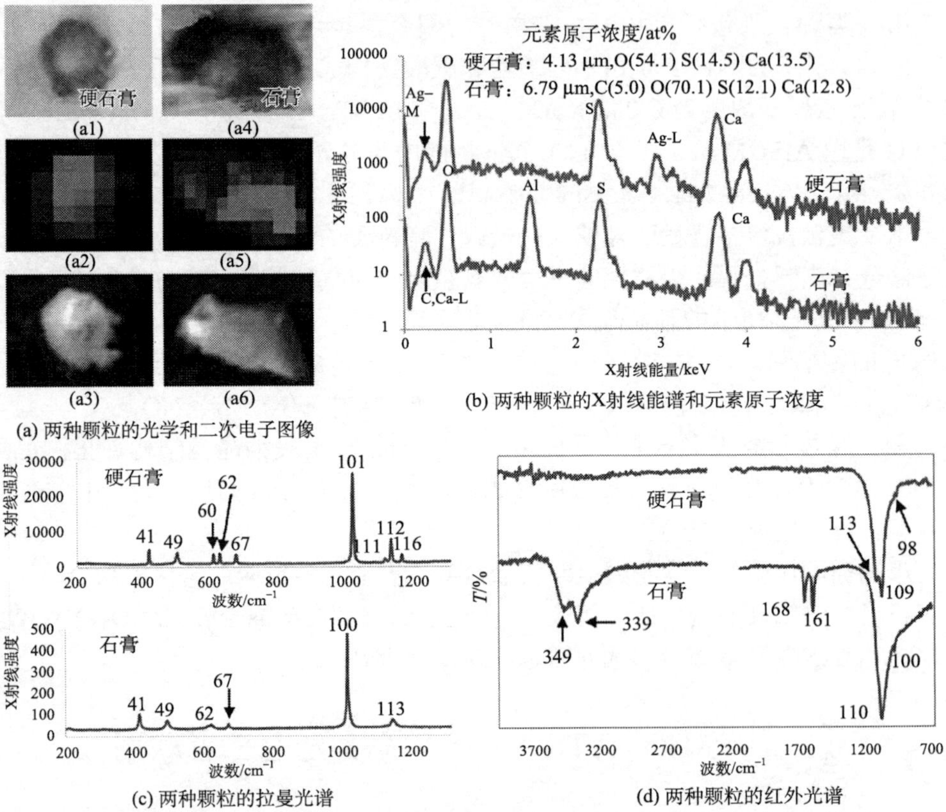

(a) 两种颗粒的光学和二次电子图像

元素原子浓度/at%

硬石膏：4.13 μm,O(54.1) S(14.5) Ca(13.5)

石膏：6.79 μm,C(5.0) O(70.1) S(12.1) Ca(12.8)

(b) 两种颗粒的X射线能谱和元素原子浓度

(c) 两种颗粒的拉曼光谱

(d) 两种颗粒的红外光谱

图 6-11　硬石膏与石膏标准颗粒的 EPMA、ATR-FTIR 和拉曼光谱的同时测定

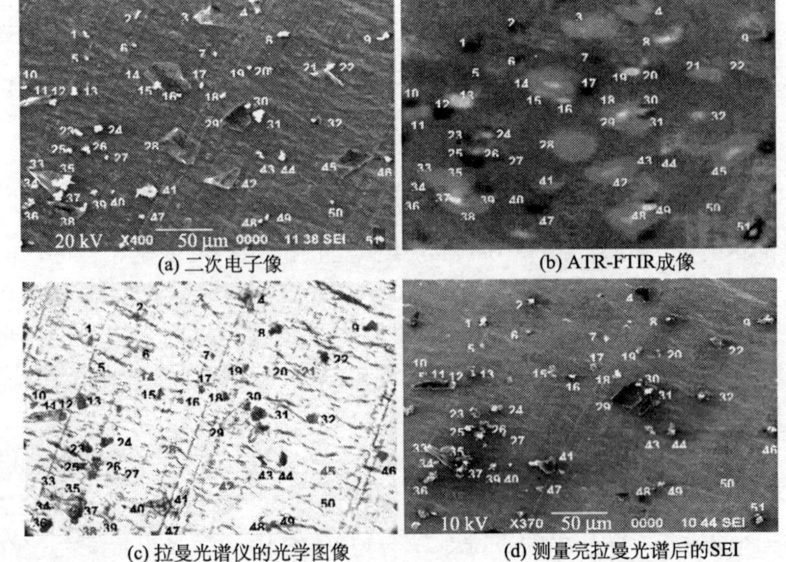

(a) 二次电子像　(b) ATR-FTIR成像

(c) 拉曼光谱仪的光学图像　(d) 测量完拉曼光谱后的SEI

图 6-12　三种方法联用测量地下购物商场中大气 PM_{10} 的形貌和成分

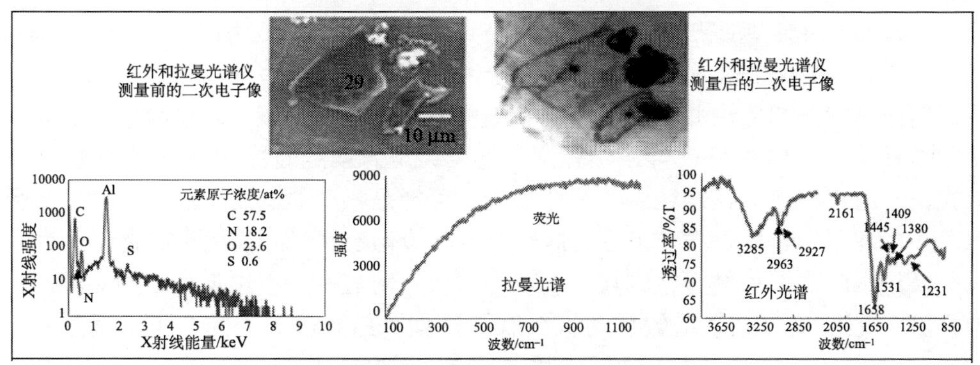

(a) 颗粒#29：来自纺织品，可能是人造纤维或丝绸碎屑

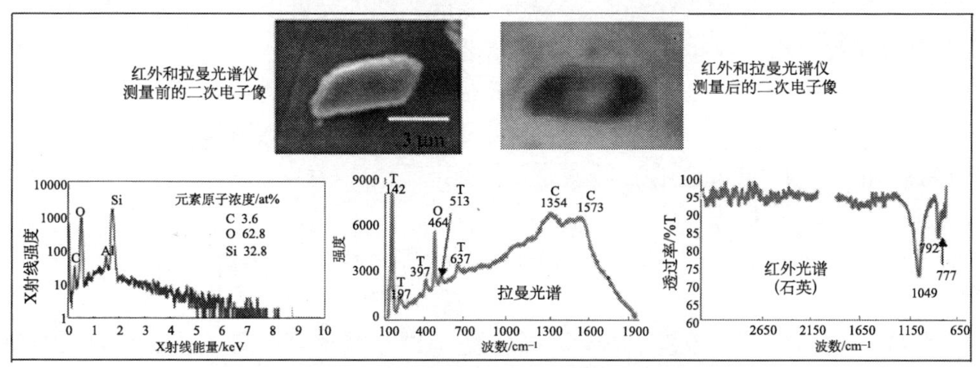

(b) 颗粒#34：附着有元素碳或有机碳的石英颗粒

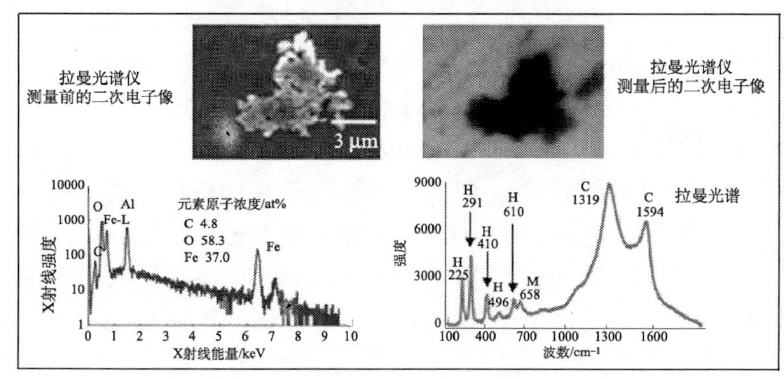

(c) 颗粒#18：含赤铁矿(α-Fe_2O_3)和磁铁矿(Fe_3O_4)的混合颗粒

图 6-13　三个典型颗粒的二次电子像、光学图像、X 射线能谱、拉曼光谱和红外光谱图

颗粒#29 的 SEI 平整而不规则，光学图像下呈透明状，含有 C、N、O 和少量 S，由于荧光信息可能来源于一些有机部分，因此拉曼光谱并不能提供关于分子种类的有效信息。由 ATR-FTIR 分析为有机颗粒，可能来自于人造纤维或丝绸碎屑。

颗粒#34 为典型的矿物尘颗粒，它的 Si、O、C 原子浓度分别为 32.8%、62.8%、3.6%，结合 ATR-FTIR 和 RMS 分析可知为石英颗粒。X 射线谱中显示含有碳物质，但在 ATR-FTIR 中并未出现相关峰，可能为红外惰性碳。该颗粒的拉曼光谱在 1354 cm^{-1} 和 1573 cm^{-1} 显示了较强峰值，这是元素碳的特征(如石墨和烟炱)，荧光信号的存在表明该颗粒中存在有机碳，可能是极少量的腐殖或类腐殖质。另外，还出现了少量锐钛矿(TiO_2)的信号，可能该颗粒属于膨润黏土矿物。

颗粒#18 是典型的含铁颗粒，表现为结块及附着有许多纳米大小的颗粒，可能来源于地铁接口处轨道轮制动机械摩擦过程。Fe、O、C 的原子浓度分别为 37.0%、58.3%、4.8%。由于铁氧化物可以磁铁矿(Fe_3O_4)、赤铁矿(α-Fe_2O_3)和磁赤铁矿(γ-Fe_2O_3)三种形式存在，且 X 射线能谱和红外光谱不能提供进一步分析铁氧化物的有效信息，因此主要依靠拉曼光谱。在 225 cm^{-1}、291 cm^{-1}、 410 cm^{-1}、496 cm^{-1} 和 610 cm^{-1} 的赤铁矿拉曼带和在 658 cm^{-1} 的磁铁矿拉曼带，拉曼光谱可以区分赤铁矿或磁铁矿的存在。含碳物质没有出现在拉曼光谱与红外光谱中，但在 1315 cm^{-1} 和 1590 cm^{-1} 存在拉曼带，因此该颗粒中存在元素碳。

6.4　EPMA 与原子力显微术相结合

相比于扫描电子显微镜，原子力显微镜(AFM)技术可得到样品表面的三维图像，可以定量地研究表面的粗糙度、孔径大小和分布及颗粒尺寸，其分辨率可达原子级水平；同时，AFM 不需要对样品喷金或镀碳，对样品表面不产生影响；另外，电子显微镜(SEM 和 TEM)需要在高真空条件下运行，一些半挥发性颗粒的形状和成分会发生变化，原子力显微镜在常温常压甚至液体环境下都可以很好地工作。因此，用 AFM 与 EPMA 相结合可以更全面地观察颗粒物的形貌与化学组成。

Laskina 等[9]用 AFM 和 SEM 观察了采集于硅片、石英纤维滤膜、Si_3N_4 膜上的海盐颗粒，并用实验室制备的标准 NaCl 颗粒及 NaCl 与丙二酸(malonic acid，MA)按摩尔浓度 2∶1 混合起来的溶液作对照，发现冷藏储存后的海盐颗粒虽然在 SEM 观察下其二次电子像的大小和形状没有变化，但用 AFM 检测时却发现它们的粒径变大了，建议海盐颗粒样品最好储存在约 20% RH、22℃的条件下，时间不宜超过 7 周。

6.5　EPMA 与电子能量损失谱、气溶胶飞行时间质谱技术相结合

电子能量损失谱(EELS)通常分为三个部分：一是零损失峰，包括未经过散射

和经过完全弹性散射的透射电子及部分能量小于 1 eV 的准弹性散射透射电子的贡献；二是低能损失区，主要包括激发等离子震荡和激发晶体内电子的带间跃迁的透射电子；三是高能损失区，其中电离损失峰主要来自激发原子内壳层电子的透射电子贡献。EELS 对大气气溶胶中轻元素的分析效果较好，在单颗粒分析中逐渐受到重视。它与 EPMA 及气溶胶飞行时间质谱技术(aerosol time-of-flight mass spectrometry, ATOFMS)或飞行时间二次离子质谱(time-of-flight secondary ion mass spectrometry，TOF-SIMS)相结合，在分析低原子序数颗粒物中将发挥重要作用。TOF-SIMS 具有很高的横向和深度分辨率及超高灵敏度，能区分同位素，可以检测低元素序数的元素离子($Z<11$ 的元素)与分子碎片离子等。在一项关于葡萄牙火电厂无烟煤燃烧产生飞灰的研究中，为了解燃煤飞灰样品中纳米颗粒的物理化学特性及其与环境的相互作用，Ribeiro 等[10]利用带 EDX 的场发射扫描电镜(FE-SEM)、高分辨透射电镜(HR-TEM)和 TOF-SIMS 相结合对样品进行分析。结果表明：无烟煤燃煤飞灰样品含有混合非晶/晶相的碳质玻璃状和金属固体球(图 6-14)，部分颗粒为细长椭圆形态。样品主要由以下四种颗粒组成：①较大尺寸的空心微球和含有嵌入石英的致密球形颗粒；②小尺寸玻璃球状的不规则团块、石英和富铁颗粒；③超细玻璃状致密球体或具有较厚外壁的颗粒；④含有 As、Hg、Pb、Se 的纳米球(≈50 nm)和具有多个纳米矿物组合的颗粒。飞灰样品中存在的有机和无机化合物，可以通过 TOF-SIMS 分析获得的化学图确定，该研究中分析

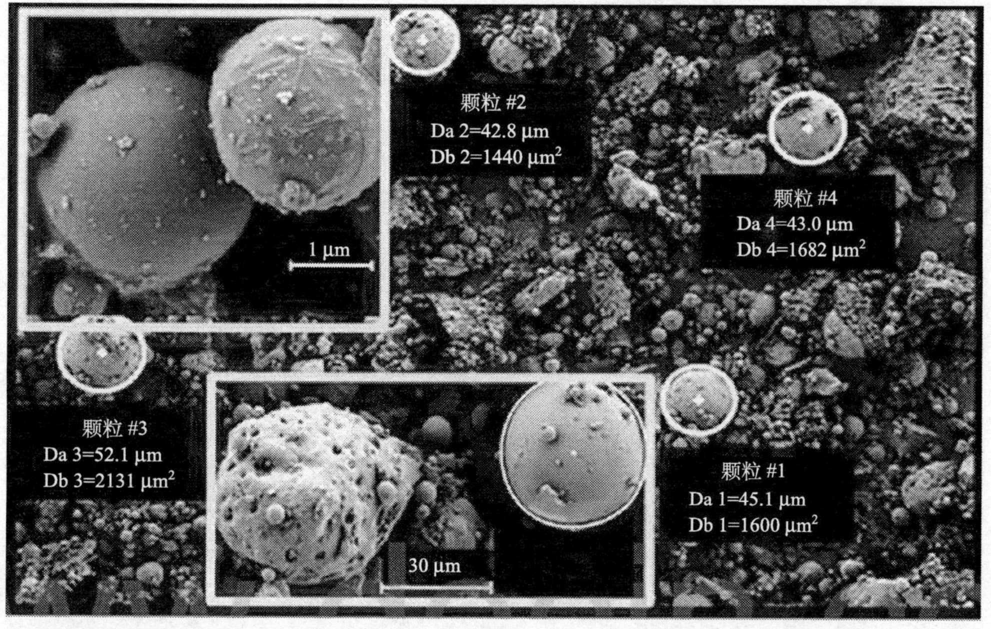

图 6-14　不同粒径的燃煤飞灰 FE-SEM 图像（Da 为颗粒直径，Db 为面积）

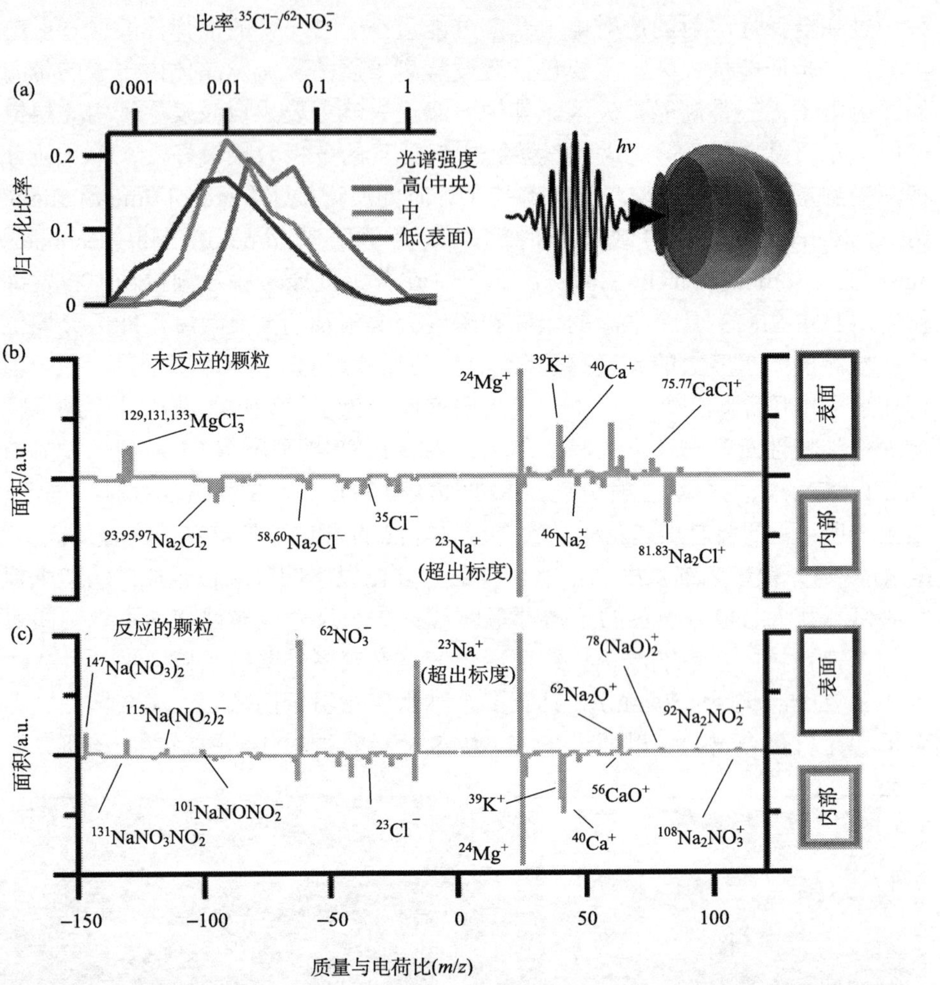

图 6-15　用 ATOFMS 测量的反应和未反应海盐颗粒内部与表面的离子分布变化

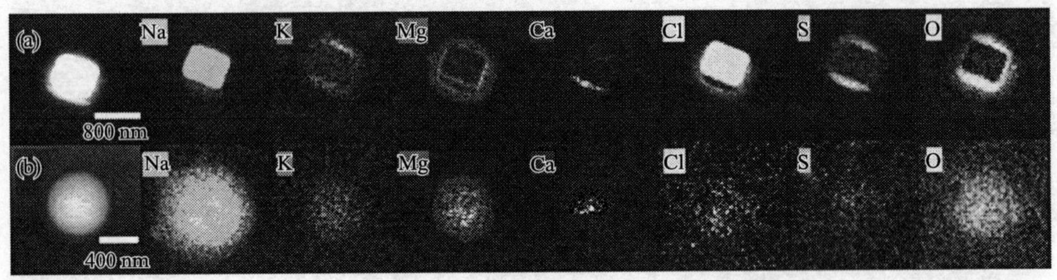

图 6-16　用 STEM 和 EDX 面扫描技术测量的反应和未反应海盐颗粒形貌与元素分布变化

(a) 未反应的海盐颗粒；(b) 与硝酸反应的海盐颗粒

的飞灰样品显示富勒烯不存在，说明所检测的离子不对应于富勒烯质量。Si 和 Al 呈现出类似的分布，但 Al 信号比 Si 信号强得多。较大的颗粒主要由 Al 和 Si（黏土颗粒）形成，颜色接近橙色。Fe 和 As 信号表现出相似的分布，证实了存在有 Fe-无定形氢氧化物。

Bäfver 等[11]分析了壁炉、现代燃木火炉和老式燃木火炉中排出的颗粒物，并对其中一个燃木壁炉中排出的颗粒物进行了组分分析。EDX 显示，细颗粒中的主要无机元素是 K、S、Cl、O，其中 K 含量最高；TOF-SIMS 分析提供了更详细的信息，颗粒物中钾盐含量由大到小为 K_2SO_4、KCl、K_2CO_3。

Ault 等[12]利用 TEM-EDX、EELS、ATOFMS 及扫描透射电镜（STEM）等单颗粒分析技术研究了海水飞沫气溶胶（SSA）中海盐颗粒的老化过程与机理，直观形象地证明了新鲜海盐与硝酸反应时颗粒内部的阳离子（如 Na^+、K^+、Mg^{2+}、Ca^{2+} 等）会经历一个空间再分配的过程，海盐表面的有机质层也会增厚，见图 6-15～图 6-17。

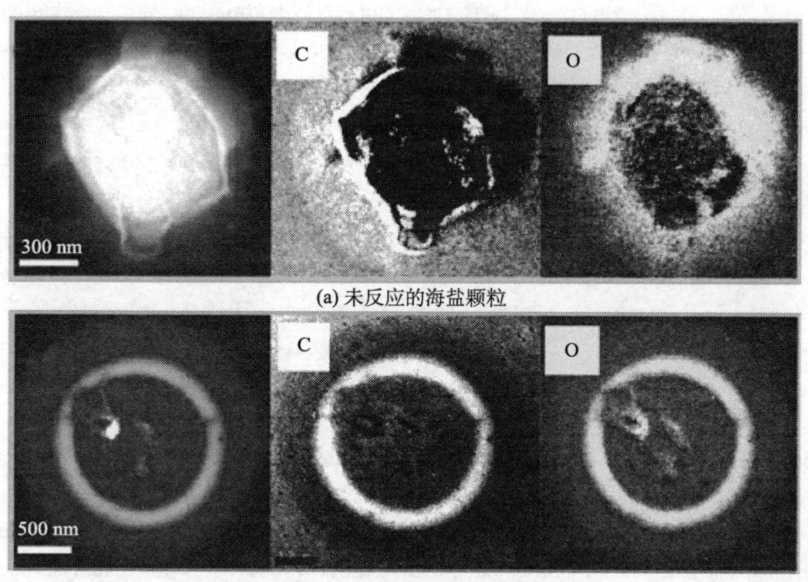

(a) 未反应的海盐颗粒

(b) 与硝酸反应的海盐颗粒

图 6-17 用能量滤过透射电镜观察反应和未反应海盐颗粒内 C 和 O 的分布变化

6.6 小 结

本章通过具体案例分别对低原子序数颗粒物电子探针微区分析技术与其他分析手段如红外光谱、拉曼光谱、原子力显微术、扫描透射电子显微镜及飞行时间二次离子质谱相结合对大气气溶胶化学成分研究的应用做了简单介绍。归纳了电子探针微区分析技术与其他分析技术组合使用研究的优点，如 ATR-FTIR、RMS 与 EPMA 联用测量大气颗粒物可以更全面地获取被检测颗粒的形态、元素浓度以及它们的分子种类、官能团、晶体结构等；原子力显微术与 EPMA 相结合可得到样品表面的三维图像，可以定量地研究表面的粗糙度、孔径大小和分布及颗粒尺寸，其分辨率可达原子级水平；EPMA 与电子能量损失谱技术相结合对轻元素的分析效果较好，可以弥补 EPMA 对元素碳定量分析效果不佳的缺陷等。EPMA 与其他新技术的联用能够获得有关单颗粒更加全面和丰富的信息，为大气气溶胶成分分析与在大气中的转化规律研究提供了新思路和新手段。当然，有关 EPMA 与其他技术联用的案例不胜枚举，该书仅在此处做简要介绍，作为电子探针微区分析技术的应用补充，其他技术的原理及应用请读者自行参考相关的专著。

参 考 文 献

[1] 翁诗甫, 徐怡庄. 傅里叶变换红外光谱分析. 3 版. 北京: 化学工业出版社, 2016.

[2] Ryu J Y, Ro C U. Attenuated total reflectance FT-IR Imaging and quantitative energy dispersive-electron probe X-ray microanalysis techniques for single particle analysis of atmospheric aerosol particles. Analytical Chemistry, 2009, 81(16): 6695-6707.

[3] Song Y C, Eom H J, Jung H J, et al. Investigation of aged Asian dust particles by the combined use of quantitative ED-EPMA and ATR-FTIR imaging. Atmospheric Chemistry and Physics, 2013, 13(6): 3463-3480.

[4] Malek M A, Kim B, Jung H J, et al. Single-particle mineralogy of Chinese soil particles by the combined use of low-*Z* particle electron probe X-ray microanalysis and attenuated total reflectance-FT-IR imaging techniques. Analytical Chemistry, 2011, 83(20): 7970-7977.

[5] 赵德峰, 朱彤, 陈琦, 等. 显微拉曼光谱用于研究大气单颗粒表面非均相反应. 中国科学: 化学, 2010, 40(12): 1741-1748.

[6] Eom H, Jung H, Sobanska S, et al. Iron speciation of airborne subway particles by the combined use of energy dispersive electron probe X-ray microanalysis and Raman microspectrometry. Analytical Chemistry, 2013, 85(21): 10424-10431.

[7] Sobanska S, Hwang H, Choël M, et al. Investigation of the chemical mixing state of individual Asian dust particles by the combined use of electron probe X-ray microanalysis and Raman microspectrometry. Analytical Chemistry, 2012, 84(7): 3145-3154.

[8] Jung H J, Eom H J, Kang H W, et al. Combined use of quantitative ED-EPMA, Raman microspectrometry, and ATR-FTIR imaging techniques for the analysis of individual particles. Analyst, 2014, 139(16): 3949-3960.

[9] Laskina O, Morris H S, Grandquist J R, et al. Substrate-deposited sea spray aerosol particles: influence of analytical method, substrate, and storage conditions on particle size, phase, and morphology. Environmental Science and Technology, 2015, 49(22): 13447-13453.

[10] Ribeiro J, Daboit K, Flores D, et al. Extensive FE-SEM/EDS, HR-TEM/EDS and ToF-SIMS studies of micron- to nano- particles in anthracite fly ash. Science of the Total Environment,

2013, 452-453(5): 98-107.

[11] Bäfver L S, Leckner B, Tullin C, et al. Particle emissions from pellets stoves and modern and old-type wood stoves. Biomass and Bioenergy, 2011, 35(8): 3648-3655.

[12] Ault A P, Guasco T L, Ryder O S, et al. Inside versus outside: ion redistribution in nitric acid reacted sea spray aerosol particles as determined by single particle analysis. Journal of the American Chemical Society, 2013, 135(39): 14528-14531.